eNSP
网络技术与应用从基础到实战

许成刚　阮晓龙　高海波　杜宇飞　刘海滨◎编著

U0194723

中国水利水电出版社
www.waterpub.com.cn

·北京·

内 容 提 要

本书以园区网建设与管理为主线，经过精心设计，提炼成 11 个子建设项目。从交换机组网到路由器应用，从单个广播域到虚拟局域网（VLAN），从静态路由配置到动态路由配置，从有线组网到有线/无线混合组网，从自治系统（AS）内部通信到不同自治系统之间的通信，从 IP 地址管理到网络安全管理，全面涵盖了网络建设中的知识点、实用技术、常用设备以及完整的建设过程。

本书在注重知识体系完整化的前提下，尤其重视网络技术的落地和实现。每个项目都包含了完整的网络拓扑和详细的建设步骤，并且基于 eNSP 仿真环境和 VirtualBox 虚拟化技术开展实施，有效解决了读者在学习时由于设备环境的限制只能"纸上谈兵"的问题，帮助读者在一台笔记本电脑上即可轻松构建复杂网络，保证学习过程的顺利开展。

本书可以作为从事网络建设和管理的初级专业技术人员的参考用书，也可以作为高等院校计算机相关专业，特别是网络工程、网络运维、信息管理等专业相关课程的教学用书。

图书在版编目（ＣＩＰ）数据

eNSP网络技术与应用从基础到实战 / 许成刚等编著
. -- 北京：中国水利水电出版社，2020.7（2024.1 重印）
ISBN 978-7-5170-8607-9

Ⅰ. ①e… Ⅱ. ①许… Ⅲ. ①计算机网络管理—技术
Ⅳ. ①TP393.071

中国版本图书馆CIP数据核字(2020)第095289号

策划编辑：周春元 责任编辑：周春元 封面设计：李 佳	

书　　名	eNSP 网络技术与应用从基础到实战 eNSP WANGLUO JISHU YU YINGYONG CONG JICHU DAO SHIZHAN
作　　者	许成刚　阮晓龙　高海波　杜宇飞　刘海滨　编著
出版发行	中国水利水电出版社 （北京市海淀区玉渊潭南路 1 号 D 座　100038） 网址：www.waterpub.com.cn E-mail：mchannel@263.net（答疑） 　　　　sales@mwr.gov.cn 电话：（010）68545888（营销中心）、82562819（组稿）
经　　售	北京科水图书销售有限公司 电话：（010）68545874、63202643 全国各地新华书店和相关出版物销售网点
排　　版	北京万水电子信息有限公司
印　　刷	三河市鑫金马印装有限公司
规　　格	184mm×240mm　16 开本　21.75 印张　512 千字
版　　次	2020 年 7 月第 1 版　2024 年 1 月第 5 次印刷
印　　数	11001—14000 册
定　　价	68.00 元

凡购买我社图书，如有缺页、倒页、脱页的，本社营销中心负责调换

作者的话

1. 创作理念

每一本书都是作者的心血凝成，我不敢妄断其他同类书籍的"好"与"坏"，只在此处谈一谈我们在编写本书时始终坚持的几个理念。

（1）突出主线。本书不追求技术细节上的"大而全"，而是以园区网的建设管理为主线，内容涵盖园区网建设中的常用设备和建设过程中的核心技术，由浅入深展开讲解，使读者能够在学中用、用中学，从而快速、准确地把握网络建设与管理的相关知识。

（2）项目驱动。本书所有章节均以项目形式展开，每个项目中包含若干子任务。所有项目任务均经过精心设计，并且在具体实施前，配有详细的拓扑规划和网络设计规划，从而使其达到企业级应用水平，使读者能够更好地学以致用。

（3）注重实现。本书注重园区网建设中各个环节的落地和实现！每个项目中都包含了完整的网络拓扑以及详细的建设步骤，对于实施过程中的一些重难点，还专门给出了特别提醒，只要跟着项目流程操作，就一定能够成功！从而帮助读者从晦涩难懂的技术理论中"跳出来"，快速投入实战，并且在实战成功的基础上，加深对网络技术的理解和思考。

（4）环境无忧。本书的所有项目都是基于 eNSP 仿真环境和 VirtualBox 虚拟化技术，有效解决了读者在学习时由于设备环境的限制只能"纸上谈兵"的问题，帮助读者在一台笔记本电脑上即可轻松构建复杂网络，极大降低了学习成本，保证了学习过程的顺利开展。

（5）辅助教程。除了书面的方式之外，我们还注重以多媒体视频的方式与读者交流。本书的每个项目中均包含操作二维码，读者可通过扫描二维码快速查看本项目（任务）的操作视频，从而避免操作迷茫。

2. 内容设计

本书精心设计了 11 个项目，内容从交换机组网到路由器的应用，从单个广播域到虚拟局域网（VLAN），从静态路由配置到动态路由配置，从有线组网到有线无线混合组网，从自治系统（AS）内部通信到不同自治系统之间的通信，从 IP 地址管理到网络安全管理，可以说，本书涵盖了园区网建设中的常用知识、常用设备和完整建设过程。

项目一，实现 eNSP 仿真环境和 VirtualBox 虚拟机的创建和应用，帮助读者快速构建本书的学习和实践环境；

项目二～项目四，实现交换（技术）组网，内容包括交换机、路由交换机以及 VLAN 技

术的组网实践;

项目五～项目七，实现路由（技术）组网，内容包括路由器以及静态路由和动态路由协议的组网实践;

项目八，实现不同自治系统（AS）之间的通信，即将园区网的建设从内部延伸至边界;

项目九，实现利用 DHCP 管理园区网的 IP 地址;

项目十，实现无线局域网的构建以及有线/无线混合园区网的建设;

项目十一，实现利用防火墙加强园区网访问及服务管理。

3．适用对象

本书适用于以下两类读者。

一是从事网络建设和管理的初级专业技术人员，本书可以帮助他们全面理解网络建设和管理的基础技术框架，快速掌握相应的工程实现方法，为后续工作开展打下扎实基础。

二是高等院校计算机相关专业，特别是网络工程、网络运维、信息管理等专业的、具有一定计算机网络原理知识基础的在校学生，本书可以帮助他们加深对网络原理的理解，解决原本似是而非的技术问题，提升实践操作的综合能力，真正将网络技术"学以致用"!

4．真诚感谢

本书能顺利撰写完毕，离不开家人们的默默支持，使我们能全身心投入到本书的编写中，对于他们，内心充满了感谢和愧疚。同时，感谢王少鹏对本书中任务讲解视频进行录制和处理并对全书文字进行校验。

本书编写完成后，中国水利水电出版社万水分社的周春元副总经理对于本书的出版给予了中肯的指导和积极的帮助，在此表示深深的谢意!

由于我们的水平有限，疏漏及不足之处在所难免，敬请广大读者朋友批评指正。

作　者

2020 年 3 月

目　　录

项目一
认识 eNSP

项目介绍

　　eNSP 软件的仿真环境，是本书的基础工作环境。本项目介绍了 eNSP 软件的安装、基本操作，以及与 WinPcap、VirtualBox、Wireshark 第三方软件结合应用的方法，帮助读者了解 eNSP 软件的功能与应用，快速掌握全书的工作环境。

项目目的

- 了解网络仿真软件的功能和应用；
- 掌握 eNSP 软件的安装；
- 掌握在 eNSP 中创建与管理网络的方法；
- 掌握 eNSP 与 VirtualBox 的结合应用；
- 掌握在 eNSP 中进行抓包分析的方法。

项目讲堂

1. eNSP

1.1　eNSP 软件介绍

　　eNSP（Enterprise Network Simulation Platform）是一款由华为自主开发、免费、可扩展的图形化网络仿真平台，该平台主要对交换机、路由器及相关物理设备进行仿真模拟，满足 ICT 从业者对真实网络设备模拟的需求。

　　eNSP 使用图形化操作界面，支持拓扑的创建、修改、删除、保存等操作；支持设备拖拽、接口连线操作，通过不同颜色直观反映设备与接口的运行状态。另外 eNSP 预置大量工程案例，可直接打开进行演练学习。

eNSP 支持与真实设备对接以及数据包的实时抓取，可以帮助用户深刻理解网络协议的原理，协助进行网络技术的钻研和探索。

1.2 eNSP 软件功能

eNSP 提供便捷的图形化操作界面，可直观感受设备形态，使复杂的组网操作变得更简单，并且支持一键获取帮助。eNSP 软件有以下功能特点。

- 高仿真度：按照真实设备支持情况进行模拟，模拟设备形态多，支持功能全面，模拟程度高。
- 可与真实设备对接：支持与真实网卡绑定，实现模拟设备与真实设备对接，组网更灵活。
- 分布式部署：eNSP 软件不仅支持单机部署，同时还支持分布式部署。分布式部署环境下能够支持更多设备组成复杂的大型网络。

2. VirtualBox

2.1 VirtualBox 软件介绍

VirtualBox 是一款使用 Qt 语言开发的开源虚拟机软件。早期由德国 Innotek 公司开发，Sun Microsystems 公司出品。2010 年 1 月，Sun Microsystems 公司被 Oracle 收购，VirtualBox 被正式更名为 Oracle VM VirtualBox。现在由甲骨文公司进行开发，是甲骨文公司虚拟化平台技术的一部分。

VirtualBox 既可进行软、硬件模拟，也可以对不同网络模式进行设置。本项目中，在安装 eNSP 软件之前，需要先安装 VirtualBox。

2.2 模拟环境

（1）软件模拟。

- VirtualBox 创建的虚拟机，能够安装多个操作系统，每个系统可独立运行。
- VirtualBox 虚拟机安装的操作系统与本地系统能相互通信，而且安装的多个操作系统同时运行时，能够同时使用网络。

（2）硬件模拟。

- 支持 Intel VT-x 与 AMD AMD-V 硬件虚拟化技术。
- 支持硬盘模拟，模拟内容保存在虚拟磁盘映像档（Virtual Disk Images）容器中。
- 支持 ISO 映像被挂载成 CD/DVD。
- 支持模拟网络接口卡。

2.3 网络模式

VirtualBox 创建的虚拟机，其网卡可以被设置成以下几种模式。

（1）NAT 网络。最简单实现虚拟机上网的方式，默认选择即可使虚拟机接入主机所在网络。

（2）桥接网卡。为虚拟机模拟独立的网卡，有独立的 IP 地址，所有网络功能和主机一样，并且能够实现虚拟机之间、虚拟机和主机之间互相访问，实现文件的传递和共享。

（3）内部网络。虚拟机与外部网络完全断开，只实现虚拟机与虚拟机之间的内部网络模式，和主机之间不能互相访问。

（4）仅主机（Host-Only）网络。虚拟机与外部网络隔开，使得虚拟机成为一个独立的系统，只与主机相互通信。

3. WinPcap

WinPcap 是在 Windows 平台上访问网络模型数据链路层的开源库，其允许应用程序绕开网络协议栈来捕获与发送网络数据包。在实际应用中，WinPcap 与网络分析工具（例如 Wireshark 软件）配合工作，实现对流经网络接口卡的数据报文进行抓取和分析。

WinPcap 主要提供以下功能：

● 捕获原始数据包。

● 在数据包传递给应用程序前，根据用户指定规则过滤数据包。

● 将原始数据包发送到网络。

● 收集网络流量与网络状态的统计信息。

本项目中，在安装 eNSP 软件之前，需要先安装 WinPcap 软件。

4. Wireshark

Wireshark 是一款网络封包分析软件，1998 年以 GPL（GNU Public Licence）开源许可发布。其功能是截取网络报文，并尽可能显示最为详细的网络封包资料。Wireshark 使用 WinPcap 作为接口，直接与网卡进行数据报文交换。

网卡在对接收的数据包进行处理前，会先对数据包首部中的目的地址进行检查，如果目的地址不是本机就会丢弃这些数据包，反之则会将数据包接收并交给操作系统，操作系统再将其分配给应用程序。因此，Wireshark 在工作时需要将网卡设置为一种特殊的方式——混杂模式，在这种模式下，网卡就会将所有通过它的数据包都接收下来并传递给操作系统。操作系统会将这些数据包复制一份并提供给 Wireshark，这样 Wireshark 就可以分析本机所有进出的数据包了。

Wireshark 的工作流程如下：

（1）捕获：Wireshark 将网卡调整为混杂模式，在该模式下通过 WinPcap 捕获网络中传输的二进制数据。

（2）转换：Wireshark 将 WinPcap 捕获的二进制数据转换为容易理解的形式，同时将捕获的数据包按照顺序进行组装。

（3）分析：Wireshark 对捕获的数据进行分析。分析内容包括识别数据包所使用的协议类型、源地址、目的地址、源端口和目的端口等。

本项目中，在安装 eNSP 软件之前，需要先安装 Wireshark 软件。

5. HedEx Lite

学习网络设备的管理与配置，最有效的渠道是阅读官方技术文档，本书推荐读者通过华为 HedEx Lite 软件阅读华为提供的官方免费技术文档。HedEx Lite 是华为电子文档桌面管理软件，主要用于文档包的浏览、搜索、升级和管理，文档包是华为产品文档的集合，资料页面主要格式为 HTML，部分可能包含 PDF、Word、Excel、PPT、SWF 和 TXT 等格式。

通过 HedEx Lite 软件阅读华为产品文档，需要导入 HDX 文档，操作步骤如下：

（1）在 HedEx Lite 文档管理页面的"HDX 文档"或"自定义分类管理"栏目中，单击【添加 HDX 文档】。

（2）在弹出的界面中选择待上传的 HDX 文档。

（3）在"HDX 文档"或"自定义分类管理"栏目的文档列表中可以查看已经添加的文档。"HDX文档"栏目自动将新添加的 HDX 文档归类到所属的产品中。在"自定义分类管理"栏目中，新添加的文档默认无分类，可单击【自定义分类管理】在文档列表中查看，将文档移动到指定的分类中。

任务一　eNSP 软件的安装

扫码看视频

【任务介绍】

安装 eNSP 软件，熟悉 eNSP 软件的界面。

【任务目标】

（1）完成 eNSP 软件的安装；

（2）熟悉 eNSP 软件的界面。

【操作步骤】

步骤 1：安装 eNSP 软件前的准备。

（1）eNSP 软件的获取。eNSP 软件可通过华为官方网站（https://www.huawei.com）获取。本书采用的 eNSP 软件版本是 V100R003C00SPC100。单机版配置环境见表 1-1-1。

表 1-1-1　eNSP 单机版配置环境

序号	项目	推荐配置	扩展配置
1	CPU	双核 2.0GHz 或以上	双核 2.0GHz 或以上
2	内存（GB）	4	4+n（n>0）
3	空闲磁盘空间（GB）	4	4
4	操作系统	Windows XP Windows Server 2003 Windows 7 Windows 10	Windows XP Windows Server 2003 Windows 7 Windows 10
5	VirtualBox	Windows XP/ Windows 7 VirtualBox 4.2.3 以上 Windows 10 VirtualBox 5.0 以上	Windows XP/ Windows 7 VirtualBox 4.2.3 以上 Windows 10 VirtualBox 5.0 以上
6	最大组网设备数（台）	24	24+10*n

（2）其他软件的获取。安装 eNSP 软件之前，必须已安装 WinPcap、Wireshark、VirtualBox 软件。

eNSP 的 V100R003C00SPC100 版本对基础软件组件有版本限制，考虑到稳定性和性能，本书推荐安装的 WinPcap 版本是 4.1.3，Wireshark 版本是 3.0.6，VirtualBox 版本是 5.2.34。

三款软件可通过其官方网站获取：

WinPcap：https://www.winpcap.org；

Wireshark：https://www.wireshark.org；

VirtualBox：https://download.virtualbox.org。

 提醒　本书不再介绍 WinPcap、Wireshark、VirtualBox 三款软件的安装和使用，请读者自行完成。

步骤 2：安装 eNSP。

（1）选择安装语言。双击安装程序的图标，启动安装。在【选择安装语言】对话框中选择【中文(简体)】，单击【确定】按钮，如图 1-1-1 所示。

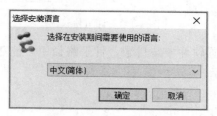

图 1-1-1　选择安装语言

在欢迎界面，单击【下一步(N)】按钮，如图 1-1-2 所示。

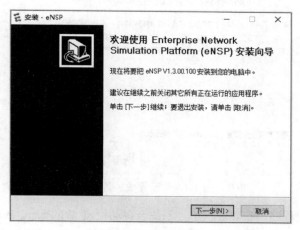

图 1-1-2　欢迎界面

（2）选择许可协议。阅读许可协议条款，选择【我愿意接受此协议(A)】，单击【下一步(N)】按钮，如图 1-1-3 所示。

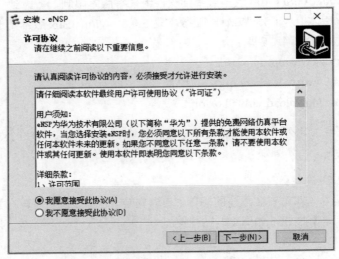

图 1-1-3　许可协议

（3）选择目标位置。设置软件安装目录，目录路径中不能包含非英文字符，单击【下一步(N)】按钮，如图 1-1-4 所示。

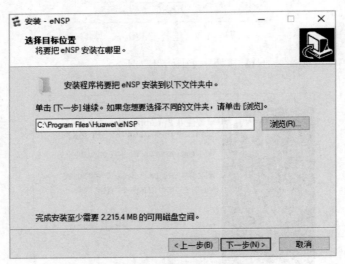

图 1-1-4　设置安装目录

（4）选择安装其他程序。安装过程中，系统会自动检测 WinPcap、Wireshark、VirtualBox 软件是否安装完成，若没有安装完成则无法继续执行 eNSP 的安装。已安装 WinPcap、Wireshark、

VirtualBox 软件并通过系统检测后，可单击【下一步(N)】按钮继续安装 eNSP，如图 1-1-5 所示。

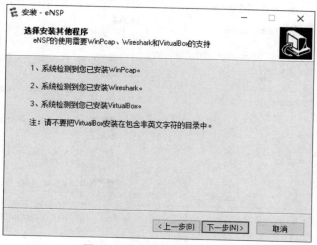

图 1-1-5　选择安装其他程序

（5）开始安装。确认安装信息后单击图 1-1-6 中的【安装(I)】按钮进行安装，具体过程如图 1-1-7 和图 1-1-8 所示。

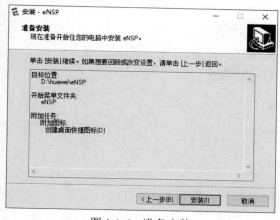

图 1-1-6　准备安装

图 1-1-7　安装过程

步骤 3：查看 VirtualBox 变化。

eNSP 安装完成后，打开 VirtualBox 软件，此时可以看到 VirtualBox 中新增了一组虚拟机（图 1-1-9）。这组虚拟机是在 eNSP 软件安装时自动注册的虚拟机，当 eNSP 中添加的设备启动时需要依赖这些虚拟机。

步骤 4：配置防火墙。

eNSP 安装完成后，需对操作系统自带的防火墙进行配置，允许 eNSP 应用通过防火墙。

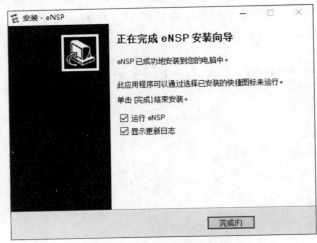

图 1-1-8　安装完成

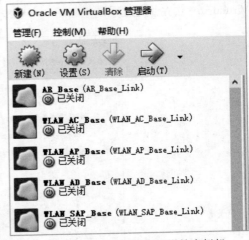

图 1-1-9　VirtualBox 中新增的虚拟机

（1）打开 Windows 安全中心。点击屏幕左下角的 Windows 开始图标→【设置】→【更新与安全】→【Windows 安全中心】，即可进入【Windows 安全中心】界面（图 1-1-10）。

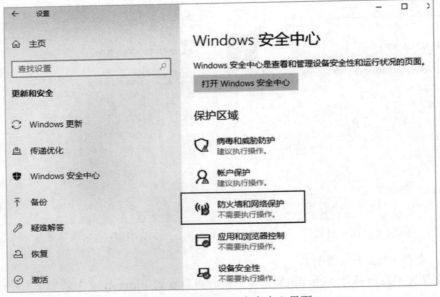

图 1-1-10　Windows 安全中心界面

（2）进入【防火墙和网络保护】界面。单击图 1-1-10 下方的【防火墙和网络保护】选项，进入【防火墙和网络保护】界面，如图 1-1-11 所示。

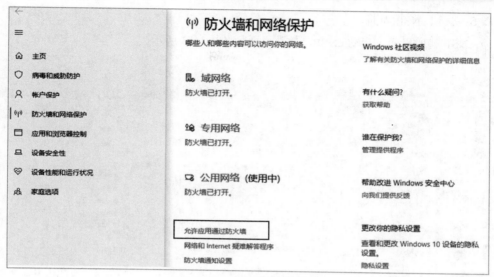

图 1-1-11　防火墙和网络保护

（3）配置允许通过防火墙的应用。单击图 1-1-11 下方的【允许应用通过防火墙】，对允许通过 Windows Defender 防火墙进行通信的应用进行配置，在【允许的应用和功能中】将 eNSP 相关的应用开启访问，在专用和公用的对话框中均打勾，如图 1-1-12 所示。

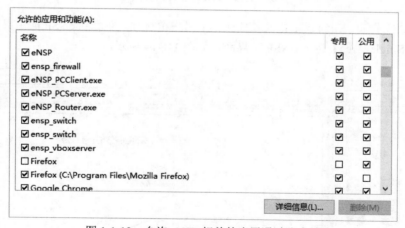

图 1-1-12　允许 eNSP 相关的应用通过防火墙

总结

（1）eNSP 软件安装时，需要先安装 WinPcap、WireShark、VirtualBox 三款软件。

（2）eNSP 软件安装完成后，若 VirtualBox 软件版本不是 5.2.X，在 eNSP 中使用交换机、路由器等设备时，可能会出现设备无法正常启动现象。

（3）eNSP 软件安装完成后，需确定允许 eNSP 应用通过防火墙。

步骤 5：认识 eNSP 界面。

（1）eNSP 初始界面。启动 eNSP，软件界面如图 1-1-13 所示。

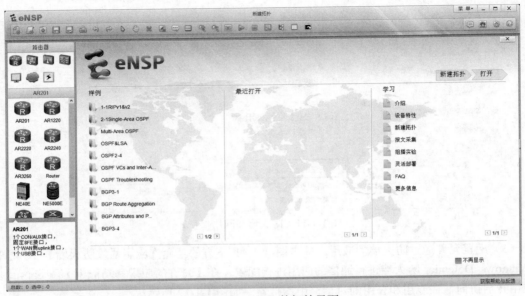

图 1-1-13　eNSP 的初始界面

（2）eNSP 主界面。当新建拓扑或者打开一个网络拓扑时，即可到 eNSP 的主界面。此处点击样例中的【2-1Single-Area】进入 eNSP 主界面，如图 1-1-14 所示。

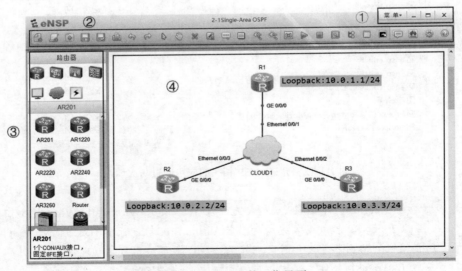

图 1-1-14　eNSP 的工作界面

- 主菜单：①处，点击【菜单】，即可列出主菜单内容。
- 工具栏：②处，提供常用的工具按钮，如新建拓扑、保存等。
- 设备区：③处，提供 eNSP 仿真的网络设备和设备连线。
- 工作区：④处，在此区域中可以灵活地创建网络拓扑，进行网络仿真建设。

（3）主菜单。点击 eNSP 工作界面右上角的【菜单】，如图 1-1-15 所示。

图 1-1-15　eNSP 菜单栏选项

主菜单的具体功能如下所述。

【文件】：用于拓扑图文件的打开、新建、保存、打印等操作。

【编辑】：用于撤销、恢复、复制、粘贴操作。

【视图】：用于拓扑图的缩放以及控制左右侧工具栏的显示。

【工具】：用于打开调色版工具、启动/停止设备、数据抓包、选项设置、注册设备等操作。

【考试】：对通过工具栏中【新建试卷工程】所生成的学生考卷进行批改，并得出结果。

【帮助】：用于查看帮助文档。

提醒　　　对于 eNSP 的初学者，建议认真看一看【帮助】。这里面不仅有 eNSP 的基本操作介绍，还包括使用 eNSP 时常见问题的解答（图 1-1-16）。

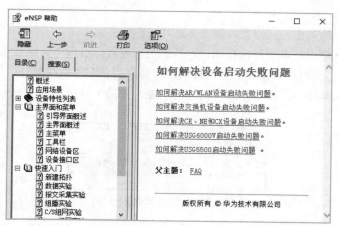

图 1-1-16　eNSP 帮助界面

这里着重讲解一下【工具】中【选项】的应用。进入【工具】→【选项】，在弹出的【选项】对话框中可以设置 eNSP 软件的参数，如图 1-1-17 所示。

图 1-1-17　【选项】对话框

【界面设置】选项卡：可设置网络拓扑的显示效果，例如是否显示设备标签、设备型号，是否显示背景、背景是否拉伸、是否显示网格与自动对齐、设置网格大小等，还可设置工作区域大小。

【CLI 设置】选项卡：可设置命令行中信息的保存方式。选中【记录日志】时可以设置保存路径，当命令行界面内容行数超过设置【显示行数】时，系统自动保存至指定位置。

【字体设置】选项卡：可设置命令行界面和拓扑描述框字体、字号、字体颜色、背景颜色等参数。

【服务器设置】选项卡：可设置本地服务器和远程服务器。

【工具设置】选项卡：可进行内存优化，自动更新设置，引用工具路径设置。

（4）工具栏。工具栏提供常用的工具按钮，分为左侧和右侧两个部分。

在指向左侧工具栏图标时即显示相关图标的功能，如图 1-1-18 所示。

图 1-1-18　指向工具栏图标显示功能

右侧工具栏有 4 个按钮，分别是【华为论坛】、【华为官网】、【设置】和【帮助】。【华为论坛】

可进行各种提问、参与讨论；【华为官网】直接访问至华为官方平台；【设置】按钮与【工具】菜单栏中的【选项】一致；【帮助】详细介绍 eNSP 当前版本的特性、各种功能以及一些常见问题的解决方法等，非常适合初次使用 eNSP 的用户学习查询。

（5）设备区。提供 eNSP 支持的设备类别和连线列表。根据选择设备类别不同【设备型号区】的内容将会变化。每种设备类型有不同的型号，可将给出型号的路由器选择到工作区，也可将此区域的设备直接拖至工作区，系统默认将【设备型号区】中该类别的第一种型号的设备添加至工作区中。

（6）工作区。绘制拓扑图时，主要在此区域进行操作。

任务二　在 eNSP 中部署网络设备

扫码看视频

【任务介绍】

认识 eNSP 中自带的各种网络设备，在 eNSP 中创建一个包含路由器、交换机、主机的局域网，掌握各种设备的配置方式。

【任务目标】

（1）完成 eNSP 中自带网络设备的部署；
（2）完成第三方网络设备的部署并导入设备文件；
（3）掌握各种设备的配置方式；
（4）完成所创建的网络项目的保存。

【拓扑规划】

拓扑结构如图 1-2-1 所示，R-1、R-2 表示路由器，SW-1、SW-2 表示交换机，Host-1～Host-4 表示用户主机。

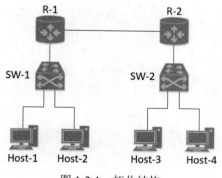

图 1-2-1　拓扑结构

【操作步骤】

步骤 1：认识 eNSP 中的设备型号。

如图 1-2-2 所示，点击主界面中设备区的交换机图标，则列出 eNSP 中各种型号的交换机，点击具体的交换机时（例如 S5700），下方就会列出该设备的基本接口信息，如图 1-2-3 所示。

图 1-2-2　设备列表

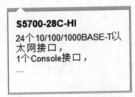

图 1-2-3　设备基本参数

步骤 2：创建路由器 R-1——以 eNSP 自带路由器 AR2220 为例。

（1）选择设备。在左侧可供选择的网络设备区选择型号为 AR2220 的路由器，将图标拖至工作区中即可添加一台路由器，点击该路由器名字，将路由器命名为 R-1。

（2）配置设备。默认情况下，路由器的接口数量有限，eNSP 提供了一种便捷的为设备增加接口卡的操作。

在工作区中找到已添加的路由器"R-1"，在设备图标上右击，在弹出的快捷菜单中选择【设置】（图 1-2-4），打开设备接口配置窗口，显示设备接口的示意图，如图 1-2-5 所示。

图 1-2-4　设备接口配置

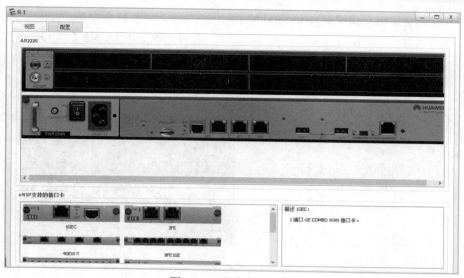

图 1-2-5　设备接口配置

　　在【视图】选项卡中，可查看设备面板及 eNSP 支持的接口卡。如需为设备添加接口卡，可在【eNSP 支持的接口卡】区域选择合适的接口卡，直接拖至上方设备对应的槽位中即可，如图 1-2-6 所示；如需删除接口卡，则直接拖动需要删除的接口卡到【eNSP 支持的接口卡】区域即可。

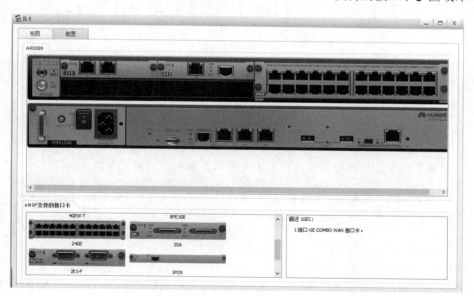

图 1-2-6　添加接口卡

 提醒　　设备电源处于关闭状态下才能进行添加或删除接口卡操作。

（3）启动设备。在工作区中右击"R-1"图标，点击【启动】启动设备，如图1-2-7所示。

（4）通过命令行方式配置设备。在图1-2-7中，在弹出的菜单中选择【CLI】，可进入命令行配置界面，使用命令行来配置设备，如图1-2-8所示。

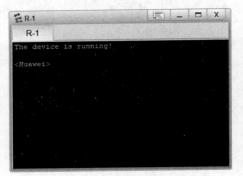

图1-2-7　弹出菜单　　　　　　　　　　图1-2-8　使用命令行配置设备

步骤3：创建路由器R-2——以第三方集成路由设备NE40E为例。

（1）拖拽设备到工作区。拖拽添加第三方集成设备NE40E到工作区，命名为R-2。

（2）导入第三方集成设备包。eNSP的设备区中，有些设备属于第三方集成设备，在使用时必需由用户手工导入设备包文件，然后方可使用该设备。此处的NE40E就属于第三方集成设备。在设备图标上右击，在弹出的快捷菜单中单击【启动】，弹出【导入设备包】对话框，如图1-2-9所示。

图1-2-9　导入设备包窗口

单击【浏览】按钮，选择设备包，再单击【导入】按钮，完成设备包导入。

提醒　　　第三方设备的的设备包文件，需要读者自行从华为官方网站 https://www.huawei.com 下载。

（3）重新启动设备。重新启动一次该设备，即可正常使用。

步骤4：创建交换机SW-1和SW-2。

在主界面的左侧，单击交换机图标后，在下方列出可以选择的交换机，其中S3700、S5700是已经内置的设备型号，可以直接使用，而CE6800、CE12800需要导入设备包才能使用。

选择型号为S3700的交换机，拖至工作区中添加2台交换机，分别命名为SW-1、SW-2。

步骤5：创建用户主机。

在主界面的左侧，单击 PC 图标后，在下方列出可以选择的终端设备。

（1）创建主机。在左侧可供选择的设备区选择 PC 模拟器，拖至工作区中添加 4 台 PC，分别命名为 Host-1、Host-2、Host-3、Host-4。

（2）配置主机地址。对主机的配置，主要包括 IP 地址、子网掩码等的配置。

以 Host-1 为例，在工作区中，双击设备图标或者在设备图标上右击，在弹出的快捷菜单中选择【设置】，打开 Host-1 的配置界面，即可为 Host-1 配置 IP 地址，如图 1-2-10 所示，地址配置完成后，单击【应用】按钮使配置生效。

单击主机的【命令行】选项卡，可以进入命令行方式，如图 1-2-11 所示。

图 1-2-10　配置主机的 IP 地址

图 1-2-11　打开主机的命令行界面

步骤 6：连接设备。

（1）选择连线类型。在左侧工作区中，点击设备连线图标选择连接线类型，如图 1-2-12 所示。选择不同类型的连接线时下方就会列出该连接线的信息。

图 1-2-12　使用连接线

（2）连接设备。以 Copper 线为例，选择 Copper 连接线→点击交换机 SW-1→选择接口 Ethernet 0/0/1，如图 1-2-13 所示。另一端选择连接 Host-1 的 Ethernet 0/0/1 接口，如图 1-2-14 所示。

（3）删除连接线。鼠标指向设备间的连线，右击，选择【删除连接】即可，如图 1-2-15 所示。

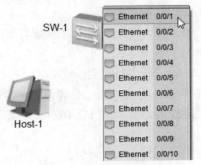

图 1-2-13　选择交换机接口

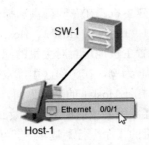

图 1-2-14　选择 Host-1 接口

步骤 7： 查看设备接口信息。

在工具栏中，点击【显示所有接口】图标，如图 1-2-16 所示。此时可以显示整个网络中各个设备的接口，如图 1-2-17 所示。

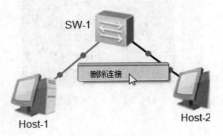

图 1-2-15　删除连接

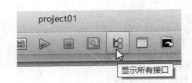

图 1-2-16　【显示所有接口】图标

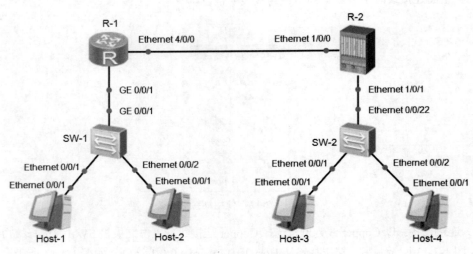

图 1-2-17　显示所有设备的接口

步骤8：在拓扑图中添加注释文本。

为了便于描述网络结构或说明网络设备的配置信息，可以在工作区中添加注释说明的文本。在工具栏中，点击【文本】图标，如图 1-2-18 所示，然后点击需要添加注释文本的地点，接下来就可以添加注释了。图 1-2-19 的注释说明了 R-1 的接口地址。

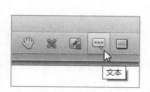

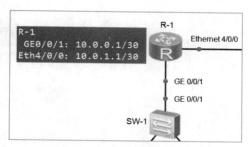

图 1-2-18　【文本】图标　　　　　　　　图 1-2-19　添加注释文本的结果

步骤9：保存网络项目。

（1）保存拓扑。完成配置后，可单击工具栏中的【保存】图标，将已经建设好的网络项目保存在计算机的指定位置。

（2）导出设备配置。启动设备，并双击设备图标→弹出"CLI"界面→使用 save 命令保存配置信息→右击设备→选择【导出设备配置】，输入设备配置文件的文件名，并将设备配置信息导出为.cfg 文件。

（3）导入设备配置。选择设备配置文件（.cfg 或.zip 格式），导入到设备中。下次启动设备时，将会加载导入的配置文件。

任务三　在 eNSP 中访问 VirtualBox 虚拟机

扫码看视频

【任务介绍】

网络中通常需要引入服务器以提供相应的服务。eNSP 可以模拟路由器、交换机等网络设备，但是无法模拟服务器（或主机）。为此，eNSP 提供了与虚拟化软件 VirtualBox 的"合作"功能，即可以在 eNSP 网络中引入 VirtualBox 虚拟机，从而实现相应的需求。本任务在 VirtualBox 中创建一台虚拟机，安装 CentOS 7 操作系统，实现 VirtualBox 虚拟机与 eNSP 网络中主机之间的通信。

【任务目标】

（1）完成 VirtualBox 虚拟机的创建；

（2）在 VirtualBox 虚拟机中完成 CentOS 7 操作系统的安装；

（3）实现 eNSP 中主机与 VirturalBox 虚拟机之间的通信。

【拓扑规划】

1. 网络拓扑

拓扑结构如图 1-3-1 所示。

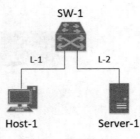

图 1-3-1　拓扑结构

2. 拓扑说明

网络拓扑说明见表 1-3-1。

表 1-3-1　网络拓扑说明

序号	设备线路	设备类型	备注
1	Host-1	用户主机	eNSP 终端 PC
2	Server-1	服务器	VirtualBox 虚拟机，采用 CentOS 7 系统
3	SW-1	二层交换机	型号：S3700，不划分 VLAN
4	L-1～L-2	双绞线	100Base-T

【网络规划】

IP 地址规划表见表 1-3-2。

表 1-3-2　IP 地址规划表

序号	设备名称	IP 地址 /子网掩码	默认网关	接入位置
1	Host-1	192.168.64.10 /24	—	SW-1 Ethernet 0/0/1
2	Server-1	192.168.64.20 /24	—	SW-1 Ethernet 0/0/2

【操作步骤】

步骤 1： 在 eNSP 中部署网络。

新建网络拓扑，添加一台 PC 并将其命名为 Host-1，配置 Host-1 的 IP 地址为 192.168.64.10，子网掩码为 255.255.255.0；添加一台交换机并将其命名为 SW-1；添加一个 Cloud 设备并将其命名为 Cloud-1。Host-1 的 Ethernet 0/0/1 接口与交换机 SW-1 的 Ethernet 0/0/1 连接，如图 1-3-2 所示。

 提醒　由于尚未配置 Cloud-1，所以交换机 SW-1 与 Cloud-1 暂时无法连接。

步骤 2：配置 eNSP 中的 Cloud 设备。

eNSP 中提供了一种特殊的设备：Cloud。Cloud 仿佛是一座桥梁，将 eNSP 中的网络设备与 VirtualBox 中的虚拟机连接到一起，使它们之间可以相互通信。具体配置方式如下：

（1）进入 Cloud 设备的 IO 配置界面。右击云设备图标，选择【设置】（图 1-3-3），打开 IO 配置界面，如图 1-3-4 所示。

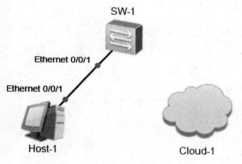

图 1-3-2　eNSP 中部署 Cloud 设备

图 1-3-3　设置 Cloud 设备

图 1-3-4　Cloud 设备的 IO 配置界面

（2）增加第一个端口。首先添加一个 UDP 端口。在【绑定信息】下拉框中选择"UDP"，【端口类型】选择"Ethernet"，然后单击右侧的【增加】按钮，即可在端口列表中显示第一个端口信息，如图 1-3-5 所示。

图 1-3-5　在 Cloud 设备中绑定第一个端口

（3）增加第二个端口。接下来需要添加一个网卡端口。在【绑定信息】下拉框中选择"VirtualBox Host-Only Network #3- IP：192.168.56.1"，【端口类型】选择"Ethernet"，然后单击右侧的【增加】按钮，即可在端口列表中显示第二个端口信息，如图 1-3-6 所示。

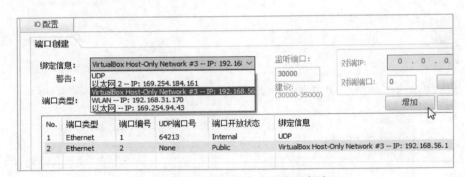

图 1-3-6　在 Cloud 设备中绑定网卡端口

提醒

（1）此处要绑定的是 VirtualBox Host-Only Network 网卡，若【绑定信息】下拉框中没有此选项，则需要先在实体机上进行相应设置。

（2）此处的"#3"是作者计算机上的配置，读者在配置时可能不同。

（3）VirtualBox 虚拟机的网卡要设置成"仅主机（Host-Only）网络"方式，并且与此处绑定的网卡一致。

（4）设置端口映射。在下方的【端口映射设置】中，将【入端口编号】和【出端口编号】分别设置为 1 和 2，【端口类型】保持不变，并将【双向通道】复选框中打上对钩，然后单击【增加】按钮，则右侧的【端口映射表】中可显示出端口映射信息，如图 1-3-7 所示。关闭该窗口。

（5）完成 SW-1 与 Cloud-1 之间的连接。Cloud 配置结束后，就可以将交换机 SW-1 的 Ethernet 0/0/1 与 Cloud-1 的 Ethernet 0/0/1 接口连接，完成后的网络拓扑如图 1-3-8 所示。

图 1-3-7 设置端口映射

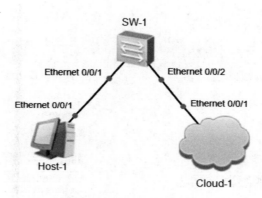

图 1-3-8 eNSP 与 VirtualBox 结合拓扑

步骤 3：在 VirtualBox 中创建 CentOS 7 虚拟机。

（1）在 VirtualBox 中创建虚拟机。启动 VirtualBox 软件，单击左上方的【新建】按钮，弹出【新建虚拟电脑】对话框，创建新的虚拟机。主要过程如图 1-3-9 至图 1-3-14 所示。

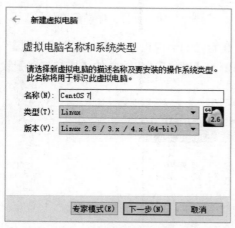

图 1-3-9 选择操作系统类型与版本

图 1-3-10 设置虚拟机内存

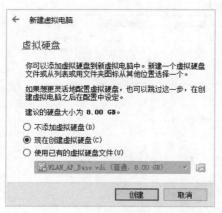

图 1-3-11　新建虚拟硬盘

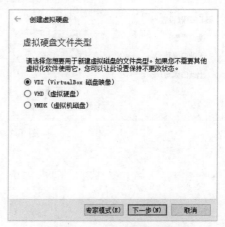

图 1-3-12　选择虚拟硬盘类型

项目一

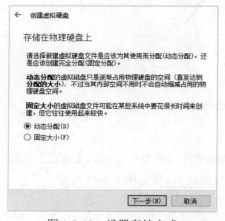

图 1-3-13　设置存储方式

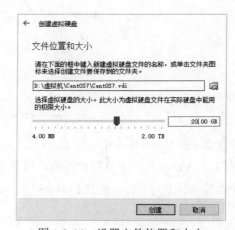

图 1-3-14　设置文件位置和大小

（2）设置 VirtualBox 虚拟机网卡的连接方式。在新建的虚拟机上右击，选择【设置】，如图 1-3-15 所示，进入虚拟机设置对话框。选择左侧选项中的【网络】，将网卡的【连接方式】设置为"仅主机（Host-Only）网络"，如图 1-3-16 所示。

图 1-3-15　设置虚拟机

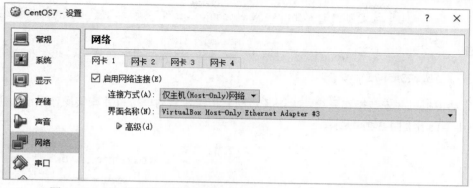

图 1-3-16　将虚拟机网卡的连接方式设为"仅主机（Host-Only）网络"

　提醒

　　（1）VirtualBox 虚拟机的网卡，要设置成"仅主机（Host-Only）网络"方式，并且与 eNSP 中相应的 Cloud 设备所绑定的端口信息一致。

　　（2）图 1-3-16 的【界面名称】中网络连接名字后面的"#3"，是作者计算机上的配置，读者在配置时可能不同。

　　（3）在 VirtualBox 虚拟机上安装 CentOS 7 操作系统。

　　1）将操作系统的镜像文件导入虚拟机。在虚拟机设置窗口左侧选项中选择【存储】，然后单击最右侧的光驱图标→【选择一个虚拟光盘文件】，将硬盘上的 CentOS 7 镜像文件导入虚拟机，如图 1-3-17 所示。

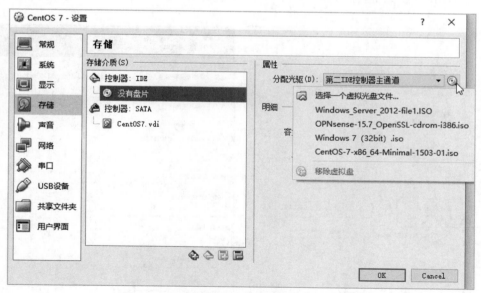

图 1-3-17　将操作系统的镜像文件导入虚拟机

提醒

（1）读者可自行从 https://www.centos.org 官方网站下载 CentOS 7 系统的镜像文件。

（2）安装 CentOS 7 过程中，需要设置 root 用户的密码，此处将密码设为：Abc1234567。

2）启动虚拟机并安装操作系统。单击【启动】按钮，启动虚拟机并安装操作系统。主要安装过程如图 1-3-18 至图 1-3-23 所示。

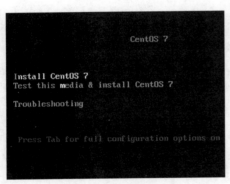

图 1-3-18　选择"Install CentOS 7"

图 1-3-19　选择"中文"-"简体中文（中国）"

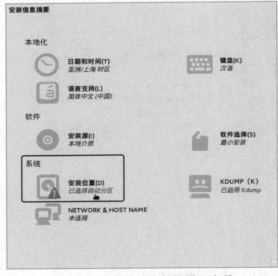

图 1-3-20　点击"安装位置"选项

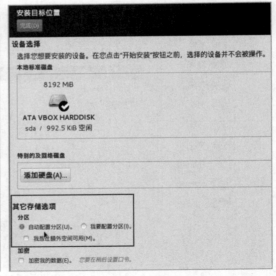

图 1-3-21　选择"自动配置分区"并【完成】

图 1-3-22　设置 ROOT 用户的密码

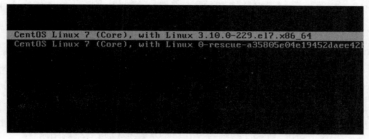

图 1-3-23　选择第 1 行启动 CentOS 7 操作系统

3）配置 VirtualBox 虚拟机的 IP 地址。登录 CentOS 7 虚拟机，用户名：root，密码：Abc1234567。使用 vi 命令编辑网卡配置文件（此处为 ifcfg-enp0s3），配置主机的 IP 地址（192.168.64.20 /24），配置方式如下：

```
# vi   /etc/sysconfig/network-scripts/ifcfg-enp0s3
TYPE=Ethernet
//此处将 IP 地址的获得方式改为静态
BOOTPROTO=static
DEFROUTE=yes
PEERDNS=yes
PEERROUTES=yes
IPV4_FAILURE_FATAL=no
IPV6INIT=yes
IPV6_AUTOCONF=yes
IPV6_DEFROUTE=yes
IPV6_PEERDNS=yes
IPV6_PEERROUTES=yes
IPV6_FAILURE_FATAL=no
NAME=enp0s3
UUID=5c0d1d00-0ba6-4140-a025-d47f36b0efd3
DEVICE=enp0s3
//增加该语句，用"IPADDR="来配置静态 IP 地址
IPADDR=192.168.64.20
```

```
//增加该语句，用"NETMASK"来配置子网掩码
NETMASK=255.255.255.0
//增加该语句，用"GATEWAY="来配置本机的默认网关
GATEWAY=192.168.64.1
//将"ONBOOT"的值改为"yes"，表示将上述配置修改为开机启动
ONBOOT=yes
//编辑完成后，退出编辑状态并用 :wq 保存配置
```

提醒

（1）使用 vi 打开配置文件后，需按一下键盘上的字母"I"键，才能进入编辑状态。

（2）编辑完成后，需按一下键盘上的"Esc"键先退出编辑状态，然后输入":wq"并回车进行保存（":q"表示放弃存盘）。

（3）编辑时注意区分大小写，例如"IPADDR="不能写成"ipaddr="。

IP 地址设置后，使用 systemctl restart network 重启网络服务，使刚才的配置改生效。

```
# systemctl restart network
```

步骤 4：测试 Host-1 与 VirtualBox 虚拟机通信情况。

在 eNSP 中，启动 Host-1 和 SW-1。使用 Ping 命令测试 Host-1（192.168.64.10/24）和 VirtualBox 中的 CentOS 7 虚拟机（192.168.64.20/24）之间的通信。通信结果见表 1-3-3。

表 1-3-3　eNSP 终端与 VirtualBox 虚拟机通信测试结果

序号	源主机	目的主机	测试方法	通信结果
1	Host-1	虚拟机	Ping	通
2	虚拟机	Host-1	Ping	通

任务四　在 eNSP 中进行抓包

扫码看视频

【任务介绍】

在 eNSP 中利用第三方抓包软件 WinPcap 和网络数据报文分析工具 Wireshark，抓取网络中指定位置的数据包并分析，从而掌握在 eNSP 中进行抓包的方法。

【任务目标】

完成使用 Wireshark 在 eNSP 中抓取报文。

【拓扑规划】

1．网络拓扑

拓扑结构如图 1-4-1 所示。

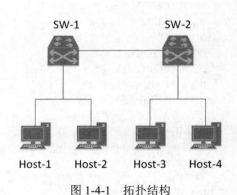

图 1-4-1　拓扑结构

2. 拓扑说明

网络拓扑说明见表 1-4-1。

表 1-4-1　网络拓扑说明

序号	设备线路	设备类型	规格型号	备注
1	Host-1～Host-4	用户主机	—	—
2	SW-1～SW-2	二层交换机	S3700	不创建 VLAN

【网络规划】

1. 交换机接口规划

交换机接口规划表见表 1-4-2。

表 1-4-2　交换机接口规划表

序号	交换机	接口	连接设备	接口类型
1	SW-1	Ethernet 0/0/1	Host-1	默认
2	SW-1	Ethernet 0/0/2	Host-2	默认
3	SW-1	GE 0/0/1	SW-2	默认
4	SW-2	Ethernet 0/0/1	Host-3	默认
5	SW-2	Ethernet 0/0/2	Host-4	默认
6	SW-2	GE 0/0/1	SW-1	默认

2. 主机 IP 地址

主机 IP 地址规划表见表 1-4-3。

表 1-4-3　主机 IP 地址规划表

序号	设备名称	IP 地址 /子网掩码	默认网关	接入位置
1	Host-1	192.168.64.10 /24	192.168.64.254	SW-1 Ethernet 0/0/1
2	Host-2	192.168.64.11 /24	192.168.64.254	SW-1 Ethernet 0/0/2
3	Host-3	192.168.64.20 /24	192.168.65.254	SW-2 Ethernet 0/0/1
4	Host-4	192.168.64.21 /24	192.168.64.254	SW-2 Ethernet 0/0/2

【操作步骤】

步骤 1：确定抓包位置。

如图 1-4-2 所示，在交换机 SW-1 的 GE 0/0/1 接口（即①）处进行抓包。

步骤 2：配置主机 IP 地址并启动网络设备。

启动各主机和交换机，并根据【网络规划】配置 IP 地址信息。此时各主机间可以正常通信。

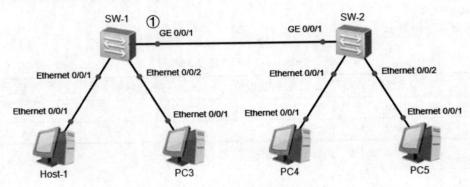

图 1-4-2　在 GE 0/01 接口抓包

步骤 3：启动抓包程序。

（1）方法 1：在设备上抓包。在 SW-1 设备上右击，选择【数据抓包】→【GE 0/0/1】，如图 1-4-3 所示，即可启动 Wireshark 软件。

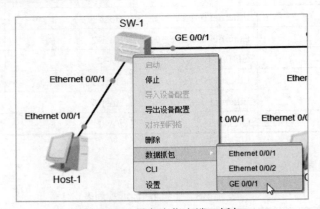

图 1-4-3　设备上指定端口抓包

（2）方法 2：在接口上抓包。在设备接口处的绿色圆点上右击并选择【开始抓包】，即可在该接口处启动 Wireshark 软件，如图 1-4-4 和图 1-4-5 所示。

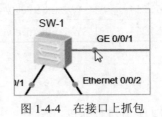

图 1-4-4　在接口上抓包

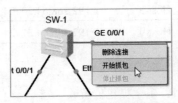

图 1-4-5　右击选择"开始抓包"

（3）方法 3：在主界面工具栏处抓包。在 eNSP 主界面的工具栏中，点击【数据抓包】图标，如图 1-4-6 所示，然后选择指定设备上某个接口，点击【开始抓包】按钮启动抓包程序，如图 1-4-7 所示。

图 1-4-7　选择指定设备的接口

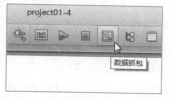

图 1-4-6　工具栏中的【数据抓包】图标

步骤 4：执行通信操作。

在 Host-1 的 CLI 界面中，执行命令"ping 192.168.64.20"，此时 Host-1 和 Host-3 能正常通信。

步骤 5：查看所抓取到的报文。

（1）在 Wireshark 中过滤所显示的报文。由于抓取到的报文有很多，为了查看分析方便，可以在 Wireshark 的过滤表达式框中输入过滤条件，只显示符合条件的报文。例如此处在表达式框中输入"arp or icmp"，仅显示 ARP 和 ICMP 报文，如图 1-4-8 所示。

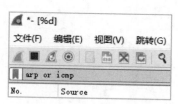

图 1-4-8　输入报文过滤条件

（2）分析抓取的报文。图 1-4-9 显示了所抓取报文中的 4 条。

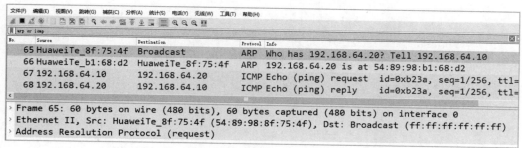

图 1-4-9　在 SW-1 的 GE 0/0/1 接口处抓取的报文

以其中的 65 号报文为例，分析见表 1-4-4。

表 1-4-4　65 号报文基本信息表

序号	名称	内容/值	备注
1	报文协议	ARP	
2	源 MAC 地址	54-89-98-8F-75-4F	Host-1 的 MAC 地址
3	目的 MAC 地址	FF-FF-FF-FF-FF-FF	广播地址

Host-1（192.168.64.10）要访问 Host-3，它知道 Host-3 的 IP 地址（192.168.64.20），但并不知道 Host-3 的 MAC 地址，于是首先发出 ARP 协议报文。

ARP 协议报文是以广播的方式发出的，所以该报文的目的 MAC 地址是广播地址（FF-FF-FF-FF-FF-FF）。该报文的基本含义是"谁是 192.168.64.20？请告诉 192.168.64.10"。

步骤 6：保存所抓取的报文。

在 Wireshark 的工具栏中点击【停止捕获分组】按钮可停止数据包的捕获，单击【文件】→【保存】→选择保存位置，可保存所抓取的数据报文。

项目二
使用交换机构建简单局域网

交换机是构建园区网络的常用设备，本项目介绍了交换机的工作原理、配置管理、使用交换机构建简单局域网的方法以及交换机的一些高级配置。

- 了解交换机的工作原理；
- 熟悉交换机的基本管理命令；
- 熟悉交换机的接口管理方法；
- 掌握使用交换机构建简单局域网的方法。

1. 交换机

交换机是构建局域网的基础设备。交换机工作在数据链路层，因此又称二层交换机，基于 MAC 地址进行数据帧的转发。交换机的每个接口都可直接连接单台主机或另一台交换机，并以全双工方式工作。交换机的接口可相互独立地发送和接收数据，各接口属于不同的冲突域，因此可以有效地隔离网络中物理层冲突域，使通过它相互通信的主机可以独占传输媒体，无碰撞地传输数据。

2. 交换机的工作原理

交换机拥有一条很高带宽的背部总线和内部交换矩阵。背部总线上连接着交换机的所有接口，同时还有一个 MAC 地址与接口之间的映射表，即 MAC 地址表。当交换机接口收到一个数据帧后，会查看该帧首部的目的 MAC 地址，并依据 MAC 地址表，将该帧从对应的目的接口转发出去。

交换机的多对接口可同时进行数据传输并独享接口带宽。例如使用 10Mb/s 以太网交换机，其接口 A 以 10Mb/s 速率向接口 D 发送数据，其接口 B 可同时以 10Mb/s 速率向接口 C 发送数据。

3. MAC 地址表的生成方式

交换机内部会维护一张 MAC 地址表，其中包含接入设备的 MAC 地址与接口之间的对应关系，交换机依据 MAC 地址表进行数据的转发。MAC 地址表的形成方式有两种：自动生成和手工配置。

（1）自动生成 MAC 地址表项。一般情况下，MAC 地址表是设备通过源 MAC 地址学习过程而自动建立的。

交换机只要收到一个帧，就记下其源地址和进入交换机的接口，在 MAC 地址表中形成一条转发记录，具体过程如下：

1）交换机接收到一个数据帧时，会提取该帧的源 MAC 与进入接口的映射关系并检查 MAC 地址表，若交换机 MAC 地址表中存在该映射关系，则更新其生存期限，否则，保存该映射关系。

2）判断该数据帧的目的 MAC 是广播帧（全 1 地址）还是单播帧。若是广播帧，则向所有接口（除源接口）转发该数据帧；若是单播帧，则根据目的 MAC 查找转发接口。

3）此时，若交换机 MAC 地址表中存在对应映射，则按照映射进行单播；若无此映射，则广播（除源接口）该帧。

4）这时，若有接口回送信息，交换机将应答中的"源 MAC 地址"与接口的映射添加到已有 MAC 地址表中。

交换机由于能够自动学习、存储、更新 MAC 地址映射关系，因此使用的时间越长，学到的 MAC 地址就越多，未知的 MAC 地址就越少，广播包就越少，转发速度就越快。

为适应网络的变化，MAC 地址表需要不断更新。MAC 地址表中自动生成的表项并非永远有效，每一条表项都有一个生存周期（即老化时间），到达生存周期仍得不到刷新的表项将被删除。如果在到达生存周期前记录被刷新，则该表项的老化时间应重新计算。

（2）手工配置 MAC 地址表项。为了提高交换机接口安全性，网络管理员可手工在 MAC 地址表中加入特定 MAC 地址表项，将用户设备与接口绑定，从而有效控制能够接入交换机的设备。手工配置的 MAC 地址表项优先级高于自动生成的表项。

静态 MAC 地址表项建立后，静态 MAC 地址表项不会被老化。当设备收到指定 MAC 地址的帧后，直接通过出接口转发。配置并保存后，系统复位或接口板热插拔 MAC 地址表项不丢失。

4. 生成树协议 STP

在使用以太网交换机组网时，为了增加网络的可靠性，往往会增加一些冗余链路，在这种情况下，自学习的过程中就可能导致以太网数据帧在网络的某个环路中无限地兜圈子，这种兜圈子的问题称为环路。

环路会产生广播风暴，最终导致整个网络资源被耗尽，网络瘫痪不可用。同时，还会引起 MAC

地址表震荡导致 MAC 地址表项被破坏。

为了解决兜圈子的问题，IEEE 的 802.1D 标准制定了一个数据链路层生成树协议（Spanning Tree Protocol），运行该协议的设备通过彼此交互信息发现网络中的环路，并有选择地对某个端口进行阻塞，最终将环形网络结构修剪成无环路的树形网络结构，从而防止报文在环形网络中不断循环，避免设备由于重复接收相同的报文造成处理能力下降。

5. 链路聚合

随着网络规模不断扩大，用户对链路的带宽和可靠性提出越来越高的要求。在传统技术中，常用更换高速率的接口板或更换支持高速率接口板的设备的方式来增加带宽，但这种方案需要付出高额的费用，而且不够灵活。

采用链路聚合技术可以在不进行硬件升级的条件下，通过将多个物理接口捆绑为一个逻辑接口，实现增加链路带宽的目的。链路聚合的备份机制能有效提高可靠性，同时，还可以实现流量在不同物理链路上的负载分担。

链路聚合（Link Aggregation）是将一组物理接口捆绑在一起作为一个逻辑接口来增加带宽和可靠性的一种方法。

链路聚合组 LAG（Link Aggregation Group）是指将若干条以太链路捆绑在一起所形成的逻辑链路，简写为 Eth-Trunk。

6. 交换机命令行视图

为方便用户使用命令，华为交换机按功能分类（操作对象）将命令注册在命令行视图下。命令行视图是一个层次性树状结构，分三个级别，从低到高依次是用户视图、系统视图、具体业务视图（如 VLAN 视图、接口视图），如图 2-0-1 所示。

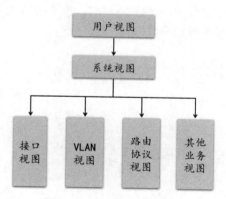

图 2-0-1　命令行视图结构

（1）用户视图。用户从终端成功登录至设备即进入用户视图，在屏幕上显示：<Huawei>。在用户视图下，用户可以完成查看运行状态和统计信息等功能。

（2）系统视图。在用户视图下执行 system-view 命令进入系统视图，在系统视图下用户可配置系统参数以及通过该视图进入其他的功能配置视图。

（3）业务视图。在系统视图下执行指定命令关键字进入相应对象的业务视图，在该视图下可进行对象的属性以及功能配置。

7. 常用命令

（1）system-view。用于从用户视图向系统视图的切换。

（2）undo。在命令前加 undo 关键字，可用来恢复缺省情况、禁用某个功能或者删除某项配置。几乎每条配置命令都有对应的 undo 命令行，如 undo info-center enable，关闭信息中心。

（3）?。视图中使用时，可查看当前视图下可使用的命令。在命令关键字后使用时，可查看该命令的可选参数。

（4）sysname。设置网络设备的名称。

（5）display。

- display current-configuration 命令：用来查看当前生效的配置信息。
- display this 命令：用来查看系统当前视图的运行配置。
- display vlan 命令：用来查看系统 VLAN 信息。
- display port vlan 命令：用来查看 VLAN 中接口信息。
- display ip routing-table 命令：用来查看设备路由表。

（6）interface。用于进入指定接口的视图，进入视图后，可配置接口的相关属性。

（7）quit。在视图中执行 quit 命令可从当前视图回退到较低级别的视图，如果是用户视图，则退出系统。

（8）save。在用户视图下执行，用于保存当前配置。

（9）reboot。用户视图下执行，用于重启系统。

（10）reset saved-configuration。用户视图下执行，用于清空设备下次启动使用的配置文件内的内容，并取消指定系统下次启动时使用的配置文件。

任务一　交换机的基本命令

扫码看视频

【任务介绍】

在 eNSP 中创建交换机，并对交换机进行基本管理。

【任务目标】

掌握交换机基本命令的使用。

【操作步骤】

步骤 1：创建交换机。

在 eNSP 中创建拓扑，部署一台 S3700 交换机并启动，双击设备打开 CLI 窗口。

步骤 2：查看用户视图。

打开 CLI 窗口后，默认为用户视图，屏幕上显示：

```
<Huawei>
```

步骤 3：进入系统视图。

在用户视图下执行 system-view，进入系统视图。

```
<Huawei> system-view
Enter system view, return user view with Ctrl+Z.
[Huawei]
```

　　　　输入命令时，可以只输入命令关键字的前几个字母，然后按键盘上的 Tab 键，即可自动补齐完整命令。例如，此处输入 sys，然后按 Tab 键，即可自动出现 system-view。

步骤 4：关闭信息中心。

默认情况下，交换机的信息中心是未关闭的，当执行命令时，会给出一些反馈性信息，此处可使用 undo 命令关闭信息中心。

```
[Huawei]undo info-center enable
Info: Information center is disabled.
[Huawei]
```

　　　　在命令前加 undo 关键字，可用来禁用某个功能或者删除某项配置。几乎每条配置命令都有对应的 undo 操作。

步骤 5：更改网络设备名字。

在系统视图下，执行 sysname 命令，可更改设备名称。

```
[Huawei]sysname SW-1
[SW-1]
```

步骤 6：查看交换机当前配置。

```
[SW-1]display current-configuration
#
sysname SW-1
#
……
interface MEth 0/0/1
#
interface Ethernet 0/0/1
#
interface Ethernet 0/0/2
……
user-interface con 0
user-interface vty 0 4
```

```
#
return
[SW-1]
```

 提醒　　　输入命令时，也可以只输入命令关键字的前几个字母，然后直接执行。例如，此处输入 dis cur，然后按回车键，即可执行。

步骤 7：查看 VLAN 配置。

查看交换机 VLAN 信息，如果不指定参数，则显示所有 VLAN 的信息。

```
[SW-1] display vlan
The total number of vlans is : 1
--------------------------------------------------------------------------------
U: Up;          D: Down;          TG: Tagged;          UT: Untagged;
MP: Vlan-mapping;                 ST: Vlan-stacking;
#: ProtocolTransparent-vlan;      *: Management-vlan;
--------------------------------------------------------------------------------

VID    Type    Ports
--------------------------------------------------------------------------------
1      common  UT:Eth 0/0/1(D)    Eth 0/0/2(D)     Eth 0/0/3(D)     Eth 0/0/4(D)
                  Eth 0/0/5(D)    Eth 0/0/6(D)     Eth 0/0/7(D)     Eth 0/0/8(D)
                  Eth 0/0/9(D)    Eth 0/0/10(D)    Eth 0/0/11(D)    Eth 0/0/12(D)
                  Eth 0/0/13(D)   Eth 0/0/14(D)    Eth 0/0/15(D)    Eth 0/0/16(D)
                  Eth 0/0/17(D)   Eth 0/0/18(D)    Eth 0/0/19(D)    Eth 0/0/20(D)
                  Eth 0/0/21(D)   Eth 0/0/22(D)    GE 0/0/1(D)      GE 0/0/2(D)


VID    Status  Property      MAC-LRN Statistics Description
--------------------------------------------------------------------------------
1      enable  default       enable  disable     VLAN 0001
```

步骤 8：查看交换机接口信息。

（1）显示所有接口的信息。

```
[SW-1]display interface
```

（2）显示指定接口的信息。

```
[SW-1]display interface Ethernet 0/0/1
```

（3）显示当前接口的信息。

```
//进入 Ethernet 0/0/1 接口
[SW-1]interface Ethernet 0/0/1
//显示当前接口的配置信息
[SW-1-Ethernet 0/0/1]display this
```

步骤 9：退出视图。

在接口 Ethernet 0/0/1 视图中执行 quit 命令，可从当前视图退回到低一级视图。如果当前在用户视图下，则退出系统。

```
//当前为接口视图
[SW-1-Ethernet 0/0/1]quit
//当前为系统视图
[SW-1]quit
//当前为用户视图
<SW-1>quit
<SW-1>quit User interface con 0 is available
//当前已退出系统操作，按 Enter 键进入用户视图
Please Press ENTER.
```

步骤 10： 保存配置。

在用户视图下执行 save 命令保存当前配置。

```
<SW-1>save
The current configuration will be written to the device.
Are you sure to continue?[Y/N]y
Info: Please input the file name ( *.cfg, *.zip ) [vrpcfg.zip]:
Now saving the current configuration to the slot 0..
Save the configuration successfully.
<SW-1>
```

步骤 11： 重启交换机。

用户视图下执行 reboot 命令。

```
<SW-1>reboot
Info: The system is now comparing the configuration, please wait.
Info: If want to reboot with saving diagnostic information, input 'N' and then
execute 'reboot save diagnostic-information'.
//提示：系统将重启，是否继续，输入 y 并按 Enter 键继续
System will reboot! Continue?[Y/N]:y
<SW-1>
```

步骤 12： 重置交换机。

用户视图下执行 reset saved-configuration 命令，可清空设备下次启动使用的配置文件内容，并取消指定系统下次启动时使用的配置文件。

```
//重置已保存配置，将交换机恢复为出厂状态
<SW-1>reset saved-configuration
//提示：设备中所保存的配置信息将被擦除，是否继续，输入 y 并按 Enter 键继续
Warning: The action will delete the saved configuration in the device.
The configuration will be erased to reconfigure. Continue? [Y/N]:y
Warning: Now clearing the configuration in the device.
Info: Succeeded in clearing the configuration in the device.

//重启交换机后，操作方可生效
```

```
<SW-1>reboot
Info: The system is now comparing the configuration, please wait.
//所有配置将保存以便下次启动，是否继续？这里输入 n
Warning: All the configuration will be saved to the configuration file for the
next startup:, Continue?[Y/N]:n
Info: If want to reboot with saving diagnostic information, input 'N' and then
execute 'reboot save diagnostic-information'.
//系统将重启，是否继续？这里输入 y
System will reboot! Continue?[Y/N]:y
<SW-1>
//可以看到，设备名已经恢复成默认值
<Huawei>
```

任务二　使用交换机构建局域网

扫码看视频

【任务介绍】

使用 1 台交换机和 4 台主机构建局域网，实现主机间通信。

【任务目标】

（1）掌握主机的配置方法；
（2）掌握交换机的配置方法。

【拓扑规划】

1. 网络拓扑

网络拓扑结构如图 2-2-1 所示。

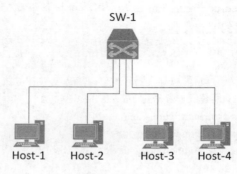

图 2-2-1　网络拓扑结构

2. 拓扑说明

网络拓扑说明见表 2-2-1。

表 2-2-1　网络拓扑说明

序号	设备线路	设备类型	规格型号
1	Host-1～Host-4	用户主机	PC
2	SW-1	二层交换机	S3700

【网络规划】

1. 交换机接口

交换机接口规划表见表 2-2-2。

表 2-2-2　交换机接口规划表

序号	交换机名	接口	连接设备	接口类型
1	SW-1	Ethernet 0/0/1	Host-1	默认
2	SW-1	Ethernet 0/0/2	Host-2	默认
3	SW-1	Ethernet 0/0/5	Host-3	默认
4	SW-1	Ethernet 0/0/6	Host-4	默认

2. 主机 IP 地址

主机 IP 地址规划表见表 2-2-3。

表 2-2-3　主机 IP 地址规划表

序号	设备名称	IP 地址 /子网掩码	接入位置
1	Host-1	192.168.64.11 /24	SW-1 Ethernet 0/0/1
2	Host-2	192.168.64.12 /24	SW-1 Ethernet 0/0/2
3	Host-3	192.168.64.13 /24	SW-1 Ethernet 0/0/5
4	Host-4	192.168.64.14 /24	SW-1 Ethernet 0/0/6

【操作步骤】

步骤 1：新建拓扑。

（1）启动 eNSP，点击【新建拓扑】按钮，打开一个空白界面。

（2）按本任务【拓扑规划】、【网络规划】部署交换机和主机设备，如图 2-2-2 所示。

步骤 2：配置用户主机。

启动用户主机，根据【网络规划】，配置其 IP 地址信息。同时，查看并记录各主机的 MAC 地址（图 2-2-3），以备后面查看交换机 MAC 地址表时使用。

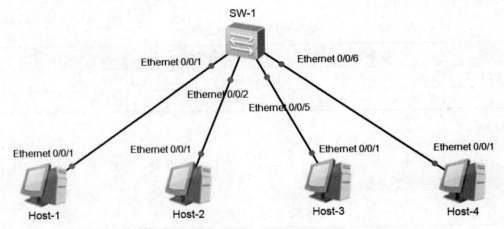

图 2-2-2　在 eNSP 中的网络拓扑图

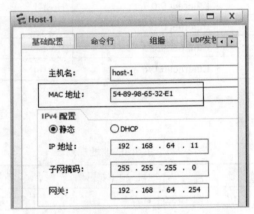

图 2-2-3　查看主机 Host-1 的 MAC 地址

步骤 3：更改交换机名称。

```
<Huawei>system-view
[Huawei]sysname SW-1
[SW-1]
```

步骤 4：查看交换机 MAC 地址表。

```
[SW-1]display mac-address
[SW-1]
```

可见交换机 SW-1 刚启动时，MAC 地址表是空的。

步骤 5：主机通信测试。

使用 Ping 命令测试当前的通信情况，测试结果见表 2-2-4。

表 2-2-4　简单局域网的 PC 网络测试结果

序号	源主机	目的主机	通信结果
1	Host-1	Host-2	通
2	Host-1	Host-3	通
3	Host-1	Host-4	通

步骤 6：查看 MAC 地址表，验证 MAC 地址学习功能。

当局域网内主机正常通信时，查看交换机 SW-1 的 MAC 地址表。

```
[SW-1]display mac-address
MAC address table of slot 0:

-------------------------------------------------------------------------------
MAC Address      VLAN/     PEVLAN  CEVLAN   Port        Type      LSP/LSR-ID
                 VSI/SI                                           MAC-Tunnel
-------------------------------------------------------------------------------
5489-9865-32e1   1         -       -        Eth 0/0/1   dynamic   0/-
5489-98ac-18e8   1         -       -        Eth 0/0/2   dynamic   0/-
5489-98f1-1dab   1         -       -        Eth 0/0/5   dynamic   0/-
5489-986b-78f2   1         -       -        Eth 0/0/6   dynamic   0/-
-------------------------------------------------------------------------------
Total matching items on slot 0 displayed = 4
```

可以看到，此时 MAC 地址表中已具有 Host-1～Host-4 的 MAC 地址，以及它们对应的交换机接口，即交换机通过 MAC 地址学习建立了 MAC 地址表。

步骤 7：保存拓扑。

点击【保存】按钮，保存网络拓扑。

任务三　交换机的接口管理

扫码看视频

【任务介绍】

完成交换机接口配置，实现接口描述、接口模式、接口速率、接口流量的管理与控制。

【任务目标】

（1）完成接口描述的配置；
（2）完成接口模式的配置；
（3）完成接口速率的配置；
（4）完成接口流量控制的配置。

【拓扑规划】

1. 网络拓扑

网络拓扑结构如图 2-3-1 所示。

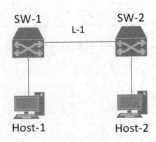

图 2-3-1　网络拓扑结构

2. 拓扑说明

网络拓扑说明见表 2-3-1。

表 2-3-1　网络拓扑说明

序号	设备线路	设备类型	规格型号
1	Host-1～Host-2	用户主机	PC
2	SW-1～SW-2	二层交换机	S3700
3	L-1	双绞线	1000Base-T

【网络规划】

1. 交换机接口

交换机接口规划表见表 2-3-2。

表 2-3-2　交换机接口规划表

序号	交换机名	接口	连接设备	接口类型
1	SW-1	Ethernet 0/0/1	Host-1	默认
2	SW-1	GE 0/0/1	SW-2	默认
3	SW-2	Ethernet 0/0/1	Host-2	默认
4	SW-2	GE 0/0/1	SW-1	默认

2. 主机 IP 地址

主机 IP 地址规划表见表 2-3-3。

表 2-3-3　主机 IP 地址规划表

序号	设备名称	IP 地址 /子网掩码	接入位置
1	Host-1	192.168.64.11 /24	SW-1 Ethernet 0/0/1
2	Host-2	192.168.64.12 /24	SW-2 Ethernet 0/0/1

【操作步骤】

步骤 1：新建拓扑。

（1）启动 eNSP，点击【新建拓扑】按钮，打开一个空白界面。

（2）按本任务【拓扑规划】、【网络规划】在 eNSP 中部署设备并启动，如图 2-3-2 所示。

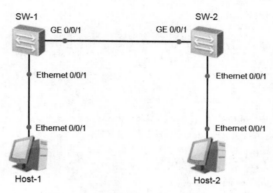

图 2-3-2　在 eNSP 中的网络拓扑图

步骤 2：查看交换机 SW-1 接口模式、接口速率信息。

```
//进入系统模式，关闭信息中心，修改交换机名称
<Huawei>system-view
Enter system view, return user view with Ctrl+Z.
[Huawei]undo info-center enable
Info: Information center is disabled.
[Huawei]sysname SW-1
//查看交换机接口模式、接口速率
[SW-1]display interface Ethernet brief
PHY: Physical
*down: administratively down
(l): loopback
(b): BFD down
InUti/OutUti: input utility/output utility
Interface              PHY    Auto-Neg   Duplex  Bandwidth  InUti  OutUti  Trunk
Ethernet 0/0/1         up     enable     half    100M       0%     0%      --
……

GigabitEthernet 0/0/1  up     enable     half    1000M      0%     0%      --
……
```

步骤 3：配置交换机 SW-1 的 GigabitEthernet 0/0/1 接口。

```
//进入接口视图
[SW-1]interface GigabitEthernet 0/0/1
//配置接口描述
[SW-1-GigabitEthernet 0/0/1] description To_SW-2
//将当前接口配置为非自协商模式和全双工模式
[SW-1-GigabitEthernet 0/0/1]undo negotiation auto
[SW-1-GigabitEthernet 0/0/1]duplex full
//将当前接口的速率配置为 100Mb/s
[SW-1-GigabitEthernet 0/0/1]speed 100
//打开当前接口流量控制开关
[SW-1-GigabitEthernet 0/0/1]flow-control
//查看当前接口的配置信息
[SW-1-GigabitEthernet 0/0/1]display this
#
interface GigabitEthernet0/0/1
  port media type copper
  flow-control
  description TO_SW-2
# Return
[SW-1-GigabitEthernet 0/0/1]quit
```

步骤 4：配置交换机 SW-1 的 Ethernet 0/0/1 接口。

```
[SW-1]interface Ethernet 0/0/1
[SW-1-Ethernet 0/0/1]description To_Host-1
[SW-1-Ethernet 0/0/1]undo negotiation auto
[SW-1-Ethernet 0/0/1]duplex full
[SW-1-Ethernet 0/0/1]speed 100
[SW-1-Ethernet 0/0/1]flow-control
[SW-1-Ethernet 0/0/1]display this
#
interface Ethernet 0/0/1
  undo negotiation auto
  flow-control
  description To_Host-1
#
return
[SW-1-Ethernet 0/0/1]quit
```

任务四 交换机的高级管理

扫码看视频

【任务介绍】

使用生成树协议消除网络环路，通过 MAC 地址与接口绑定实现设备接入控制，通过链路聚合绑定提高网络可靠性。

【任务目标】

（1）完成指定主机与交换机接口的绑定；

（2）完成交换机生成树协议的配置；

（3）完成交换机间端口聚合。

【拓扑规划】

1. 网络拓扑

网络拓扑结构如图 2-4-1 所示。

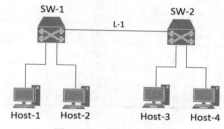

图 2-4-1　网络拓扑结构

2. 拓扑说明

网络拓扑说明见表 2-4-1。

表 2-4-1　网络拓扑说明

序号	设备线路	设备类型	规格型号
1	Host-1～Host-4	用户主机	PC
2	SW-1～SW-2	二层交换机	S3700
3	L-1～L-2	双绞线	1000Base-T

【网络规划】

1. 交换机接口

交换机接口规划表见表 2-4-2。

表 2-4-2　交换机接口规划表

序号	交换机名	接口	连接设备	接口类型
1	SW-1	Ethernet 0/0/1	Host-1	默认
2	SW-1	Ethernet 0/0/2	Host-2	默认
3	SW-1	GE 0/0/1	SW-2	默认

续表

序号	交换机名	接口	连接设备	接口类型
4	SW-2	Ethernet 0/0/1	Host-3	默认
5	SW-2	Ethernet 0/0/2	Host-4	默认
6	SW-2	GE 0/0/1	SW-1	默认

2. 主机 IP 地址

主机 IP 地址规划表见表 2-4-3。

表 2-4-3 主机 IP 地址规划表

序号	设备名称	IP 地址 /子网掩码	默认网关	接入位置
1	Host-1	192.168.64.11 /24	192.168.64.1	SW-1 Ethernet 0/0/1
2	Host-2	192.168.64.12 /24	192.168.64.1	SW-1 Ethernet 0/0/2
3	Host-3	192.168.64.13 /24	192.168.64.1	SW-2 Ethernet 0/0/1
4	Host-4	192.168.64.14 /24	192.168.64.1	SW-2 Ethernet 0/0/2

【操作步骤】

步骤 1：新建拓扑。

（1）启动 eNSP，点击【新建拓扑】按钮，打开一个空白界面。

（2）按本任务【拓扑规划】、【网络规划】，在 eNSP 中部署交换机 SW-1、SW-2，主机 Host-1～Host-4，如图 2-4-2 所示。

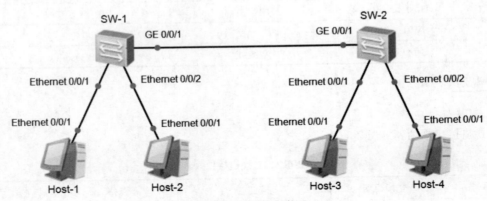

图 2-4-2 网络拓扑

步骤 2：实现主机与交换机接口之间的绑定。

（1）操作说明。默认情况下，用户主机接入交换机后，通过交换机的 MAC 地址学习功能，可自动实现与其他用户主机之间的通信。为了加强对接入用户的管理，可以将主机 MAC 地址与交换机接口进行绑定，即接口只允许已绑定 MAC 地址的数据流转发，也就是说，MAC 地址与接口绑定后，该 MAC 地址的数据流只能从绑定接口进入，其他没有与接口绑定的 MAC 地址的数据流不可以从该接口进入。MAC 地址与接口的绑定可以有效防止陌生计算机的接入，也可以有效防止人为随意调换交换机接口。

此处对交换机 SW-1 进行配置，仅允许 Host-1 通过 Ethernet 0/0/1 接口与 Host-3 和 Host-4 通信，Host-2 无法与其他主机通信。

（2）启动网络设备和主机，并测试当前连通性。启动所有交换机和用户主机，测试当前（即 MAC 地址与接口绑定之前）的通信情况，测试结果见表 2-4-4，可见此时通信正常。

表 2-4-4　绑定前 Host-1、Host-2 通信测试结果

序号	源主机	目的主机	通信结果
1	Host-1	Host-3	通
2	Host-1	Host-4	通
3	Host-2	Host-3	通
4	Host-2	Host-4	通

此时查看交换机 SW-1 的 MAC 地址表，内容如下：

```
[SW-1]display mac-address
MAC address table of slot 0:

-------------------------------------------------------------------------------
MAC Address      VLAN/        PEVLAN  CEVLAN    Port      Type      LSP/LSR-ID
                 VSI/SI                                             MAC-Tunnel
-------------------------------------------------------------------------------
5489-983b-116a   1            -       -         Eth 0/0/1  dynamic   0/-
5489-984f-2172   1            -       -         Eth 0/0/2  dynamic   0/-
5489-98d6-62da   1            -       -         GE 0/0/1   dynamic   0/-
5489-9862-0b92   1            -       -         GE 0/0/1   dynamic   0/-
-------------------------------------------------------------------------------

Total matching items on slot 0 displayed = 4

[SW-1]
```

（3）关闭交换机 SW-1 指定接口的 MAC 地址学习功能。

```
//进入系统视图，关闭信息中心，设置交换机名称为 SW-1
<Huawei>system-view
Enter system view, return user view with Ctrl+Z.
[Huawei]undo info-center enable
Info: Information center is disabled.
```

```
[Huawei]sysname SW-1

//关闭接口 Ethernet 0/0/1 的 MAC 地址自动学习功能
[SW-1]interface Ethernet 0/0/1
[SW-1-Ethernet 0/0/1]mac-address learning disable action discard
[SW-1- Ethernet 0/0/1]quit
```

重复本操作，关闭接口 Ethernet 0/0/2～Ethernet 0/0/22 的 MAC 地址学习功能，不要关闭 GE 0/0/1 和 GE 0/0/2 接口的 MAC 地址学习功能。

（4）重启交换机 SW-1。重启交换机 SW-1，其目的是清除交换机 MAC 地址表中的动态表项内容。

（5）测试当前网络连通性。使用 Ping 命令进行通信测试，验证当前 Host-1、Host-2 的通信情况，结果见表 2-4-5，可见主机 Host-1、Host-2 均不能与 Host-3、Host-4 通信。

表 2-4-5　Host-1、Host-2 通信测试结果

序号	源主机	目的主机	通信结果
1	Host-1	Host-3	不通
2	Host-1	Host-4	不通
3	Host-2	Host-3	不通
4	Host-2	Host-4	不通

总结　当关闭交换机接口的 MAC 地址自动学习功能后，交换机无法自动学习到所接入主机的 MAC 地址，此时对源 MAC 地址不在 MAC 地址表的数据帧采用丢弃动作，从而拒绝接入设备通信。

（6）将 Host-1 的 MAC 地址与 Ethernet 0/0/1 接口绑定。

```
[SW-1]mac-address static 5489-983b-116a Ethernet 0/0/1 vlan 1
//显示当前的 MAC 地址表，可以看到静态 MAC 地址表项
[SW-1]display mac-address
MAC address table of slot 0:
```

MAC Address	VLAN/ VSI/SI	PEVLAN	CEVLAN	Port	Type	LSP/LSR-ID MAC-Tunnel
5489-983b-116a	**1**	-	-	**Eth 0/0/1**	**static**	-

```
Total matching items on slot 0 displayed = 1
[SW-1]quit
<SW-1>save
```

提醒

（1）交换机接口在默认情况下，属于 VLAN1。

（2）主机的 MAC 地址，可通过双击主机图标，在【基础配置】选项中查看。

（3）执行 mac-address static 命令前，网络管理员需要熟悉网络中需要通过静态 MAC 地址表项通信的设备 MAC 地址，若配置错误会造成合法用户通信中断。

（7）测试当前网络连通性。使用 Ping 命令进行通信测试，验证当前 Host-1、Host-2 的通信情况，结果见表 2-4-6，可见 Host-1 可以与 Host-3、Host-4 通信，而 Host-2 不可以。

表 2-4-6　网络测试结果

序号	源主机	目的主机	通信结果
1	Host-1	Host-3	通
2	Host-1	Host-4	通
3	Host-2	Host-3	不通
4	Host-2	Host-4	不通

（8）更换 Host-1 的接入位置，再次测试通信情况。将 Host-1 接入到 SW-1 的 8 号接口，再次使用 Ping 命令测试与 Host-3 和 Host-4 的通信情况，结果见表 2-4-7。可见 Host-1 只能在 Ethernet 0/0/1 接口进行通信。

表 2-4-7　网络测试结果

序号	源主机	目的主机	通信结果
1	Host-1	Host-3	不通
2	Host-1	Host-4	不通
3	Host-2	Host-3	不通
4	Host-2	Host-4	不通

步骤 3：在交换机上配置生成树协议。

（1）操作说明。通过在交换机上配置生成树协议，验证环路对网络通信的影响，同时验证生成树协议对消除环路影响的作用。

（2）恢复交换机 SW-1 的初始设置。在交换机 SW-1 的用户视图下，输入 reset saved-configuration 命令，重置 SW-1 的配置文件，然后重启 SW-1，恢复其初始设置，以便进行后续的配置。

```
<SW-1>reset saved-configuration
Warning: The action will delete the saved configuration in the device.
The configuration will be erased to reconfigure. Continue? [Y/N]:Y
<SW-1>reboot
```

项目二

（3）在交换机之间增加链路。在 SW-1 的 GE 0/0/2 接口和 SW-2 的 GE 0/0/2 接口之间增加一条链路，如图 2-4-3 所示，启动交换机，此时，交换机 SW-1 和 SW-2 之间就形成了环路。

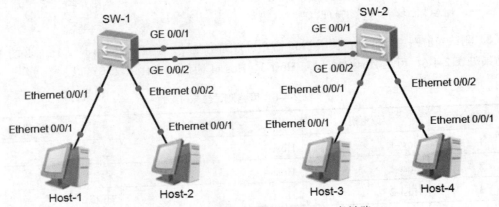

图 2-4-3　在 SW-1 和 SW-2 之间增加一条链路

（4）分别关闭交换机 SW-1 和 SW-2 的生成树协议。

```
//关闭 SW-1 的生成树协议
//进入系统模式，关闭信息中心，修改交换机名称为 SW-1
<Huawei>system-view
Enter system view, return user view with Ctrl+Z.
[Huawei]undo info-center enable
Info: Information center is disabled.
[Huawei]sysname SW-1
//关闭生成树协议
[SW-1]stp disable
Warning: The global STP state will be changed. Continue? [Y/N]y
Info: This operation may take a few seconds. Please wait for a moment...done.
```

使用同样的方法，关闭交换机 SW-2 的生成树协议。

（5）测试主机间的通信。使用 Ping 命令测试各主机间的通信，结果见表 2-4-8。

表 2-4-8　关闭 STP 后通信测试

序号	源主机	目的主机	通信结果
1	Host-1	Host-2	不通
2	Host-1	Host-3	不通
3	Host-1	Host-4	不通

（6）查看 SW-1 的 GE 0/0/1 的接口信息。

```
[SW-1]display interface GigabitEthernet 0/0/1
GigabitEthernet 0/0/1 current state : UP
Line protocol current state : UP
……
    Input: 232479975 bytes, 3868694 packets
    Output: 201043805 bytes, 3345055 packets
    ……
```

可以看到，在交换机 SW-1 的 GE 0/0/1 接口上出现大量的数据流，同时输入命令时有明显卡顿现象。查看 SW-1 的 GE 0/0/2 接口、SW-2 的 GE 0/0/1 和 GE 0/0/2 接口，也有这种现象。

（7）抓包分析。此时在 SW-1 的 GE 0/0/1 接口上抓包，可以看到 SW-1 和 SW-2 之间的大量广播报文，如图 2-4-4 所示。这一点与在 CLI 界面中查看 SW-1 的 GE 0/0/1 接口信息的结果是对应的。

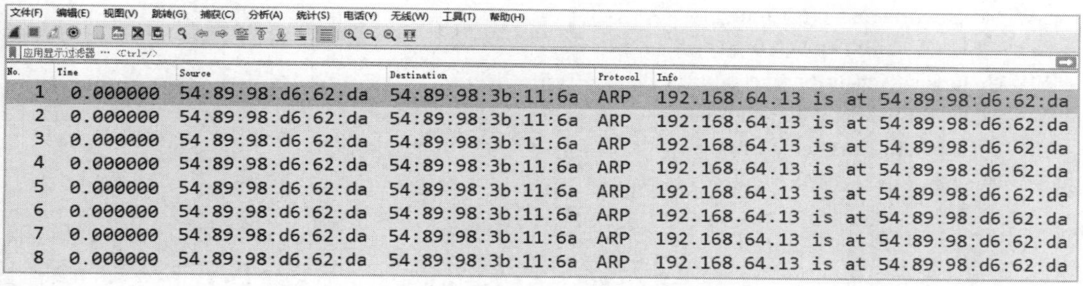

图 2-4-4　SW-1 和 SW-2 之间由于环路引起的广播

由此可见，交换机间采用双链路通信时，如果关闭生成树协议，交换机间会出现广播包环路，严重消耗网络资源，最终导致整个网络资源被耗尽，网络瘫痪不可用。

（8）重新开启交换机 SW-1 和 SW-2 的生成树协议。

```
//开启 SW-1 的生成树协议
[SW-1] stp enable
Warning: The global STP state will be changed. Continue? [Y/N]y
Info: This operation may take a few seconds. Please wait for a moment...done.
[SW-1]quit
<SW-1>save

//开启 SW-2 的生成树协议
[SW-2]stp enable
Warning: The global STP state will be changed. Continue? [Y/N]y
Info: This operation may take a few seconds. Please wait for a moment...done.
[SW-2]quit
<SW-2>save
```

重新开启生成树协议后，等待一段时间，可以看到两个交换机之间的通信恢复正常。

步骤 4：在交换机之间实现链路聚合。

（1）操作说明。仍然采用图 2-4-3 的网络拓扑结构。两台交换机之间通过两条链路连接，关闭交换机上的生成树协议，通过链路聚合，实现交换机之间正常通信，并提高链路可靠性。

（2）分别对交换机 SW-1 和 SW-2 进行链路聚合。

```
//对交换机 SW-1 的 GE 0/0/1 和 GE 0/0/2 接口进行链路聚合
//创建链路聚合组 eth-trunk 1
[SW-1]interface Eth-Trunk 1
[SW-1-Eth-Trunk1]quit
//进入接口 GigabitEthernet 0/0/1 视图，并将该接口添加到链路聚合组 eth-trunk 1
[SW-1]interface GigabitEthernet 0/0/1
[SW-1-GigabitEthernet 0/0/1]eth-trunk 1
Info: This operation may take a few seconds. Please wait for a moment...done.
[SW-1-GigabitEthernet 0/0/1]quit
//进入接口 GigabitEthernet 0/0/2 视图，并将该接口添加到链路聚合组 eth-trunk 1
[SW-1]interface GigabitEthernet 0/0/2
[SW-1-GigabitEthernet 0/0/2]eth-trunk 1
Info: This operation may take a few seconds. Please wait for a moment...done.
[SW-1-GigabitEthernet 0/0/2]quit
//保存配置
<SW-1>save

//对交换机 SW-2 的 GE 0/0/1 和 GE 0/0/2 接口进行链路聚合
[SW-2]interface eth-trunk 1
[SW-2-Eth-Trunk1]quit
[SW-2]interface GigabitEthernet 0/0/1
[SW-2-GigabitEthernet 0/0/1]eth-trunk 1
Info: This operation may take a few seconds. Please wait for a moment...done.
[SW-2-GigabitEthernet 0/0/1]quit
[SW-2]interface GigabitEthernet 0/0/2
[SW-2-GigabitEthernet 0/0/2]eth-trunk 1
Info: This operation may take a few seconds. Please wait for a moment...done.
[SW-2-GigabitEthernet 0/0/2]quit
[SW-2]quit
<SW-2>save
```

（3）分别关闭交换机 SW-1 和 SW-2 的生成树协议。使用 stp disable 命令关闭两台交换机上的生成树协议。

（4）进行通信测试。使用 Ping 命令测试链路聚合后各主机间的通信，结果见表 2-4-9。可以看到，在两台交换机上配置链路聚合后，即使关闭生成树协议，仍然可以正常通信。

表 2-4-9　链路聚合后通信测试

序号	源主机	目的主机	通信结果
1	Host-1	Host-2	通
2	Host-1	Host-3	通
3	Host-1	Host-4	通

（5）删除交换机之间的一条链路并验证通信效果。将 SW-1 和 SW-2 之间的链路删除一条，再次测试通信效果。

总结

　　交换机 SW-1 与 SW-2 通过 2 条链路相连，将这 2 条链路捆绑成为一条 Eth-Trunk 链路，当其中一条链路中断时，交换机间通信可快速自动恢复，有效地提高了链路的可靠性。

项目三
虚拟局域网的应用

在前面项目的建设中，通过交换机构建了局域网，从逻辑上来看，整个网络仍然属于一个广播域。但是，在实际应用中，是需要对交换机所构成的广播域进行划分的，这就要用到虚拟局域网（VLAN）技术。本项目就来介绍如何在交换机上划分虚拟局域网，从而分割交换机的广播域。

📍 项目目的

- 了解虚拟局域网的工作原理；
- 了解 802.1Q 协议和数据帧结构；
- 掌握基于接口的 VLAN 配置方法；
- 掌握基于 MAC 地址的 VLAN 配置方法。

📍 项目讲堂

1. VLAN 基本概念

VLAN（Virtual Local Area Network）即虚拟局域网，是将一个物理的 LAN 在逻辑上划分成多个广播域的通信技术。归属同一 VLAN 的主机间可以直接通信，而归属不同 VLAN 的主机间不能直接互通，从而实现将广播报文限制在一个 VLAN 内部。

2. VLAN 的帧格式

传统的以太网数据帧在目的 MAC 地址和源 MAC 地址之后封装的是上层协议的类型字段，如图 3-0-1 所示。

图 3-0-1　以太网数据帧格式

IEEE 802.1Q 是虚拟局域网（VLAN）的正式标准，对 Ethernet 帧格式进行了修改，在源 MAC 地址字段和协议类型字段之间加入 4 字节的 802.1Q 标记（Tag），如图 3-0-2 所示。

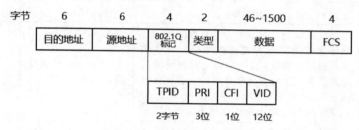

图 3-0-2　802.1Q 数据帧格式

802.1Q 标记包含 4 个字段，各字段解释见表 3-0-1。

表 3-0-1　802.1Q 标记各字段含义

字段	名称	解释
TPID	Tag Protocol Identifier(标记协议标识符)，表示帧类型	取值为 0x8100 时表示 802.1Q 标记帧。如果不支持 802.1Q 的设备收到这样的帧，会将其丢弃
PRI	Priority，表示帧的优先级	取值范围为 0～7，值越大优先级越高。用于当交换机阻塞时，优先发送优先级高的数据帧
CFI	Canonical Format Indicator(标准格式指示位)，表示 MAC 地址是否是经典格式	CFI 为 0 说明是经典格式，CFI 为 1 表示为非经典格式。用于兼容以太网和令牌环网。在以太网中，CFI 的值为 0
VID	VLAN ID，表示该帧所属的 VLAN 编号	VLAN ID 取值范围是 0～4095。由于 0 和 4095 为协议保留取值，所以 VLAN ID 的有效取值范围是 1～4094

在一个 VLAN 交换网络中，以太网帧有以下两种形式：

（1）有标记帧（tagged frame）：加入了 4 字节 802.1Q 标记的帧。

（2）无标记帧（untagged frame）：原始的、未加入 4 字节 802.1Q 标记的帧。

3. 链路类型

VLAN 中有以下两种链路类型：

（1）接入链路（Access Link）：用于连接用户主机和交换机的链路。通常情况下，主机并不需要知道自己属于哪个 VLAN，主机硬件通常也不能识别带有 VLAN 标记的帧。因此主机发送和接收的帧是不带标记帧。

（2）干道链路（Trunk Link）：通常用于交换机间的连接。干道链路可以承载多个不同 VLAN 数据，数据帧在干道链路传输时，干道链路的两端设备需要能够识别数据帧属于哪个 VLAN，所以在干道链路上传输的帧通常是带标记帧。

4. VLAN 划分方法

VLAN 划分方法列表见表 3-0-2。

表 3-0-2　VLAN 划分方法列表

VLAN 创建方式	原理	优点	缺点
基于接口	根据交换机的接口来划分 VLAN。 网络管理员可以给交换机的每个接口配置不同的 PVID。当一个普通数据帧进入配置了 PVID 的交换机接口时，该数据帧就会被打上该接口的 PVID 标记。对 VLAN 帧的处理由接口类型决定	定义 VLAN 的成员接口简单	VLAN 内的接口成员在移动时需重新配置 VLAN
基于 MAC 地址	根据接入网络的计算机网卡的 MAC 地址来划分 VLAN。 网络管理员配置 MAC 地址和 VLAN ID 映射关系表，如果交换机收到的是 untagged（不带 VLAN 标记）帧，则依据该表添加 VLAN ID	当终端用户的物理位置发生改变，不需要重新配置 VLAN。提高了终端用户的安全性和接入的灵活性	只适用于网卡不经常更换、网络环境较简单的场景。 需要预先定义网络中所有成员
基于子网划分	如果交换设备收到的是 untagged（不带 VLAN 标记）帧，交换设备根据报文中的 IP 地址信息，确定添加的 VLAN ID	将指定网段或 IP 地址发出的报文在指定的 VLAN 中传输，减轻了网络管理者的任务量，且有利于管理	网络中的用户分布需要有规律，且多个用户在同一个网段
基于协议划分	根据接口接收到的报文所属的协议（族）类型及封装格式来给报文分配不同的 VLAN ID。 网络管理员需要配置以太网帧中的协议域和 VLAN ID 的映射关系表，如果收到的是 untagged（不带 VLAN 标记）帧，则依据该表添加 VLAN ID	基于协议划分 VLAN，将网络中提供的服务类型与 VLAN 相绑定，方便管理和维护	需要对网络中所有的协议类型和 VLAN ID 的映射关系表进行初始配置。需要分析各种协议的地址格式并进行相应的转换，消耗交换机较多的资源
基于匹配策略（MAC 地址、IP 地址、接口）	基于匹配策略划分 VLAN 是指在交换机上配置终端的 MAC 地址和 IP 地址，并与 VLAN 关联。 只有符合条件的终端才能加入指定 VLAN。符合策略的终端加入指定 VLAN 后，严禁修改 IP 地址或 MAC 地址，否则会导致终端从指定 VLAN 中退出	安全性非常高，基于 MAC 地址和 IP 地址成功划分 VLAN 后，禁止用户改变 IP 地址或 MAC 地址	针对每一条策略都需要手工配置

5. 接口类型

在 802.1Q 中定义 VLAN 后，设备的有些接口可以识别 VLAN 帧，有些接口不能识别 VLAN 帧。根据对 VLAN 帧的识别情况，将接口分为以下 4 类。

（1）Access 接口。Access 接口是交换机上用来连接用户主机的接口，它只能连接接入链路。仅允许唯一的 VLAN ID 通过本接口，这个 VLAN ID 与接口的缺省 VLAN ID 相同，Access 接口发往对端设备的以太网帧永远是不带标记的帧。

（2）Trunk 接口。Trunk 接口是交换机上用来和其他交换机连接的接口，它只能连接干道链路，允许多个 VLAN 的帧（带 VLAN 标记）通过。

（3）Hybrid 接口。Hybrid 接口是交换机上既可以连接用户主机，又可以连接其他交换机的接口。Hybrid 接口既可以连接接入链路又可以连接干道链路。Hybrid 接口允许多个 VLAN 的帧通过，并可以在出接口方向将某些 VLAN 帧的标记剥掉。

（4）QinQ 接口。QinQ（802.1Q-in-802.1Q）接口是使用 QinQ 协议的接口。QinQ 接口可以给帧加上双重 VLAN 标记，即在原来标记的基础上，给帧加上一个新的标记，从而可以支持多达 4094 × 4094 个 VLAN（不同的产品支持不同的规格），满足网络对 VLAN 数量的需求。

QinQ 帧的格式如图 3-0-3 所示。外层的标记通常被称作公网标记，用来存放公网的 VLAN ID。内层标记通常被称作私网标记，用来存放私网的 VLAN ID。

字节	6	6	4	4	2	46~1500	4
	目的地址	源地址	802.1Q 标记	802.1Q 标记	类型	数据	FCS

图 3-0-3　QinQ 数据帧格式

6. 不同类型接口对 VLAN 帧的处理

由于接口类型不同，对帧的处理方式也不同，见表 3-0-3。

表 3-0-3　各类型接口对数据帧的处理方式

接口类型	对接收不带 VLAN 标记的报文处理	对接收带 VLAN 标记的报文处理	发送帧处理过程
Access 接口	接收该报文，并打上缺省 VLAN 的标记	当 VLAN ID 与缺省 VLAN ID 相同时，接收该报文。当 VLAN ID 与缺省 VLAN ID 不同时，丢弃该报文	先剥离帧的 VLAN 标记，然后再发送

续表

接口类型	对接收不带 VLAN 标记的报文处理	对接收带 VLAN 标记的报文处理	发送帧处理过程
Trunk 接口	打上缺省的 VLAN ID, 当缺省 VLAN ID 在允许通过的 VLAN ID 列表里时, 接收该报文。 打上缺省的 VLAN ID, 当缺省 VLAN ID 不在允许通过的 VLAN ID 列表里时, 丢弃该报文	当 VLAN ID 在接口允许通过的 VLAN ID 列表里时, 接收该报文。 当 VLAN ID 不在接口允许通过的 VLAN ID 列表里时, 丢弃该报文	当 VLAN ID 与缺省 VLAN ID 相同, 且是该接口允许通过的 VLAN ID 时, 去掉标记, 发送该报文。 当 VLAN ID 与缺省 VLAN ID 不同, 且是该接口允许通过的 VLAN ID 时, 保持原有标记, 发送该报文
Hybrid 接口	打上缺省的 VLAN ID, 当缺省 VLAN ID 在允许通过的 VLAN ID 列表里时, 接收该报文。 打上缺省的 VLAN ID, 当缺省 VLAN ID 不在允许通过的 VLAN ID 列表里时, 丢弃该报文	当 VLAN ID 在接口允许通过的 VLAN ID 列表里时, 接收该报文。 当 VLAN ID 不在接口允许通过的 VLAN ID 列表里时, 丢弃该报文	当 VLAN ID 是该接口允许通过的 VLAN ID 时, 发送该报文。可以通过命令设置发送时是否携带标记

7. VLAN 内跨越交换机通信原理

有时属于同一个 VLAN 的用户主机被连接在不同的交换机上。当 VLAN 跨越交换机时, 就需要交换机间的接口能够同时识别和发送跨越交换机的 VLAN 报文。这时, 需要用到 Trunk Link 技术。Trunk Link 有两个作用:

（1）中继作用: 把 VLAN 报文透传（即保留 VLAN 标记）到互联的交换机。

（2）干线作用: 一条 Trunk Link 上可以传输多个 VLAN 的报文。

总结

（1）对于主机来说, 它不需要知道 VLAN 的存在。主机发出的是 untagged 报文。

（2）交换机接收到 untagged 报文后, 根据 VLAN 配置规则（如接口信息）判断出报文应该属于哪个 VLAN, 并给该报文加上 VLAN 标记。

（3）如果 tagged（带有 VLAN 标记）报文需要通过另一台交换机转发, 则该报文必须通过干道链路（即 Trunk Link）传输透传到对端交换机上。为了保证其他交换机能够正确处理报文中的 VLAN 信息, 在干道链路上传输的报文必须保留 VLAN 标记。

（4）当交换机最终确定报文出接口后, 将报文发送给主机前, 需要将 VLAN 标记从帧中删除, 这样主机接收到的报文都是不带 VLAN 标记的以太网帧。

所以, 一般情况下, 干道链路上传输的都是 tagged 帧, 接入链路上传送到的都是 untagged 帧。这样处理的好处是: 网络中配置的 VLAN 信息可以被所有交换设备正确处理, 而主机不需要了解 VLAN 信息。

举例说明:

图 3-0-4 所示的网络中, 交换机 SW-1 和 SW-2 基于接口创建 VLAN。其中, Ethernet 0/0/1 都被设置为 Access 类型接口, 都属于 VLAN10; Ethernet 0/0/0 都设置成 Trunk 类型接口, 都允许 VLAN10 和 VLAN20 的标记帧通过。

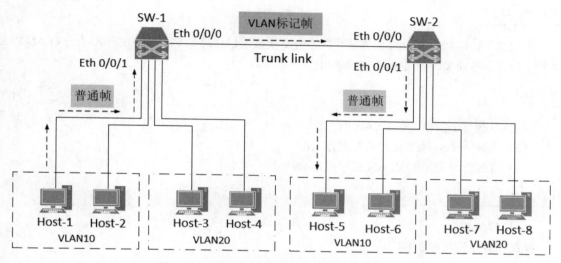

图 3-0-4　VLAN 跨交换机时的通信方式示意图

此时, 当用户主机 Host-1 发送数据给用户主机 Host-5 时 (假设 Host-1 已经知道 Host-5 的 IP 地址和 MAC 地址), 数据帧的发送过程如下:

(1) Host-1 发出数据帧, 该帧不加 VLAN 标记, 是普通帧。该数据帧首先到达 SW-1 的接口 Ethernet 0/0/1。

(2) 由于 Ethernet 0/0/1 是 Access 类型接口, 所以其给数据帧加上 VLAN 标记, 标记的 VID 字段填入该接口所属的 VLAN 的编号 10。

(3) SW-1 查询自己的 MAC 地址表, 发现到达目的地需要将数据帧从接口 Ethernet 0/0/0 发送出去。Ethernet 0/0/0 接口是 Trunk 类型接口, 其默认的 PVID 值是 1。经过分析, Ethernet 0/0/0 接口发现将要发出的数据帧的 VID 值是 10, 与自己的 PVID 值不相等, 于是不去掉数据帧的 VLAN 标记, 直接发送出去, 于是在 SW-1 和 SW-2 之间的 Trunk 链路上出现了加 VLAN 标记的数据帧。

(4) SW-2 的 Ethernet 0/0/0 接口收到加 VLAN 标记的数据帧, 经过分析, 它发现该数据帧的 VID 值是 10, 与自己的 PVID 值 (默认是 1) 不相等, 于是不去掉数据帧的 VLAN 标记。

(5) SW-2 查询自己的 MAC 地址表, 发现目的地 MAC 地址对应的交换机接口是 Ethernet 0/0/1, 于是从 Ethernet 0/0/1 接口将数据帧发送出去。

(6) 由于 SW-2 的 Ethernet 0/0/1 接口是 Access 类型接口, 因此将数据帧发出时, 会去掉 VLAN 标记, 即将普通帧发送给主机 Host-5。

（7）从 Host-5 返回 Host-1 的确认报文，其通信过程类似。

任务一　单交换机上应用 VLAN

【任务介绍】

采用基于接口创建 VLAN 的方法，在一台交换机上划分两个 VLAN，并测试同一 VLAN 内部主机之间以及不同 VLAN 主机之间的通信。

【任务目标】

（1）掌握基于接口划分 VLAN 的方法；

（2）掌握 Access 类型接口的配置方法；

（3）掌握查询交换机 VLAN 信息的方法。

【拓扑规划】

1. 网络拓扑

网络拓扑结构如图 3-1-1 所示。

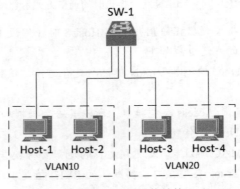

图 3-1-1　网络拓扑结构

2. 拓扑说明

网络拓扑说明见表 3-1-1。

表 3-1-1　网络拓扑说明

序号	设备线路	设备类型	规格型号	备注
1	Host-1～Host-4	用户主机	PC	--
2	SW-1	二层交换机	S3700	--

项目三

【网络规划】

1. 交换机接口与 VLAN

交换机 VLAN 及端口规划表见表 3-1-2。

表 3-1-2 交换机 VLAN 及端口规划表

序号	交换机	接口	VLAN ID	连接设备	接口类型
1	SW-1	Ethernet 0/0/1	10	Host-1	Access
2	SW-1	Ethernet 0/0/2	10	Host-2	Access
3	SW-1	Ethernet 0/0/5	20	Host-3	Access
4	SW-1	Ethernet 0/0/6	20	Host-4	Access

2. 主机 IP 地址

主机 IP 地址规划表见表 3-1-3。

表 3-1-3 主机 IP 地址规划表

序号	设备名称	IP 地址 /子网掩码	默认网关	接入位置	所属 VLAN ID
1	Host-1	192.168.64.11 /24	192.168.64.254	SW-1 Ethernet 0/0/1	10
2	Host-2	192.168.64.12 /24	192.168.64.254	SW-1 Ethernet 0/0/2	10
3	Host-3	192.168.64.21 /24	192.168.64.254	SW-1 Ethernet 0/0/5	20
4	Host-4	192.168.64.22 /24	192.168.64.254	SW-1 Ethernet 0/0/6	20

【操作步骤】

【场景描述】

某公司局域网中 1 台二层交换机下有 4 台 IP 地址在同一网段的主机，这 4 台主机固定分配给两个部门的员工使用，为加强管理，限制广播域范围，需要在交换机上划分 VLAN，将交换机上 Ethernet 0/0/1～Ethernet 0/0/2，Ethernet 0/0/5～Ethernet 0/0/6 分别划分给两个部门，使各部门内主机能够直接通信，部门间主机不能直接通信。

步骤 1：在 eNSP 中部署网络。

按本任务【拓扑规划】和【网络规划】在 eNSP 中部署网络，如图 3-1-2 所示。

步骤 2：设置主机。

根据【网络规划】，给 Host-1～Host-4 配置 IP 地址等信息，并启动每台主机。

步骤 3：查看交换机初始信息并测试网络连通性。

启动交换机 SW-1，进入 SW-1 的 CLI 界面。

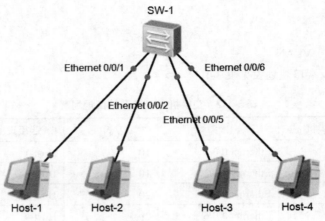

图 3-1-2　创建网络拓扑

（1）查看交换机当前 VLAN 信息。

```
<Huawei>display vlan
The total number of vlans is : 1
--------------------------------------------------------------------------------------------------
U: Up;            D: Down;              TG: Tagged;            UT: Untagged;
MP: Vlan-mapping;                       ST: Vlan-stacking;
#: ProtocolTransparent-vlan;     *: Management-vlan;
--------------------------------------------------------------------------------------------------

VID   Type    Ports
--------------------------------------------------------------------------------------------------
1     common    UT:Eth 0/0/1(U)    Eth 0/0/2(U)      Eth 0/0/3(D)      Eth 0/0/4(D)
                   Eth 0/0/5(U)    Eth 0/0/6(U)      Eth 0/0/7(D)      Eth 0/0/8(D)
                   Eth 0/0/9(D)    Eth 0/0/10(D)     Eth 0/0/11(D)     Eth 0/0/12(D)
                   Eth 0/0/13(D)   Eth 0/0/14(D)     Eth 0/0/15(D)     Eth 0/0/16(D)
                   Eth 0/0/17(D)   Eth 0/0/18(D)     Eth 0/0/19(D)     Eth 0/0/20(D)
                   Eth 0/0/21(D)   Eth 0/0/22(D)     GE 0/0/1(D)       GE 0/0/2(D)


VID   Status   Property        MAC-LRN Statistics   Description
--------------------------------------------------------------------------------------------------
1     enable   default         enable     disable   VLAN 0001
<Huawei>
```

可以看到，交换机在初始状态下，存在一个缺省（default）VLAN，其 VID 值为 1。

（2）查看交换机各接口所属 VLAN 信息。

```
<Huawei>display port vlan
Port                    Link Type     PVID   Trunk VLAN List
-----------------------------------------------------------------
Ethernet 0/0/1          hybrid        1      -
```

Ethernet 0/0/2	hybrid	1	-
Ethernet 0/0/3	hybrid	1	-
……	……	……	
Ethernet 0/0/22	hybrid	1	-
GigabitEthernet 0/0/1	hybrid	1	-
GigabitEthernet 0/0/2	hybrid	1	-

\<Huawei\>

可以看到，在初始状态下，交换机所有接口的 PVID 值都是 1，即所有接口默认属于 VLAN1，接口类型为 hybrid。

（3）测试网络通信。对主机进行通信测试，结果见表 3-1-4。

表 3-1-4　创建 VLAN 之前各主机通信结果

序号	源主机	目的主机	通信结果
1	Host-1	Host-2	通
2	Host-1	Host-3	通
3	Host-1	Host-4	通
4	Host-3	Host-4	通

可见，在创建 VLAN 之前，各主机间可以正常通信。

步骤 4：配置交换机 SW-1。

（1）更改交换机名称。

```
//进入系统视图
<Huawei>system-view
Enter system view, return user view with Ctrl+Z.
//关闭信息中心功能，方便进行配置和测试
[Huawei]undo info-center enable
Info: Information center is disabled.
//将交换机名称改为 SW-1
[Huawei]sysname SW-1
```

（2）创建 VLAN10 和 VLAN20，并查看 VLAN 信息。

```
//创建 VLAN10
[SW-1]vlan 10
[SW-1-vlan10] quit
//创建 VLAN20
[SW-1]vlan 20
[SW-1-vlan20]quit
```

提醒　　若要同时创建多个 VLAN，可使用 "vlan batch" 命令。例如同时创建 VLAN11 和 VLAN12，可在系统视图模式输入命令 "vlan batch 11 12"。

（3）将接口划入 VLAN。

//进入接口 Ethernet 0/0/1
[SW-1]interface Ethernet 0/0/1
//配置接口类型为 Access
[SW-1-Ethernet 0/0/1]port link-type access
//将 Ethernet 0/0/1 划分到 VLAN10
[SW-1-Ethernet 0/0/1]port default vlan 10
[SW-1-Ethernet 0/0/1]quit

//参照对 Ethernet 0/0/1 的设置，配置 Ethernet 0/0/2、Ethernet 0/0/5、Ethernet 0/0/6 接口
//注意，Ethernet 0/0/5 和 Ethernet 0/0/6 被划分入 VLAN20
[SW-1]interface Ethernet 0/0/2
[SW-1-Ethernet 0/0/2]port link-type access
[SW-1-Ethernet 0/0/2]port default vlan 10
[SW-1-Ethernet 0/0/2]quit
[SW-1]interface Ethernet 0/0/5
[SW-1-Ethernet 0/0/5]port link-type access
[SW-1-Ethernet 0/0/5]port default vlan 20
[SW-1-Ethernet 0/0/5]quit
[SW-1]interface Ethernet 0/0/6
[SW-1-Ethernet 0/0/6]port link-type access
[SW-1-Ethernet 0/0/6]port default vlan 20
[SW-1-Ethernet 0/0/6]quit

（4）显示当前 VLAN 有关信息。

//显示当前 VLAN 信息
[SW-1]display vlan
The total number of vlans is : 3

U: Up;   D: Down;   TG: Tagged;   UT: Untagged;
MP: Vlan-mapping;   ST: Vlan-stacking;
#: ProtocolTransparent-vlan;   *: Management-vlan;

VID Type   Ports
----
1   common UT:Eth 0/0/3(D)   Eth 0/0/4(D)   Eth 0/0/7(D)   Eth 0/0/8(D)
                Eth 0/0/9(D)   Eth 0/0/10(D)   Eth 0/0/11(D)   Eth 0/0/12(D)
                Eth 0/0/13(D)   Eth 0/0/14(D)   Eth 0/0/15(D)   Eth 0/0/16(D)
                Eth 0/0/17(D)   Eth 0/0/18(D)   Eth 0/0/19(D)   Eth 0/0/20(D)
                Eth 0/0/21(D)   Eth 0/0/22(D)   GE 0/0/1(D)   GE 0/0/2(D)

10   common UT:Eth 0/0/1(U)   Eth 0/0/2(U)
20   common UT:Eth 0/0/5(U)   Eth 0/0/6(U)

```
VID   Status   Property      MAC-LRN   Statistics   Description
------------------------------------------------------------------------
1     enable   default       enable    disable      VLAN 0001
10    enable   default       enable    disable      VLAN 0010
20    enable   default       enable    disable      VLAN 0020

//显示当前各接口所属 VLAN 信息
[SW-1]display port vlan
Port                 Link Type    PVID    Trunk VLAN List
------------------------------------------------------------------------
Ethernet 0/0/1       access       10      -
Ethernet 0/0/2       access       10      -
Ethernet 0/0/3       hybrid       1       -
Ethernet 0/0/4       hybrid       1       -
Ethernet 0/0/5       access       20      -
Ethernet 0/0/6       access       20      -
Ethernet 0/0/7       hybrid       1       -
……                   ……          ……
GigabitEthernet 0/0/1  hybrid     1       -
GigabitEthernet 0/0/2  hybrid     1       -
[SW-1]
```

（5）退出系统视图，保存配置。

```
//退出系统视图，返回到用户视图
[SW-1]quit
//保存配置
<SW-1>save
```

步骤 5：VLAN 通信测试。

在交换机 SW-1 上配置 VLAN 以后，再次使用 Ping 命令测试主机的通信情况，测试结果见表 3-1-5。

表 3-1-5　创建 VLAN 之后各主机通信结果

序号	源主机	目的主机	通信结果	备注
1	Host-1	Host-2	通	同一 VLAN 内部通信
2	Host-3	Host-4	通	同一 VLAN 内部通信
3	Host-1	Host-3	不通	不同 VLAN 之间通信
4	Host-2	Host-4	不通	不同 VLAN 之间通信

 总结　　从表 3-1-4 和表 3-1-5 测试结果可以看出，基于接口划分 VLAN 后，部门内主机可通信，部门间通信得到有效限制，满足了任务要求。

扫码看视频

任务二　跨交换机应用 VLAN

【任务介绍】

采用基于接口创建 VLAN 的方法，跨两台交换机划分 VLAN，实现同一 VLAN 内部主机跨交换机进行通信，不同 VLAN 的主机之间不能通信。

【任务目标】

（1）掌握 Trunk 类型接口的配置方法；
（2）掌握跨交换机实现 VLAN 内部主机通信的方法。

【拓扑规划】

1. 网络拓扑

网络拓扑结构如图 3-2-1 所示。

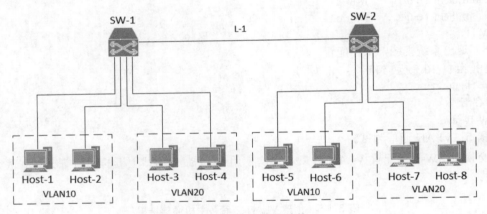

图 3-2-1　网络拓扑结构

2. 拓扑说明

网络拓扑说明见表 3-2-1。

表 3-2-1　网络拓扑说明

序号	设备线路	设备类型	规格型号	备注
1	Host-1～Host-8	用户主机	PC	--
2	SW-1～SW-2	二层交换机	S3700	
3	L-1	双绞线	1000Base-T	

【网络规划】

1. 交换机接口与 VLAN

交换机 VLAN 及端口规划表见表 3-2-2。

表 3-2-2   交换机 VLAN 及端口规划表

序号	交换机	接口	所属 VLAN ID	连接设备	接口类型
1	SW-1	Ethernet 0/0/1	10	Host-1	Access
2	SW-1	Ethernet 0/0/2	10	Host-2	Access
3	SW-1	Ethernet 0/0/5	20	Host-3	Access
4	SW-1	Ethernet 0/0/6	20	Host-4	Access
5	SW-2	Ethernet 0/0/1	10	Host-5	Access
6	SW-2	Ethernet 0/0/2	10	Host-6	Access
7	SW-2	Ethernet 0/0/5	20	Host-7	Access
8	SW-2	Ethernet 0/0/6	20	Host-8	Access
9	SW-1	GE 0/0/1	1、10、20	SW-2	Trunk
10	SW-2	GE 0/0/1	1、10、20	SW-1	Trunk

2. 主机 IP 地址

主机 IP 地址规划表见表 3-2-3。

表 3-2-3   主机 IP 地址规划表

序号	设备名称	IP 地址 /子网掩码	默认网关	接入位置	所属 VLAN ID
1	Host-1	192.168.64.11 /24	192.168.64.254	SW-1 Ethernet 0/0/1	10
2	Host-2	192.168.64.12 /24	192.168.64.254	SW-1 Ethernet 0/0/2	10
3	Host-3	192.168.64.21 /24	192.168.64.254	SW-1 Ethernet 0/0/5	20
4	Host-4	192.168.64.22 /24	192.168.64.254	SW-1 Ethernet 0/0/6	20
5	Host-5	192.168.64.13 /24	192.168.64.254	SW-1 Ethernet 0/0/1	10
6	Host-6	192.168.64.14 /24	192.168.64.254	SW-1 Ethernet 0/0/2	10
7	Host-7	192.168.64.23 /24	192.168.64.254	SW-1 Ethernet 0/0/5	20
8	Host-8	192.168.64.24 /24	192.168.64.254	SW-1 Ethernet 0/0/6	20

【操作步骤】

【场景描述】

某公司局域网中 2 台交换机下有 8 台 IP 地址在同一网段主机。这 8 台主机分配给 2 个部门的员工使用，每个部门在每台交换机下各有 2 台主机，8 台主机可相互通信。为加强管理，需要在交换机上划分 VLAN，实现使各部门内主机能够直接通信，部门间主机不能直接通信。

步骤 1： 部署网络。

按本任务【拓扑规划】、【网络规划】在 eNSP 中部署网络，如图 3-2-2 所示。

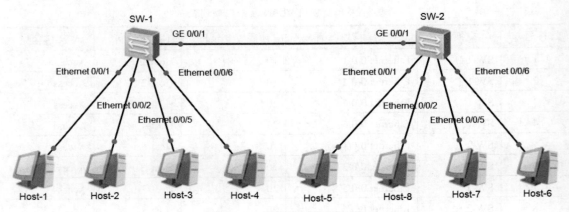

图 3-2-2　在 eNSP 中部署网络

步骤 2： 配置主机。

根据【网络规划】，配置 Host-1～Host-8 的 IP 地址等信息，并启动所有主机。

步骤 3： 配置交换机 SW-1。

根据【网络规划】，在交换机 SW-1 上创建 VLAN，设置 Access 类型接口和 Trunk 类型接口。

```
<Huawei>system-view
Enter system view, return user view with Ctrl+Z.
//关闭信息中心
[Huawei]undo info-center enable
Info: Information center is disabled.
//将交换机名字更改为 SW-1
[Huawei]sysname SW-1

//创建 VLAN10 和 VLAN20
[SW-1]vlan batch 10 20
Info: This operation may take a few seconds. Please wait for a moment...done.

//将 Ethernet 0/0/1 和 Ethernet 0/0/2 接口设置成 Access 类型并划入 VLAN10
[SW-1]interface Ethernet 0/0/1
[SW-1-Ethernet 0/0/1]port link-type access
[SW-1-Ethernet 0/0/1]port default vlan 10
[SW-1-Ethernet 0/0/1]quit
[SW-1]interface Ethernet 0/0/2
```

[SW-1-Ethernet 0/0/2]port link-type access

[SW-1-Ethernet 0/0/2]port default vlan 10

[SW-1-Ethernet 0/0/2]quit

//将 Ethernet 0/0/5 和 Ethernet 0/0/6 接口设置成 Access 类型并划入 VLAN20

[SW-1]interface Ethernet 0/0/5

[SW-1-Ethernet 0/0/5]port link-type access

[SW-1-Ethernet 0/0/5]port default vlan 20

[SW-1-Ethernet 0/0/5]quit

[SW-1]interface Ethernet 0/0/6

[SW-1-Ethernet 0/0/6]port link-type access

[SW-1-Ethernet 0/0/6]port default vlan 20

[SW-1-Ethernet 0/0/6]quit

//将 GE 0/0/1 接口设置成 Trunk 类型并允许 VLAN10 和 VLAN20 的数据帧通过

[SW-1]interface GigabitEthernet 0/0/1

[SW-1-GigabitEthernet 0/0/1]port link-type trunk

[SW-1-GigabitEthernet 0/0/1]port trunk allow-pass vlan 10 20

[SW-1-GigabitEthernet 0/0/1]quit

[SW-1]quit

//显示交换机所有接口所属 VLAN 信息

<SW-1>display port vlan

Port	Link Type	PVID	Trunk VLAN List		
Ethernet 0/0/1	access	10	-		
Ethernet 0/0/2	access	10	-		
Ethernet 0/0/3	hybrid	1	-		
Ethernet 0/0/4	hybrid	1	-		
Ethernet 0/0/5	access	20	-		
Ethernet 0/0/6	access	20	-		
Ethernet 0/0/7	hybrid	1	-		
……	……	……			
GigabitEthernet 0/0/1	trunk	1	1	10	20
GigabitEthernet 0/0/2	hybrid	1	-		

//保存配置

<SW-1>save

可以看到，Access 类型的接口只属于一个 VLAN，而此处的 GigabitEthernet 0/0/1 接口是 Trunk 类型，它的 PVID 值是 1，该接口同时属于三个 VLAN，即 VLAN1、VLAN10、VLAN20。

步骤 4：配置交换机 SW-2。

此处 SW-2 的配置与 SW-1 的配置过程相同，读者可参考 SW-1 的配置，完成对 SW-2 的配置。

步骤 5：通信测试。

通信测试结果见表 3-2-4。

表 3-2-4　PING 测试主机通信结果

序号	源主机	目的主机	通信结果	备注
1	Host-1	Host-2	通	同交换机，同一 VLAN 内部通信
2	Host-1	Host-3	不通	同交换机，不同 VLAN 之间通信
3	Host-1	Host-4	不通	同交换机，不同 VLAN 之间通信
4	Host-1	Host-5	通	跨交换机，同一 VLAN 内部通信
5	Host-1	Host-6	通	跨交换机，同一 VLAN 内部通信
6	Host-1	Host-7	不通	跨交换机，不同 VLAN 之间通信
7	Host-1	Host-8	不通	跨交换机，不同 VLAN 之间通信

总结　从表 3-2-4 测试结果可以看出，基于端口划分 VLAN 后，同一部门内（同一 VLAN）分布在不同交换机的主机之间可以通信，不同部门主机之间不可通信，满足任务要求。

任务三　基于 MAC 地址的 VLAN 应用

扫码看视频

【任务介绍】

某公司有 A、B 两部门。每个部门的员工都有自己的工作计算机，所有计算机的 IP 地址在同一网段，且通过交换机（SW-1）接入到公司网络，但是，由于工作需要，每台计算机接入交换机的具体位置（即接口）不是固定的。此外，公司有两台网络打印机，通过交换机 SW-2 接入到公司网络，并且接入到 SW-2 的位置固定。

要求：通过 VLAN 设置，使得 Printer-1 只能被部门 A 的计算机访问，Printer-2 只能被部门 B 的计算机访问。

【任务目标】

（1）了解基于 MAC 地址 VLAN 的特点以及应用场景；

（2）掌握 Hybrid 接口配置方法；

（3）掌握基于 MAC 地址划分 VLAN 的方法；

【拓扑规划】

1. 网络拓扑

网络拓扑结构如图 3-3-1 所示。

2. 拓扑说明

网络拓扑说明见表 3-3-1。

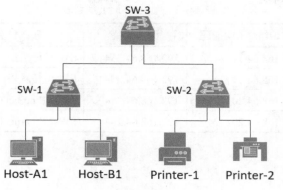

图 3-3-1　网络拓扑结构

表 3-3-1　网络拓扑说明

序号	设备线路	设备类型	规格型号	备注
1	Host-A1	用户主机	PC	部门 A 的计算机
2	Host-B1	用户主机	PC	部门 B 的计算机
3	Printer-A	打印机	--	部门 A 的打印机
4	Printer-B	打印机	--	部门 B 的打印机
5	SW-1～SW-3	二层交换机	S3700	--

【网络规划】

1. 交换机接口与 VLAN

交换机 VLAN 及端口规划表见表 3-3-2。

表 3-3-2　交换机 VLAN 及端口规划表

序号	交换机名	接口	VLAN ID	连接设备	接口类型	备注
1	SW-1	所有接口	1	用户主机	Hybrid	主机接入位置不固定
2	SW-2	Ethernet 0/0/1	1、10	Printer-A	Access	连接部门 A 的打印机
3	SW-2	Ethernet 0/0/2	1、20	Printer-B	Access	连接部门 B 的打印机
4	SW-2	GE 0/0/2	1、10、20	SW-3	Trunk	--
5	SW-3	GE 0/0/2	1、10、20	SW-2	Trunk	--
6	SW-3	GE 0/0/1	1	SW-1	hybrid	--

2. 主机 IP 地址

主机 IP 地址规划表见表 3-3-3。

表 3-3-3　主机 IP 地址规划表

序号	设备名称	IP 地址 /子网掩码	默认网关	接入位置	所属 VLAN ID
1	Host-A1	192.168.64.11 /24	192.168.64.254	SW-1 任意接口	10
2	Host-B1	192.168.64.21 /24	192.168.64.254	SW-1 任意接口	20
3	Printer-A	192.168.64.201 /24	192.168.64.254	SW-2 Ethernet 0/0/1	10
4	Printer-B	192.168.64.202 /24	192.168.64.254	SW-2 Ethernet 0/0/2	20

【操作步骤】

【任务讨论】

（1）由于 Printer-1 只能被 Host-A1 访问，因此可将 Printer-1 与 Host-A1 划为同一 VLAN（即 VLAN10）。同理，将 Printer-2 与 Host-B1 划为同一 VLAN（即 VLAN20）。

（2）由于 Printer-1 与 Printer-2 接入 SW-2 的位置是固定的，因此，对于交换机 SW-2 可基于接口划分 VLAN。

（3）Host-A1 与 Host-B1 需要分别划入 VLAN10 和 VLAN20，但由于它们接入交换机 SW-1 的接口不固定，因此此处要通过基于 MAC 地址划分 VLAN，实现任务要求。

步骤 1：网络部署。

按本任务【拓扑规划】、【网络规划】在 eNSP 中部署设备，如图 3-3-2 所示。

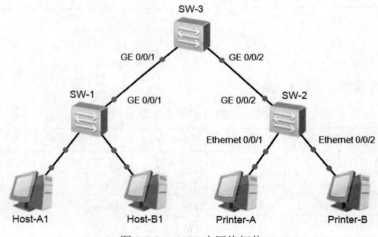

图 3-3-2　eNSP 中网络拓扑

提醒
（1）此处的打印机 Printer-A 和 Printer-B 都用 eNSP 的 PC 来代替。
（2）由于 Host-A1 和 Host-B1 接入到 SW-1 的接口不固定，因此图 3-3-2 中没有显示 SW-1 上接入 Host-A1 和 Host-B1 的接口名称。

步骤 2：配置用户主机。

启动所有用户主机。根据【网络规划】配置 Host-A1、Host-B1、Printer-A 和 Printer-B 的 IP 地址信息。注意，此处的打印机设备是用 eNSP 的 PC 代替的。

在 eNSP 中，用户可以手工更改 PC 的 MAC 地址。为了配置基于 MAC 地址的 VLAN 时，输入主机 MAC 地址更方便，此处将 Host-A1 的 MAC 地址改为 00-00-00-00-00-A1（图 3-3-3），将 Host-B1 的 MAC 地址改为 00-00-00-00-00-B1。

图 3-3-3　修改 Host-A1 的 MAC 地址

步骤 3：配置交换机 SW-1。

启动 SW-1。该交换机用于接入部门 A 和部门 B 的计算机，由于接入位置不固定，因此此处不对 SW-1 做配置，保持缺省配置。

步骤 4：配置交换机 SW-2。

启动 SW-2。由于接入 Printer-A 和 Printer-B 的位置是固定的，因此此处使用基于接口的 VLAN。根据前面的【网络规划】，具体配置过程如下：

```
<Huawei>system-view
Enter system view, return user view with Ctrl+Z.
//关闭信息中心
[Huawei]undo info-center enable
Info: Information center is disabled.
//将交换机名称改为 SW-2
[Huawei]sysname SW-2
//建立 VLAN10 和 VLAN20
[SW-2]vlan batch 10 20
Info: This operation may take a few seconds. Please wait for a moment...done.
//进入接口 Ethernet 0/0/1，配置成 Access 类型，并划入 VLAN10
[SW-2]interface Ethernet 0/0/1
[SW-2-Ethernet 0/0/1]port link-type access
[SW-2-Ethernet 0/0/1]port default vlan 10
[SW-2-Ethernet 0/0/1]quit
```

//进入接口 Ethernet 0/0/2，配置成 Access 类型，并划入 VLAN20

[SW-2]interface Ethernet 0/0/2

[SW-2-Ethernet 0/0/2]port link-type access

[SW-2-Ethernet 0/0/2]port default vlan 20

[SW-2-Ethernet 0/0/2]quit

//进入接口 GigabitEthernet 0/0/2，配置成 Trunk 类型，并允许 VLAN10 和 VLAN20 通过

[SW-2]interface GigabitEthernet 0/0/2

[SW-2-GigabitEthernet 0/0/2]port link-type trunk

[SW-2-GigabitEthernet 0/0/2]port trunk allow-pass vlan 10 20

[SW-2-GigabitEthernet 0/0/2]quit

[SW-2]quit

<SW-2>save

步骤 5：配置交换机 SW-3。

SW-3 的配置中，应用了基于 MAC 的 VLAN，具体配置过程如下：

<Huawei>system-view

Enter system view, return user view with Ctrl+Z.

[Huawei]undo info-center enable

Info: Information center is disabled.

[Huawei]sysname SW-3

//建立 VLAN10 和 VLAN20

[SW-3]vlan batch 10 20

Info: This operation may take a few seconds. Please wait for a moment...done.

//以下命令配置 MAC 地址和 VLAN 之间的映射关系

//进入 VLAN10，并且绑定 MAC 地址 00-00-00-00-00-A1（Host-A1 的 MAC 地址）

[SW-3]vlan 10

[SW-3-vlan10]mac-vlan mac-address 0000-0000-00A1

[SW-3-vlan10]quit

//进入 VLAN20，并且绑定 MAC 地址 00-00-00-00-00-B1（Host-B1 的 MAC 地址）

[SW-3]vlan 20

[SW-3-vlan20]mac-vlan mac-address 0000-0000-00B1

[SW-3-vlan20]quit

//以下命令对 GigabitEthernet 0/0/1 接口进行配置

[SW-3]interface GigabitEthernet 0/0/1

//使能当前接口的基于 MAC 地址划分 VLAN 的功能，即普通帧进入本接口后，会根据 MAC-VLAN 对应表，被加上相应 VLAN 的标记

[SW-3-GigabitEthernet 0/0/1]mac-vlan enable

Info: This operation may take a few seconds. Please wait for a moment...done.

//将接口设置成 hybrid 类型

[SW-3-GigabitEthernet 0/0/1]port link-type hybrid

//允许 VLAN10 和 VLAN20 的帧通过，并且将帧发送出接口时，去掉 VLAN 标记

[SW-3-GigabitEthernet 0/0/1]port hybrid untagged vlan 10 20
[SW-3-GigabitEthernet 0/0/1]quit

//进入接口 GigabitEthernet 0/0/2，配置成 Trunk 类型，并允许 VLAN10 和 VLAN20 通过
[SW-3]interface GigabitEthernet 0/0/2
[SW-3-GigabitEthernet 0/0/2]port link-type trunk
[SW-3-GigabitEthernet 0/0/2]port trunk allow-pass vlan 10 20
[SW-3-GigabitEthernet 0/0/2]quit
[SW-3]quit
<SW-3>save

步骤 6：测试通信。

使用 Ping 命令测试 Host-A1 和 Host-B1 分别访问 Printer-A 和 Printer-B 的情况，测试结果见表 3-3-4。

表 3-3-4　Host-A1 和 Host-B1 分别访问 Printer-A 和 Printer-B 的情况

序号	源主机	目的主机	通信结果	备注
1	Host-A1	Printer-A	通	同一 VLAN 内部通信
2	Host-A1	Printer-B	不通	不同 VLAN 之间通信
3	Host-B1	Printer-B	通	同一 VLAN 内部通信
4	Host-B1	Printer-A	不通	不同 VLAN 之间通信

更改 Host-A1 和 Host-B1 接入 SW-1 的位置，再次测试，结果和表 3-3-4 所示相同，达到任务要求。

总结　从表 3-3-4 的测试结果可以看出，基于 MAC 地址划分 VLAN 后，A 部门主机 Host-A1 可以访问 Printer-A，不能访问 Printer-B，B 部门主机 Host-B1 可以访问 Printer-B，不能访问 Printer-A。更改 Host-A1 与 Host-B1 的接入位置，仍然如此，满足任务要求。

任务四　VLAN 通信的报文分析

扫码看视频

【任务介绍】

在 eNSP 中使用 Ping 命令对主机进行通信测试，使用抓包分析软件 Wireshark 抓取 VLAN 通信过程的报文，分析验证 VLAN 的工作原理。

【任务目标】

（1）完成 Access、Trunk 类型接口通信报文的抓取；

（2）通过分析报文的变化，验证不同类型接口对报文的处理方式；

（3）完成 VLAN 内主机通信广播报文的抓取；

（4）通过分析广播报文，验证 VLAN 划分是否隔离了广播域。

【操作步骤】

步骤 1： 确定网络拓扑与抓包位置。

为了更好地理解 VLAN 的通信过程，选择本项目任务二的网络拓扑结构，并且确定抓包位置，如图 3-4-1 所示。

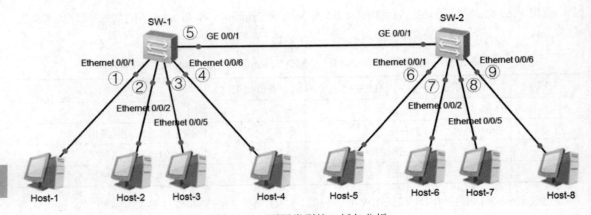

图 3-4-1　不同类型接口抓包分析

启动所有设备，并确保所有主机和交换机已经按照任务二的【网络规划】完成了相关配置，可正常通信，分别在①~⑨处启动抓包程序。

 提醒　在 eNSP 中启动抓包程序的方法可参见本书"项目一"中的任务四。

步骤 2： 分析验证 VLAN 隔离广播报文的效果。

（1）执行通信操作。在 Host-1 中执行命令"ping 192.168.64.24 -t"，即 Host-1（属于 VLAN10）与 Host-8（属于 VLAN20）通信，由于通信双方属于不同 VLAN，因此不能正常通信。

（2）在 Wireshark 中设置报文过滤。Host-1 访问 Host-8 时，因为一开始 Host-1 并不知道 Host-8 的 MAC 地址，所以 Host-1 会首先通过 ARP 协议去获取 Host-8 的 MAC 地址，即发出 ARP 报文，询问"谁的 IP 地址是 192.168.64.24？请告诉 192.168.64.11（即 Host-1）"。因为 ARP 报文是以广播的方式发送的（即报文的目的 MAC 地址是广播地址），所以我们可以查看①~⑨处是否有该广播包，以此来验证 VLAN 对广播包的隔离作用。

为了方便查看，在每个抓包地点处的 Wireshark 过滤栏中设置过滤条件，此处输入"arp"，表示只显示抓取到的 ARP 报文，如图 3-4-2 所示。

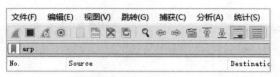

图 3-4-2　在 Wireshark 过滤栏中输入 arp

（3）查看并分析①～⑨处的报文。可以看到，①、②、⑥、⑦处，由于这些接口都属于 VLAN10，所以都抓到了 Host-1 发出的 ARP 广播报文（目的 MAC 地址是 FF-FF-FF-FF-FF-FF）。⑤处的接口是 Trunk 类型，允许 VLAN10 的报文通过，因此也抓到了 Host-1 发出的 ARP 广播报文，如图 3-4-3 所示。

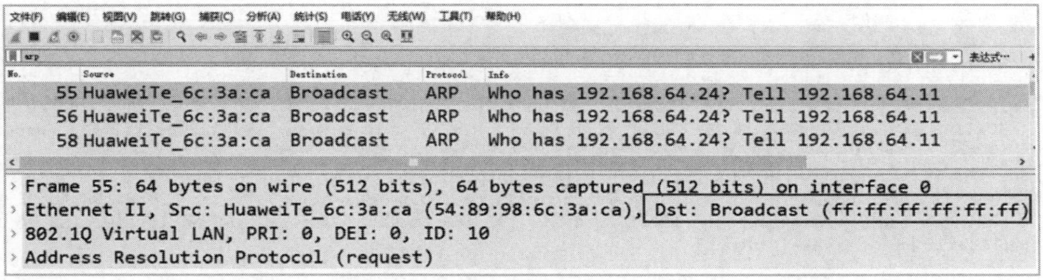

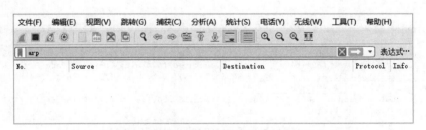

图 3-4-3　在⑤处抓取到的 ARP 广播报文

可以看到，③、④、⑧、⑨处（这些接口都属于 VLAN20），都没有抓到 Host-1 发出的 ARP 广播报文，例如⑨处抓取报文的情况如图 3-4-4 所示（注意，此处设置了过滤条件，只显示 ARP 报文），验证了 VLAN 隔离了广播域的作用。也正因为如此，Host-1 收不到 Host-8 的回应，因此不同 VLAN 间的通信失败。

图 3-4-4　在⑨处没有抓取到 ARP 广播报文

步骤 3：分析验证不同类型接口对数据帧中 VLAN 标记的处理。

（1）执行通信操作。在 Host-1 中执行命令"ping 192.168.64.13"，即 Host-1（属于 VLAN10）与 Host-5（也属于 VLAN10）通信。由于通信双方属于同一 VLAN，因此能正常通信。

（2）在 Wireshark 中设置报文过滤。为了方便查看，在①、⑤、⑥处抓包点的 Wireshark 过滤栏中设置过滤条件，此处输入"icmp"，表示只显示抓取到的 ICMP 协议报文，如图 3-4-5 所示。

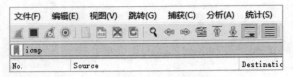

图 3-4-5　在 Wireshark 过滤栏中输入 icmp

 提醒　本步骤只需要在①、⑤、⑥处抓包分析。

（3）查看并分析①处的报文。查看①处的 19 号报文，该报文是从 Host-1（192.168.64.11）发往 Host-5（192.168.64.13）的，如图 3-4-6 所示。

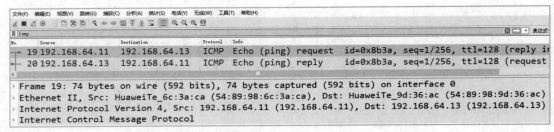

图 3-4-6　在①处抓取到的 ICMP 报文（不带 VLAN 标记）

由于该报文是从主机 Host-1 发出的，因此是普通帧，没有添加 VLAN 标记。

（4）查看并分析⑤处的报文。查看⑤处的 17 号报文，如图 3-4-7 所示。该报文是从 SW-1 的 GE 0/0/1 接口发出的。

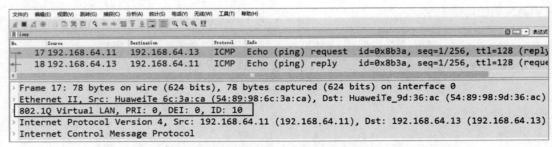

图 3-4-7　在⑤处抓取到的 ICMP 报文（带 VLAN 标记）

从主机 Host-1 发出的数据帧，进入 SW-1 的 Ethernet 0/0/1 接口。由于 Ethernet 0/0/1 属于 VLAN10，因此该帧被添加了 VLAN10 的标记。由于该帧是发往 Host-5 的，因此从 SW-1 的 GE 0/0/1 接口发送出去。SW-1 的 GE 0/0/1 是 Trunk 接口，因为该帧的 VID 值是 10，不等于 GE 0/0/1 接口的 PVID 值（默认值 1），所以 GE 0/0/1 接口在发送该帧时，不去掉 VLAN 标记。

因此，⑤处的 17 号报文是一个 Tagged 帧（即含有 VLAN 标记的帧），其 VID 值是 10。

（5）查看并分析⑥处的报文。查看⑥处的 13 号报文，如图 3-4-8 所示。该报文是从 SW-2 的 Ethernet 0/0/1 接口发出，并且发往 Host-5 的。

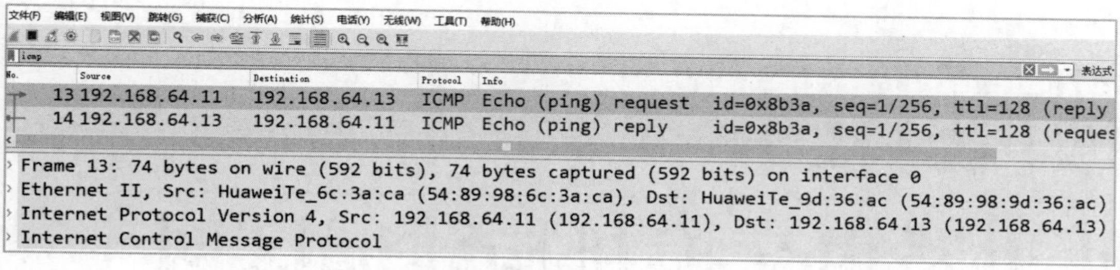

图 3-4-8　在⑥处抓取到的 ICMP 报文（不带 VLAN 标记）

SW-2 的 Ethernet 0/0/1 接口属于 VLAN10，是 Access 类型接口，因此，当数据帧从该接口发出时，会被去掉 VLAN 标记，变成普通帧，发往主机 Host-5。

项目四
使用路由交换机构建园区网

● 项目介绍

在前面项目的学习中，当在交换机上划分虚拟局域网（VLAN）以后，不同 VLAN 之间就无法通信了。但是，在实际的园区网建设当中，是需要实现不同 VLAN 之间通信的。普通的交换机无法实现这一要求，必须借助具有第三层路由功能的设备。本项目就来介绍如何使用路由交换机构建园区网，并实现 VLAN 之间的互访。

● 项目目的

- 熟悉路由交换机的工作原理；
- 掌握交换机虚拟接口（SVI）的创建与应用；
- 掌握使用路由交换机实现不同 VLAN 间通信的方法。

● 拓扑规划

1. 网络拓扑

本项目中，园区网拓扑结构如图 4-0-1 所示。

2. 拓扑说明

网络拓扑说明见表 4-0-1。

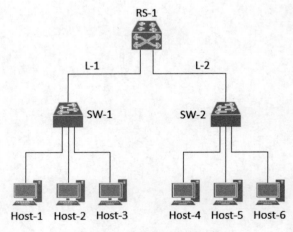

图 4-0-1　项目四的拓扑结构

表 4-0-1　网络拓扑说明

序号	设备线路	设备类型	规格型号
1	Host-1～Host-6	用户主机	—
2	SW-1～SW-2	二层交换机	S3700
3	RS-1	三层交换机	S5700
4	L-1～L-2	双绞线	1000Base-T

● 网络规划

1. 交换机接口与 VLAN

交换机接口及 VLAN 规划表见表 4-0-2。

表 4-0-2　交换机接口及 VLAN 规划表

序号	交换机	接口	VLAN ID	连接设备	接口类型
1	SW-1	Ethernet 0/0/1	10	Host-1	Access
2	SW-1	Ethernet 0/0/2	10	Host-2	Access
3	SW-1	Ethernet 0/0/3	20	Host-3	Access
4	SW-1	GE 0/0/1	1、10、20	RS-1	Trunk
5	SW-2	Ethernet 0/0/1	10	Host-4	Access
6	SW-2	Ethernet 0/0/2	10	Host-5	Access
7	SW-2	Ethernet 0/0/3	20	Host-6	Access
8	SW-2	GE 0/0/1	1、10、20	RS-1	Trunk
9	RS-1	GE 0/0/1	1、10、20	SW-1	Trunk
10	RS-1	GE 0/0/2	1、10、20	SW-2	Trunk

2. 主机 IP 地址

主机 IP 地址规划表见表 4-0-3。

表 4-0-3　主机 IP 地址规划表

序号	设备名称	IP 地址 /子网掩码	默认网关	接入位置	VLAN ID
1	Host-1	192.168.64.10 /24	192.168.64.254	SW-1 Ethernet 0/0/1	10
2	Host-2	192.168.64.20 /24	192.168.64.254	SW-1 Ethernet 0/0/2	10
3	Host-3	192.168.65.10 /24	192.168.65.254	SW-1 Ethernet 0/0/3	20
4	Host-4	192.168.64.30 /24	192.168.64.254	SW-2 Ethernet 0/0/1	10
5	Host-5	192.168.64.40 /24	192.168.64.254	SW-2 Ethernet 0/0/2	10
6	Host-6	192.168.65.20 /24	192.168.65.254	SW-2 Ethernet 0/0/3	20

3. 路由接口

路由接口 IP 地址规划表见表 4-0-4。

表 4-0-4　路由接口 IP 地址规划表

序号	设备名称	接口名称	接口地址	备注
1	RS-1	Vlanif10	192.168.64.254 /24	VLAN10 的 SVI
2	RS-1	Vlanif20	192.168.65.254 /24	VLAN20 的 SVI

4. 路由

路由规划表见表 4-0-5。

表 4-0-5　路由规划表

序号	路由设备	目的网络	下一跳地址	路由类型
1	RS-1	192.168.64.0 /24	192.168.64.254	直连路由
2	RS-1	192.168.65.0 /24	192.168.65.254	直连路由

● 项目讲堂

1. 路由交换机

1.1　为什么需要路由交换机？

由于应用需求或者地域管理等因素，一个园区网络通常需要划分成多个小的局域网，从而实现广播包隔离，这就使得 VLAN 技术在园区网建设中得以大量应用。普通的二层交换机只能实现同一 VLAN 内部主机的互相访问，而不同 VLAN 间的通信则要通过第三层路由功能来完成转发，在实际应用中，通常使用路由交换机实现 VLAN 间的通信。

> 提醒　单纯使用路由器也可以实现 VLAN 间的互访，鉴于篇幅有限，本书不再具体介绍，请读者自行查询有关资料。

1.2　路由交换机的特点

路由交换机又被称作三层交换机，就是具有部分路由器功能的交换机。路由交换机的最重要目的是加快大型局域网内部的数据交换，其所具有的路由功能也是为这一目的服务的。对于数据包转发等规律性的过程由硬件高速实现，而像路由表维护、路由计算、路由确定等功能，则由其中的三层路由模块实现。除了必要的路由决定过程外，大部分数据转发过程由二层交换模块处理，提高了数据包转发的效率。因此，路由交换机既有三层路由的功能，又具有二层交换的网络速度。

路由交换机有一个非常重要的特点，即"一次路由，多次交换"。当其收到第一个需要通过路由进行转发的数据包时，它除了执行和路由器同样操作，通过路由表查找到出口之外，还会将此数据的特征记录下来，当相同数据流的后续数据包到来时，它就不必再像路由器一样重新花费时间查找路由表后再转发，而是直接通过记录下的信息转发出去，从而提高了转发的效率。

1.3　路由交换机的应用

在园区网中，一般会将路由交换机部署在网络的核心层，用路由交换机上的千兆接口或百兆接口连接不同的子网或 VLAN（即不同的广播域）。虽然路由交换机在局域网中由于转发效率的原因可以部分取代路由器的寻径功能，但其接口类型有限，协议支持的种类也无法达到路由器的水平，因此在进行协议转换的场合，还是一定要路由器的参与才能够实现需求。

2.　交换机虚拟接口

2.1　什么是交换机虚拟接口？

交换机虚拟接口（Switch Virtual Interface，SVI），与交换机上的 VLAN 相对应，即 VLAN 的接口，只不过它是虚拟的，并且一个 VLAN 仅可以有一个 SVI。对于二层交换机，只能给其默认VLAN（通常是 VLAN1）配置 SVI，对于路由交换机，其中建立的每个 VLAN 都可以配置 SVI。

SVI 是一种三层逻辑接口，当需要在 VLAN 之间进行路由通信，或者提供 IP 主机到交换机的远程访问的时候，就需要启用交换机上相关 VLAN 的 SVI，即为该 VLAN 的 SVI 配置 IP 地址、子网掩码。

2.2　交换机虚拟接口的应用

（1）远程管理交换机。默认情况下，SVI 是为交换机上的默认 VLAN（通常是 VLAN1）而创建的，管理员可以给该 SVI 配置 IP 地址，并通过该 SVI 远程管理交换机。注意，一个二层交换机上只能配置一个 SVI 接口。

（2）作为 VLAN 的网关，实现 VLAN 间互访。该功能体现在路由交换机上。如果需要实现VLAN 间的通信，则需要在路由交换机上创建相应的 VLAN，并为每个 VLAN 配置一个 VLAN 接口（也就是 SVI），然后为每个 SVI 配置一个 IP 地址，并将该 IP 地址作为相应 VLAN 内主机的默认网关地址。不同 VLAN 内的主机通信时，需要先将数据包发给默认网关，然后进行转发，从而实现 VLAN 间互访。由于这是路由交换机的路由功能所实现的，所以此时必须在路由交换机上启用路由功能（即执行启用路由功能的命令）。

2.3　路由交换机的工作过程

如图 4-0-2 所示，SW-1 和 SW-2 是二层交换机，RS-1 是路由交换机，为了描述方便，将其路由模块和交换模块分开表示。在 RS-1 上配置了 VLAN10 和 VLAN20 的 SVI 地址。假设接入 SW-1的 VLAN10 接口上的一台 PC_A（1.1.1.2/24），与接入到 SW-2 的 VLAN20 接口上的一台 PC_B（2.2.2.2/24）通信。

因为 PC_A 和 PC_B 不是同一 VLAN（即不是同一网段），所以 PC_A 首先将第一个数据帧发送给自己的默认网关，这个默认网关指的就是路由交换机 RS-1 上 VLAN10 的 SVI（1.1.1.1）。注意，此时从 SW-1 出来的数据帧加的是 VLAN10 的标签。

当路由交换机 RS-1 发现自己的某个 SVI（此处是 VLAN10 的 SVI）收到数据包时，就会启动三层路由模块功能，并根据路由表，将数据包转发到目的子网的默认网关（即 VLAN20 的 SVI），然后重新封装数据帧，添加 VLAN20 的标签，然后将数据帧发送给 PC_B。注意，此时从路由交换机发出的数据帧，添加的是 VLAN20 的标签。

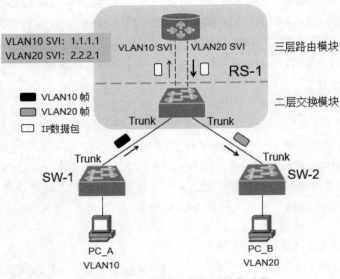

图 4-0-2　路由交换机的路由转发过程

任务一　在 eNSP 中部署园区网

扫码看视频

【任务介绍】

根据【拓扑规划】和【网络规划】，在 eNSP 中选取相应的设备，并完成整个园区网的部署。

【任务目标】

在 eNSP 中完成整个网络的部署。

【操作步骤】

步骤 1：新建拓扑。

（1）启动 eNSP，点击【新建拓扑】按钮，打开一个空白的拓扑界面。

（2）根据前面【拓扑设计】中的网络拓扑及相关说明，在 eNSP 中选取相应的设备，将其拖动到空白拓扑中，并完成设备间的连线。

（3）eNSP 中的网络拓扑如图 4-1-1 所示。

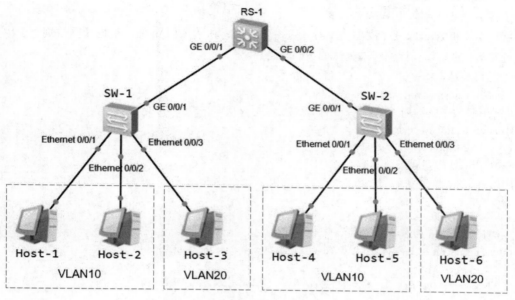

图 4-1-1 在 eNSP 中的网络拓扑图

步骤 2：保存拓扑。

点击【保存】按钮，保存刚刚建立好的网络拓扑。

任务二 配置交换机与主机

扫码看视频

【任务介绍】

根据【网络规划】中的相关信息，配置主机以及二层交换机 SW-1 和 SW-2。

【任务目标】

（1）完成主机 Host-1～Host-6 的网络配置；

（2）完成交换机 SW-1 和 SW-2 的配置。

【操作步骤】

步骤 1：配置主机网络参数。

根据【网络规划】，给 Host-1～Host-6 配置 IP 地址等信息，并启动每台主机。

 提醒　　对主机的配置操作，可参见本书"项目一"中的【任务二】。

步骤 2： 配置交换机 SW-1。

启动交换机 SW-1，然后右击 SW-1，点击【CLI】，进入 CLI 界面。根据【网络规划】中关于交换机 SW-1 的规划进行配置。具体如下。

```
<Huawei>system-view
Enter system view, return user view with Ctrl+Z.
//关闭信息中心
[Huawei]undo info-center enable
Info: Information center is disabled
//将设备名改为 SW-1
[Huawei]sysname SW-1


//创建 VLAN 10 和 VLAN 20
[SW-1]vlan batch 10 20
Info: This operation may take a few seconds. Please wait for a moment...done.


//进入 Ethernet 0/0/1 接口，将其设置为 Access 模式，并划分入 VLAN10
[SW-1]interface Ethernet 0/0/1
[SW-1-Ethernet 0/0/1]port link-type access
[SW-1-Ethernet 0/0/1]port default vlan 10
[SW-1-Ethernet 0/0/1]quit


//将 Ethernet 0/0/2 和 Ethernet 0/0/3 接口设置为 Access 模式，并分别划入 VLAN10 和 VLAN20
[SW-1]interface Ethernet 0/0/2
[SW-1-Ethernet 0/0/2]port link-type access
[SW-1-Ethernet 0/0/2]port default vlan 10
[SW-1-Ethernet 0/0/2]quit
[SW-1]interface Ethernet 0/0/3
[SW-1-Ethernet 0/0/3]port link-type access
[SW-1-Ethernet 0/0/3]port default vlan 20
[SW-1-Ethernet 0/0/3]quit


//以下命令将 GE 0/0/1 接口设为 Trunk 模式，并允许 VLAN10 和 VLAN20 的数据帧通过
[SW-1]interface GigabitEthernet 0/0/1
[SW-1-GigabitEthernet 0/0/1]port link-type trunk
[SW-1-GigabitEthernet 0/0/1]port trunk allow-pass vlan 10 20
[SW-1-GigabitEthernet 0/0/1]quit


//显示当前 VLAN 信息
[SW-1]display vlan
The total number of vlans is : 3
```

项目四

```
--------------------------------------------------------------------------------
U: Up;              D: Down;             TG: Tagged;          UT: Untagged;
MP: Vlan-mapping;                        ST: Vlan-stacking;
#: ProtocolTransparent-vlan;     *: Management-vlan;
--------------------------------------------------------------------------------

VID   Type    Ports

1     common  UT:Eth 0/0/4(D)        Eth 0/0/5(D)        Eth 0/0/6(D)        Eth 0/0/7(D)
                 Eth 0/0/8(D)        Eth 0/0/9(D)        Eth 0/0/10(D)       Eth 0/0/11(D)
                 Eth 0/0/12(D)       Eth 0/0/13(D)       Eth 0/0/14(D)       Eth 0/0/15(D)
                 Eth 0/0/16(D)       Eth 0/0/17(D)       Eth 0/0/18(D)       Eth 0/0/19(D)
                 Eth 0/0/20(D)       Eth 0/0/21(D)       Eth 0/0/22(D)       GE 0/0/1(U)
                 GE 0/0/2(D)

10    common  UT:Eth 0/0/1(U)        Eth 0/0/2(U)
              TG:GE 0/0/1(U)
20    common  UT:Eth 0/0/3(U)
              TG:GE 0/0/1(U)

VID   Status  Property    MAC-LRN    Statistics   Description
--------------------------------------------------------------------------------
1     enable  default     enable     disable      VLAN 0001
10    enable  default     enable     disable      VLAN 0010
20    enable  default     enable     disable      VLAN 0020
[SW-1] quit
<SW-1>save
```

提醒

在华为设备中，取消前面的操作可以用 undo 命令，后面按照倒序依次取消前面的命令。例如取消 GE 0/0/1 的 Trunk 模式，需要执行以下命令：

```
[SW-1]interface GigabitEthernet 0/0/1
[SW-1-GigabitEthernet 0/0/1]undo port trunk allow-pass vlan 10 20
[SW-1-GigabitEthernet 0/0/1]undo port link-type
```

步骤 3：配置交换机 SW-2。

参照对 SW-1 的配置，根据【网络规划】中关于交换机 SW-2 的规划进行配置。

```
<Huawei>system-view
Enter system view, return user view with Ctrl+Z.
[Huawei]undo info-center enable
Info: Information center is disabled
[Huawei]sysname SW-2
//创建 VLAN 10 和 VLAN 20
[SW-2]vlan batch 10 20
Info: This operation may take a few seconds. Please wait for a moment...done.
//配置 Access 接口，并划入相应 VLAN
```

```
[SW-2]interface Ethernet 0/0/1
[SW-2-Ethernet 0/0/1]port link-type access
[SW-2-Ethernet 0/0/1]port default vlan 10
[SW-2-Ethernet 0/0/1]quit
[SW-2]interface Ethernet 0/0/2
[SW-2-Ethernet 0/0/2]port link-type access
[SW-2-Ethernet 0/0/2]port default vlan 10
[SW-2-Ethernet 0/0/2]quit
[SW-2]interface Ethernet 0/0/3
[SW-2-Ethernet 0/0/3]port link-type access
[SW-2-Ethernet 0/0/3]port default vlan 20
[SW-2-Ethernet 0/0/3]quit
//配置 Trunk 接口，并允许 VLAN10 和 VLAN20 的数据帧通过
[SW-2]interface GigabitEthernet 0/0/1
[SW-2-GigabitEthernet 0/0/1]port link-type trunk
[SW-2-GigabitEthernet 0/0/1]port trunk allow-pass vlan 10 20
[SW-2-GigabitEthernet 0/0/1]quit
[SW-2]quit
<SW-2>save
```

任务三　配置路由交换机并进行通信测试

扫码看视频

【任务介绍】

根据【网络规划】，对路由交换机 RS-1 进行配置，并且使用 Ping 命令测试园区网内各主机的通信结果。

【任务目标】

（1）完成路由交换机 RS-1 的配置，实现不同 VLAN 之间的通信；

（2）完成园区网内各主机之间的通信测试。

【操作步骤】

步骤 1：在 RS-1 上创建 VLAN 并配置 Trunk 接口。

启动 RS-1 并进入 CLI 界面，根据【网络规划】进行配置。包括创建 VLAN10 和 VLAN20，并且将 GE 0/0/1（连接 SW-1）和 GE 0/0/2（连接 SW-2）配置成 Trunk 接口，从而实现同一 VLAN 内部的通信。具体配置如下：

```
<Huawei>system-view
Enter system view, return user view with Ctrl+Z.
```

```
[Huawei]undo info-center enable
Info: Information center is disabled
[Huawei]sysname RS-1

//创建 VLAN10 和 VLAN20
[RS-1]vlan batch 10 20
Info: This operation may take a few seconds. Please wait for a moment...done.

//将 GE 0/0/1 和 GE 0/0/2 设为 Trunk 接口，并允许 VLAN10 和 VLAN20 的数据帧通过
[RS-1]interface GigabitEthernet 0/0/1
[RS-1-GigabitEthernet 0/0/1]port link-type trunk
[RS-1-GigabitEthernet 0/0/1]port trunk allow-pass vlan 10 20
[RS-1-GigabitEthernet 0/0/1]quit
[RS-1]interface GigabitEthernet 0/0/2
[RS-1-GigabitEthernet 0/0/2]port link-type trunk
[RS-1-GigabitEthernet 0/0/2]port trunk allow-pass vlan 10 20
[RS-1-GigabitEthernet 0/0/2]quit
[RS-1]
```

步骤 2：测试通信结果。

使用 Ping 命令测试当前的通信情况，测试结果见表 4-3-1。

表 4-3-1　配置 SVI 接口之前通信测试结果

序号	源主机	目的主机	通信结果	备注
1	Host-1	Host-2	通	同一 VLAN 内部通信
2	Host-1	Host-3	不通	不同 VLAN 之间通信
3	Host-1	Host-4	通	同一 VLAN 内部通信
4	Host-1	Host-5	通	同一 VLAN 内部通信
5	Host-1	Host-6	不通	不同 VLAN 之间通信
6	Host-3	Host-6	通	同一 VLAN 内部通信

总结　　从测试结果可以看出，由于此时尚未在 RS-1 上创建 VLAN10 和 VLAN20 的 SVI，因此只能实现同一 VLAN 内部的通信，不能实现不同 VLAN 之间的通信。

步骤 3：配置 RS-1 的三层路由接口（SVI）。

在 RS-1 上创建 VLAN10 和 VLAN20 的 SVI，根据【网络规划】给其配置 IP 地址，从而实现不同 VLAN 之间的通信。具体如下：

```
//创建 VLAN10 的 SVI，并给其配置 IP 地址
[RS-1]interface vlanif 10
[RS-1-Vlanif10]ip address 192.168.64.254 255.255.255.0
[RS-1-Vlanif10]quit
```

```
//创建 VLAN20 的 SVI，并给其配置 IP 地址
[RS-1]interface vlanif 20
[RS-1-Vlanif20]ip address 192.168.65.254 255.255.255.0
[RS-1-Vlanif20]quit

//显示当前路由表信息
[RS-1]display ip routing-table
Route Flags: R - relay, D - download to fib
-------------------------------------------------------------------------------------------

Routing Tables: Public
            Destinations : 6          Routes : 6

Destination/Mask      Proto    Pre    Cost    Flags    NextHop           Interface

   127.0.0.0/8        Direct    0      0       D      127.0.0.1          InLoopBack0
   127.0.0.1/32       Direct    0      0       D      127.0.0.1          InLoopBack0
   192.168.64.0/24    Direct    0      0       D      192.168.64.254     Vlanif10
   192.168.64.254/32  Direct    0      0       D      127.0.0.1          Vlanif10
   192.168.65.0/24    Direct    0      0       D      192.168.65.254     Vlanif20
   192.168.65.254/32  Direct    0      0       D      127.0.0.1          Vlanif20
[RS-1]quit
<RS-1>save
```

 总结

（1）VLAN10 的 SVI 的 IP 地址，就是 VLAN10 中各主机配置的默认网关地址。

（2）VLAN20 的 SVI 的 IP 地址，就是 VLAN20 中各主机配置的默认网关地址。

（3）此时可以看到在 RS-1 的路由表中已经有了到达 192.168.64.0 /24 和 192.168.65.0 /24 网络的直连路由。

步骤 4： 测试通信结果。

使用 Ping 命令测试当前的通信情况，测试结果见表 4-3-2。从测试结果可以看出，此时已经实现不同 VLAN 之间的通信。

表 4-3-2　配置 SVI 接口之后通信测试结果

序号	源主机	目的主机	通信结果	备注
1	Host-1	Host-2	通	同一 VLAN 内部通信
2	Host-1	Host-3	通	不同 VLAN 之间通信
3	Host-1	Host-4	通	同一 VLAN 内部通信
4	Host-1	Host-5	通	同一 VLAN 内部通信
5	Host-1	Host-6	通	不同 VLAN 之间通信
6	Host-3	Host-6	通	同一 VLAN 内部通信

任务四　抓包分析路由交换机的工作过程

扫码看视频

【任务介绍】

在 eNSP 中启动抓包程序，分析不同 VLAN 的主机之间，使用 Ping 命令进行通信时，报文中的地址以及 VLAN 标签的变化，从而理解路由交换机的工作过程。

【任务目标】

（1）完成不同 VLAN 之间通信的抓包；

（2）完成对所抓取数据包的对比分析。

【操作步骤】

步骤 1：设置抓包地点并启动抓包程序。

在 eNSP 中，如图 4-4-1 所示，分别在①、②、③、④四个接口处启动抓包程序。

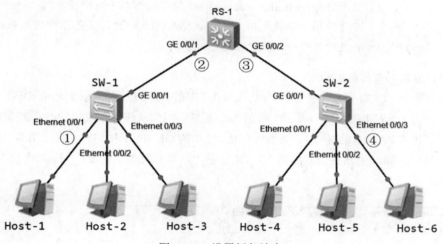

图 4-4-1　设置抓包地点

　在 eNSP 中启动抓包程序的方法可参见本书"项目一"中的任务四。

步骤 2：执行不同 VLAN 间的通信。

在 Host-1 的 CLI 界面中，执行命令"ping 192.168.65.20"，即 Host-1（属于 VLAN10）与 Host-6（属于 VLAN20）通信。注意，此时 Host-1 和 Host-6 能正常通信。

步骤 3：分析①处抓取的报文。

在①处抓取的报文如图 4-4-2 所示。分析图 4-4-2 中的 16 号报文，该报文是从主机 Host-1 发出的，因此是普通帧，不含 VLAN 标签。主机 Host-1 发现目的 IP 与自己不在同一网段，于是首先将数据帧发往默认网关，即 RS-1 中 VLAN10 的 SVI，因此该报文的目的 MAC 地址是 RS-1 的 MAC 地址。

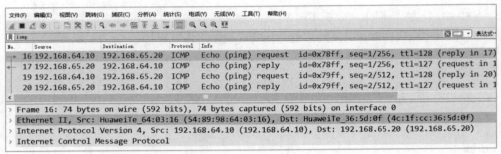

图 4-4-2　在 SW-1 的 Ethernet 0/0/1 接口抓取的报文

（1）从 Host-1 发出的数据帧进入 SW-1 的 Ethernet 0/0/1 接口后，将被加上 VLAN10 的标签。

（2）使用 display bridge mac-address 命令，可以查看交换机的 MAC 地址。

（3）查看所抓取的报文时，可以在 Wireshark 的过滤器栏中输入筛选条件，例如输入 icmp 表示只显示 ICMP 协议报文。

步骤 4：分析②处抓取的报文。

在②处抓取的报文如图 4-4-3 所示。分析图 4-4-3 中的 21 号报文，该报文是从 SW-1 的 GE 0/0/1 接口发出的。由于 SW-1 的 GE 0/0/1 接口是 Trunk 模式，因此从该接口发出的数据帧保留其原有的 VLAN 标签（即 VLAN10 的标签）。当该帧到达 RS-1 的 GE 0/0/1 接口时，由于 RS-1 的 GE 0/0/1 也是 Trunk 接口，因此仍然保留其原有 VLAN 标签，所以此处抓取的 21 号报文是 802.1Q 帧，其 VID 值是 10。

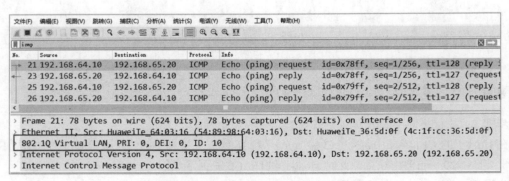

图 4-4-3　在 RS-1 的 GE 0/0/1 接口抓取的报文

项目四

步骤 5：分析③处抓取的报文。

在③处抓取的报文如图 4-4-4 所示。分析图 4-4-4 中的 23 号报文，该报文是从路由交换机 RS-1 的 GE 0/0/2 接口发出的。当路由交换机 RS-1 发现自己的 VLAN10 的 SVI 收到数据包时，就会启动三层路由模块功能，并根据路由表，将数据包转发到目的子网的默认网关，也就是 VLAN20 的 SVI，并且用 VLAN20 的标签重新封装数据帧。由于 RS-1 的 GE 0/0/2 接口是 Trunk 模式，因此从该接口发出的数据帧保留其原有的 VLAN 标签（此时是 VLAN20 的标签），所以此处抓取的 23 号报文是 802.1Q 帧，其 VID 值是 20。

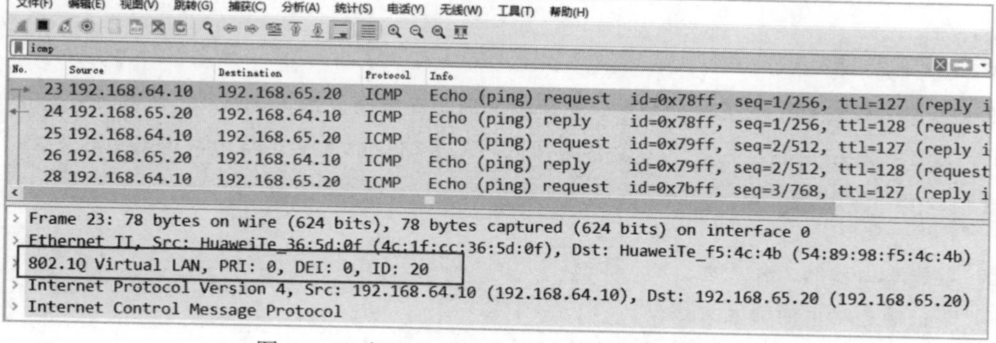

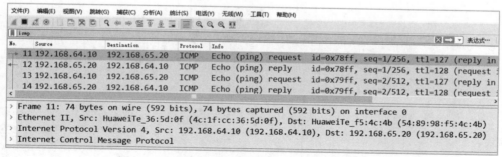

图 4-4-4　在 RS-1 的 GE 0/0/2 接口抓取的报文

步骤 6：分析④处抓取的报文。

在④处抓取的报文如图 4-4-5 所示。分析图 4-4-5 中的 11 号报文。该报文是从 SW-2 的 GE 0/0/3 接口发出的。由于 SW-2 的 GE 0/0/3 接口是 Access 模式，因此从该接口发出的数据帧会去掉 VLAN 标签，变成普通帧，所以此处抓取的 11 号报文是普通帧。

图 4-4-5　在 SW-2 的 Ethernet 0/0/3 接口抓取的报文

项目五

使用路由器构建园区网

● 项目介绍

路由器是不同网络之间互联的枢纽，也是园区网甚至整个互联网的核心。本项目在前面学习的基础上，通过增加路由器，构建更为复杂的园区网，并通过配置静态路由实现路由转发。

● 项目目的

- 理解路由器的工作原理；
- 掌握静态路由的配置方法；
- 掌握使用路由器构建园区网的方法。

● 拓扑规划

1. 网络拓扑

本项目中，园区网拓扑结构如图 5-0-1 所示。

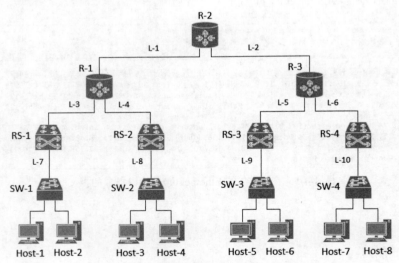

图 5-0-1 项目五的拓扑结构

2. 拓扑说明

网络拓扑说明见表 5-0-1。

表 5-0-1　网络拓扑说明

序号	设备线路	设备类型	规格型号
1	Host-1～Host-8	用户主机	—
2	SW-1～SW-4	二层交换机	S3700
3	RS-1～RS-4	路由交换机	S5700
4	R-1～R-3	路由器	Router
5	L-1～L-10	双绞线	1000Base-T

◉ 网络规划

1. 交换机接口与 VLAN

交换机接口及 VLAN 规划表见表 5-0-2。

表 5-0-2　交换机接口及 VLAN 规划表

序号	交换机	接口	VLAN ID	连接设备	接口类型
1	SW-1	Ethernet 0/0/1	11	Host-1	Access
2	SW-1	Ethernet 0/0/2	12	Host-2	Access
3	SW-1	GE 0/0/1	1、11、12	RS-1	Trunk
4	SW-2	Ethernet 0/0/1	13	Host-3	Access
5	SW-2	Ethernet 0/0/2	14	Host-4	Access
6	SW-2	GE 0/0/1	1、13、14	RS-2	Trunk
7	SW-3	Ethernet 0/0/1	15	Host-5	Access
8	SW-3	Ethernet 0/0/2	16	Host-6	Access
9	SW-3	GE 0/0/1	1、15、16	RS-3	Trunk
10	SW-4	Ethernet 0/0/1	17	Host-7	Access
11	SW-4	Ethernet 0/0/2	18	Host-8	Access
12	SW-4	GE 0/0/1	1、17、18	RS-4	Trunk
13	RS-1	GE 0/0/1	100	R-1	Access
14	RS-1	GE 0/0/24	1、11、12	SW-1	Trunk
15	RS-2	GE 0/0/1	100	R-1	Access
16	RS-2	GE 0/0/24	1、13、14	SW-2	Trunk

序号	交换机	接口	VLAN ID	连接设备	接口类型
17	RS-3	GE 0/0/1	100	R-3	Access
18	RS-3	GE 0/0/24	1、15、16	SW-3	Trunk
19	RS-4	GE 0/0/1	100	R-3	Access
20	RS-4	GE 0/0/24	1、17、18	SW-4	Trunk

2. 主机 IP 地址

主机 IP 地址规划表见表 5-0-3。

表 5-0-3　主机 IP 地址规划表

序号	设备名称	IP 地址 /子网掩码	默认网关	接入位置	VLAN ID
1	Host-1	192.168.64.1 /24	192.168.64.254	SW-1 Ethernet 0/0/1	11
2	Host-2	192.168.65.1 /24	192.168.65.254	SW-1 Ethernet 0/0/2	12
3	Host-3	192.168.66.1 /24	192.168.66.254	SW-2 Ethernet 0/0/1	13
4	Host-4	192.168.67.1 /24	192.168.67.254	SW-2 Ethernet 0/0/2	14
5	Host-5	192.168.68.1 /24	192.168.68.254	SW-3 Ethernet 0/0/1	15
6	Host-6	192.168.69.1 /24	192.168.69.254	SW-3 Ethernet 0/0/2	16
7	Host-7	192.168.70.1 /24	192.168.70.254	SW-4 Ethernet 0/0/1	17
8	Host-8	192.168.71.1 /24	192.168.71.254	SW-4 Ethernet 0/0/2	18

3. 路由接口

路由接口 IP 地址规划表见表 5-0-4。

表 5-0-4　路由接口 IP 地址规划表

序号	设备名称	接口名称	接口地址	连接设备	备注
1	RS-1	Vlanif11	192.168.64.254 /24	—	VLAN11 的 SVI
2	RS-1	Vlanif12	192.168.65.254 /24	—	VLAN12 的 SVI
3	RS-1	Vlanif100	10.0.1.1 /30		RS-1 的 VLAN100 的 SVI
4	RS-2	Vlanif13	192.168.66.254 /24	—	VLAN13 的 SVI
5	RS-2	Vlanif14	192.168.67.254 /24		VLAN14 的 SVI
6	RS-2	Vlanif100	10.0.2.1 /30		RS-2 的 VLAN100 的 SVI
7	RS-3	Vlanif15	192.168.68.254 /24		VLAN15 的 SVI
8	RS-3	Vlanif16	192.168.69.254 /24		VLAN16 的 SVI
9	RS-3	Vlanif100	10.0.3.1 /30		RS-3 的 VLAN100 的 SVI

序号	设备名称	接口名称	接口地址	连接设备	备注
10	RS-4	Vlanif17	192.168.70.254 /24	—	VLAN17 的 SVI
11	RS-4	Vlanif18	192.168.71.254 /24	—	VLAN18 的 SVI
12	RS-4	Vlanif100	10.0.4.1 /30	—	RS-4 的 VLAN100 的 SVI
13	R-1	GE 0/0/0	10.0.0.1 /30	R-2 GE 0/0/0	
14	R-1	GE 0/0/1	10.0.1.2 /30	RS-1 GE 0/0/1	
15	R-1	GE 0/0/2	10.0.2.2 /30	RS-2 GE 0/0/1	
16	R-2	GE 0/0/0	10.0.0.2 /30	R-1 GE 0/0/0	
17	R-2	GE 0/0/1	10.0.5 /30	R-3 GE 0/0/0	
18	R-3	GE 0/0/0	10.0.0.6 /30	R-2 GE 0/0/1	
19	R-3	GE 0/0/1	10.0.3.2 /30	RS-3 GE 0/0/1	
20	R-3	GE 0/0/2	10.0.4.2 /30	RS-4 GE 0/0/1	

4. 路由表规划

静态路由规划表见表 5-0-5。

表 5-0-5   静态路由规划表

序号	路由设备	目的网络	下一跳地址	下一跳接口	备注
1	RS-1	0.0.0.0 /0	10.0.1.2	R-1 GE 0/0/1	默认路由
2	RS-2	0.0.0.0 /0	10.0.2.2	R-1 GE 0/0/2	默认路由
3	RS-3	0.0.0.0 /0	10.0.3.2	R-3 GE 0/0/1	默认路由
4	RS-4	0.0.0.0 /0	10.0.4.2	R-3 GE 0/0/2	默认路由
5	R-1	192.168.64.0 /23	10.0.1.1	RS-1 VLAN100 SVI	聚合两个网段 192.168.64.0 /24 192.168.65.0 /24
6	R-1	192.168.66.0 /23	10.0.2.1	RS-2 VLAN100 SVI	聚合两个网段 192.168.66.0 /24 192.168.67.0 /24
7	R-1	192.168.68.0 /22	10.0.0.2	R-2 GE 0/0/0	聚合四个网段 192.168.68.0 /24 192.168.69.0 /24 192.168.70.0 /24 192.168.71.0 /24

续表

序号	路由设备	目的网络	下一跳地址	下一跳接口	备注
8	R-2	192.168.64.0 /22	10.0.0.1	R-1 GE 0/0/0	聚合四个网段 192.168.64.0 /24 192.168.65.0 /24 192.168.66.0 /24 192.168.67.0 /24
9	R-2	192.168.68.0 /22	10.0.0.6	R-3 GE 0/0/0	聚合四个网段 192.168.68.0 /24 192.168.69.0 /24 192.168.70.0 /24 192.168.71.0 /24
10	R-3	192.168.64.0 /22	10.0.0.5	R-2 GE 0/0/1	聚合四个网段 192.168.64.0 /24 192.168.65.0 /24 192.168.66.0 /24 192.168.67.0 /24
11	R-3	192.168.68.0 /23	10.0.3.1	RS-3 VLAN100 SVI	聚合两个网段 192.168.68.0 /24 192.168.69.0 /24
12	R-3	192.168.70.0 /23	10.0.4.1	RS-4 VLAN100 SVI	聚合两个网段 192.168.70.0 /24 192.168.71.0 /24

◎ 项目讲堂

1. 路由

在互联网中，数据包从源设备到达目的设备，通常都需要通过沿途的网络转发设备进行转发，而网络转发设备要转发数据包，必须依赖自己所掌握的路径信息将数据包从正确的接口发送出去。在这个过程中，路由发挥了重要的作用。

此处的路由（Route）一词，既可以作为名词，也可以作为动词。

路由（名词）：表示路由条目的简称，表示转发设备内部所保存的到达目的网络的路径信息，或者转发设备之间相互传播的到达目的网络的路径信息。

路由（动词）： 表示路由器或其他依据逻辑地址转发数据包的设备对数据包所执行的转发操作。当一个数据包达到路由器时，路由器需要使用数据包的目的地址来查询路由条目列表（即路由表），以此判断应该如何转发这个数据包，然后再根据判断结果将数据包转发出去，这个过程就叫路由。

2. 路由协议

在默认情况下，一台路由器只知道其接口直接连接的网络的路由，只有当网络中具有多个路由器时，由于路由器之间屏蔽了各自独立连接的网络分段，因此远端的路由器无法通过直连的接口获取所有网络分段的位置信息，这时必须为路由器添加必要的对远端网络位置的认知信息，这就要用到路由协议。

路由协议是路由器之间共同遵循的、相互分享路由信息的一种标准。借助路由协议，路由器之间可以相互交换自己掌握的路由，以此获得其他路由设备所拥有的路径信息。这样就可以让遵循这个路由协议的转发设备有能力向其他设备直连、而自己并不直连的网络转发数据包。由于去往某些目的网络的路径不是独一的，因此路由协议中还定义了标准来标识各条路径的优劣，以便路由器可以根据相应路由协议的算法，计算出该协议认定的最佳路径。

3. 路由器

路由器工作在 OSI 模型的网络层，是不同网络之间互相连接的枢纽，是互联网的主要结点设备。路由器的基本作用就是实现数据包在不同网络之间的转发，转发策略称为路由选择（routing），这也是路由器名称的由来。

路由器进行路由选择的关键是其内部有一个保存路由信息的数据库——路由表。路由器依据路由表来决定数据包的转发。

4. 路由表

4.1 什么是路由表

每台路由设备都会将去往各个网络的路由记录在一个数据表中，当它发送数据包时，就会查询这个数据表，尝试将数据包的目的 IP 地址与这个数据表中的条目进行匹配，以此来判断该从哪个接口转发数据包，这个数据表就叫做路由表。

4.2 路由表的结构

下面列出了某台路由器的路由表信息。

```
[R-2]display ip routing-table
Route Flags: R - relay, D - download to fib
----------------------------------------------------------------------------------------------------
Routing Tables: Public
          Destinations : 16        Routes : 16
Destination/Mask     Proto    Pre  Cost    Flags   NextHop          Interface

0.0.0.0/0            Static   60   0       RD      10.0.5.1         GigabitEthernet 0/0/3
```

10.0.0.4/30	Direct	0	0	D	10.0.0.5	GigabitEthernet 0/0/1
10.0.0.5/32	Direct	0	0	D	127.0.0.1	GigabitEthernet 0/0/1
10.0.5.0/30	Direct	0	0	D	10.0.5.2	GigabitEthernet 0/0/3
10.0.5.2/32	Direct	0	0	D	127.0.0.1	GigabitEthernet 0/0/3
172.16.1.0/24	Static	60	0	RD	10.0.0.6	GigabitEthernet 0/0/1
192.168.64.0/24	RIP	100	2	D	10.0.0.1	GigabitEthernet 0/0/0
192.168.65.0/24	RIP	100	2	D	10.0.0.1	GigabitEthernet 0/0/0

[R-2]

可以看出，路由表中包含 7 个字段：Destination/Mask、Proto、Pre、Cost、Flags、NextHop、Interface，下面分别介绍其含义。

（1）Destination/Mask（目的网络）。表示"目的网络及其地址掩码"。

（2）Proto（路由获取方式）。路由表在显示其中的路由条目时，会标明这个路由条目的类型（即这个条目是如何获得的）。路由表中的条目获取方式有 3 种：

● 直连路由：标识为 Direct。只要为路由器活动接口配置了 IP 地址，管理员不需要进行其他操作，路由表中就会自动生成对应的直连路由。

● 静态路由：标识为 Static。所谓静态路由是管理员手动配置在路由设备上的去往某个网络的路由。当网络拓扑结构发生变化时，静态路由不会自动改变，必须由管理员手工修改。静态路由一般适用于较为简单的网络环境，在这样的环境中，管理员易于清楚地了解整个网络的拓扑结构，便于配置正确的路由信息。

● 动态路由：路由设备因与其他路由设备使用相同的路由协议，而从其他设备那里学习到的路由即为动态路由。当网络拓扑结构发生变化时，动态路由会自动调整变化。动态路由协议有多种，例如 RIP、OSPF、IS-IS 等。在路由表的 Proto 一列中，会标出相应的动态路由协议名称，例如上面路由表中的 RIP。

（3）Pre（优先级）。Pre（优先级）参数用来标识不同路由协议、静态路由和直连路由的相对可靠性，数值越小，优先级越高。从上面路由表中可以看出，静态路由条目的 Pre 值为 60、直连路由的 Pre 值为 0，动态路由的 Pre 值取决于路由器是通过哪个动态路由协议学习到这条路由的，例如 RIP 协议的路由 Pre 值为 100。

（4）Cost（开销值）。Cost 即开销值。当路由器通过同一种方式获取到了多条去往同一网络的路由时，路由器根据 Cost 值来判断哪条路径更优。不同协议对于计算 Cost 值会使用不同的参数、按照不同的标准来计算，但总的来说，开销值越小，优先级越高。

（5）Flags（路由标记）。Flags 即路由标记。R 是 relay 的首字母，说明是迭代路由，会根据路由下一跳的 IP 地址获取出接口。配置静态路由时如果只指定下一跳 IP 地址，而不指定出接口，那么就是迭代路由，需要根据下一跳 IP 地址的路由获取出接口。D 是 download 的首字母，表示该路由下发到 FIB 表中。FIB 的全称是转发信息库（Forwarding Information Base）。

（6）NextHop（下一跳）。每个路由表条目都会指明转发数据包的下一跳地址，这个地址通常是相邻路由设备某个接口的 IP 地址。

（7）Interface（出站接口）。指明将数据包从哪个出站接口转发出去。

4.3　默认路由

在上面的路由表案例中，第一条路由的目的网络是 "0.0.0.0/0"，这是一条特殊的静态路由，又称作默认路由。是指当路由表中与数据包的目的地址之间没有匹配的表项时，路由器所选择的路由。也就是说，目的地不在路由表里的所有数据包都会使用默认路由，这条路由一般会连接另一个路由器，而这个路由器也同样处理数据包。

5. 路由器的工作过程

（1）对数据包执行解封装。当路由器接收到一个数据包时，它会通过解封装数据包首部的封装，来查看数据包的网络层头部封装信息，以便获得数据包的目的 IP 地址。

（2）在路由表中查找匹配项。得到数据包的目的 IP 地址后，路由器用数据包的目的 IP 地址与路由表中各个条目的网络地址依次执行二进制（与）运算，然后将运算的结果与路由表中相应路由条目的目的网络地址进行比较，如果一致表示该条目与目的地址相匹配。例如，某数据包的目的 IP 地址是 192.168.64.8，路由表中有一条路由的目的网络为 192.168.64.0/24，那么这两个地址执行 AND 运算的结果为 192.168.64.0，这说明该条路由匹配这个数据包。

　　　　执行 AND（与）运算的方法是将两个二进制数逐位相与，只要对应的两个位的数值有一个为 0，则该位与运算的结果就为 0；只有两个位的数值都是 1，该位与运算的结果才是 1。

（3）从多个匹配项中选择掩码最长的路由条目。如果路由表中有多条路由都匹配数据包的目的 IP 地址，则路由器会选择掩码长度最长的路由条目，这种匹配方式称为最长匹配原则。掩码越长，代表这条路由与数据包的目的 IP 地址匹配的位数越长，这也就代表这条路由与数据包目的 IP 地址的匹配度越高，其指示的路径往往也更加精确。

（4）将数据包按照相应路由条目发送出去。当路由器找到了最终用来转发数据包的那条路由后，它会根据该路由条目提供的下一跳地址和对应的接口，将数据包从相应的接口转发给下一跳设备。

任务一 在 eNSP 中部署园区网

扫码看视频

【任务介绍】

根据【拓扑规划】和【网络规划】，在 eNSP 中选取相应的设备，并完成整个园区网的部署。

【任务目标】

在 eNSP 中完成整个网络的部署。

【操作步骤】

步骤 1：新建拓扑。

（1）启动 eNSP，点击【新建拓扑】按钮，打开一个空白的拓扑界面。

（2）根据【拓扑规划】中的网络拓扑及相关说明，在 eNSP 中选取相应的设备，将其拖动到空白拓扑中，并完成设备间的连线。

（3）eNSP 中的网络拓扑如图 5-1-1 所示。

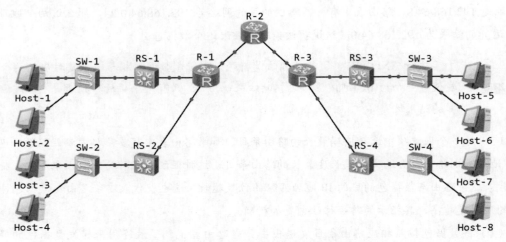

图 5-1-1 在 eNSP 中的网络拓扑图

步骤 2：保存拓扑。

点击【保存】按钮，保存刚刚建立好的网络拓扑。

 提醒　　　为了便于读者完成实验，图 5-1-2 在原拓扑图上增加了接口和配置说明信息。

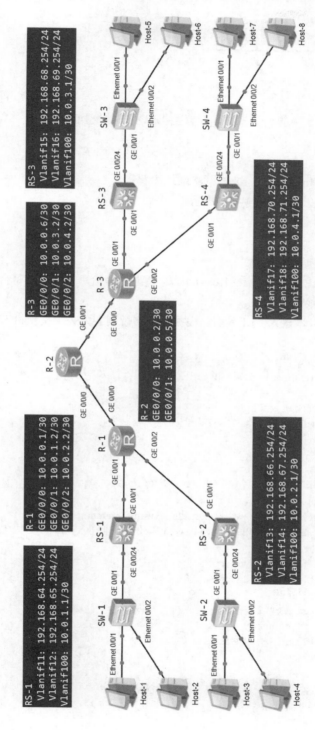

图 5-1-2 增加接口地址说明的网络拓扑图

扫码看视频

任务二　配置交换机与主机

【任务介绍】

根据【网络规划】中的相关规划，配置主机以及二层交换机 SW-1～SW-4。

【任务目标】

（1）完成主机 Host-1～Host-8 的网络地址配置；

（2）完成交换机 SW-1～SW-4 的配置。

【操作步骤】

步骤 1： 配置主机网络参数。

根据【网络规划】，给 Host-1～Host-8 配置 IP 地址等信息，并启动每台主机。

步骤 2： 配置交换机 SW-1。

启动交换机 SW-1，进入 CLI 界面。根据【网络规划】中关于交换机 SW-1 的规划进行配置。具体如下。

```
<Huawei>system-view
Enter system view, return user view with Ctrl+Z.
//关闭信息中心
[Huawei]undo info-center enable
Info: Information center is disabled.
//将设备名改为 SW-1
[Huawei]sysname SW-1

//创建 VLAN11 和 VLAN12
[SW-1]vlan batch 11 12
Info: This operation may take a few seconds. Please wait for a moment...done.
//将 Ethernet 0/0/1 和 Ethernet 0/0/2 设为 Access 模式，分别划入 VLAN11、VLAN12
[SW-1]interface Ethernet 0/0/1
[SW-1-Ethernet 0/0/1]port link-type access
[SW-1-Ethernet 0/0/1]port default vlan 11
[SW-1-Ethernet 0/0/1]quit
[SW-1]interface Ethernet 0/0/2
[SW-1-Ethernet 0/0/2]port link-type access
[SW-1-Ethernet 0/0/2]port default vlan 12
[SW-1-Ethernet 0/0/2]quit

//将 GE 0/0/1 接口设为 Trunk 模式，并允许 VLAN11 和 VLAN12 的数据帧通过
[SW-1]interface GigabitEthernet 0/0/1
```

项目五

```
[SW-1-GigabitEthernet 0/0/1]port link-type trunk
[SW-1-GigabitEthernet 0/0/1]port trunk allow-pass vlan 11 12
[SW-1-GigabitEthernet 0/0/1]quit
[SW-1]quit
<SW-1>save
```

 提醒　　读者可通过 display vlan 命令自行查看 VLAN 信息。

步骤 3：配置交换机 SW-2。

```
<Huawei>system-view
Enter system view, return user view with Ctrl+Z.
[Huawei]undo info-center enable
Info: Information center is disabled.
[Huawei]sysname SW-2
//创建 VLAN13 和 VLAN14
[SW-2]vlan batch 13 14
Info: This operation may take a few seconds. Please wait for a moment...done.
//将 Ethernet 0/0/1 和 Ethernet 0/0/2 接口设为 Access 模式，分别划入 VLAN13 和 VLAN14
[SW-2]interface Ethernet 0/0/1
[SW-2-Ethernet 0/0/1]port link-type access
[SW-2-Ethernet 0/0/1]port default vlan 13
[SW-2-Ethernet 0/0/1]quit
[SW-2]interface Ethernet 0/0/2
[SW-2-Ethernet 0/0/2]port link-type access
[SW-2-Ethernet 0/0/2]port default vlan 14
[SW-2-Ethernet 0/0/2]quit
//将 GE 0/0/1 接口设为 Trunk 模式，并允许 VLAN13 和 VLAN14 的数据帧通过
[SW-2]interface GigabitEthernet 0/0/1
[SW-2-GigabitEthernet 0/0/1]port link-type trunk
[SW-2-GigabitEthernet 0/0/1]port trunk allow-pass vlan 13 14
[SW-2-GigabitEthernet 0/0/1]quit
[SW-2]quit
<SW-2>save
```

步骤 4：配置交换机 SW-3。

```
<Huawei>system-view
Enter system view, return user view with Ctrl+Z.
[Huawei]undo info-center enable
Info: Information center is disabled.
[Huawei]sysname SW-3
//创建 VLAN15 和 VLAN16
[SW-3]vlan batch 15 16
Info: This operation may take a few seconds. Please wait for a moment...done.
//将 Ethernet 0/0/1 和 Ethernet 0/0/2 接口设为 Access 模式，分别划入 VLAN15 和 VLAN16
[SW-3]interface Ethernet 0/0/1
[SW-3-Ethernet 0/0/1]port link-type access
```

[SW-3-Ethernet 0/0/1]port default vlan 15
[SW-3-Ethernet 0/0/1]quit
[SW-3]interface Ethernet 0/0/2
[SW-3-Ethernet 0/0/2]port link-type access
[SW-3-Ethernet 0/0/2]port default vlan 16
[SW-3-Ethernet 0/0/2]quit
//将 GE 0/0/1 接口设为 Trunk 模式，并允许 VLAN15 和 VLAN16 的数据帧通过
[SW-3]interface GigabitEthernet 0/0/1
[SW-3-GigabitEthernet 0/0/1]port link-type trunk
[SW-3-GigabitEthernet 0/0/1]port trunk allow-pass vlan 15 16
[SW-3-GigabitEthernet 0/0/1]quit
[SW-3]quit
<SW-3>save

步骤 5： 配置交换机 SW-4。

<Huawei>system-view
Enter system view, return user view with Ctrl+Z.
[Huawei]undo info-center enable
Info: Information center is disabled.
[Huawei]sysname SW-4
//创建 VLAN17 和 VLAN18
[SW-4]vlan batch 17 18
Info: This operation may take a few seconds. Please wait for a moment...done.
//将 Ethernet 0/0/1 和 Ethernet 0/0/2 接口设为 Access 模式，分别划入 VLAN17 和 VLAN18
[SW-4]interface Ethernet 0/0/1
[SW-4-Ethernet 0/0/1]port link-type access
[SW-4-Ethernet 0/0/1]port default vlan 17
[SW-4-Ethernet 0/0/1]quit
[SW-4]interface Ethernet 0/0/2
[SW-4-Ethernet 0/0/2]port link-type access
[SW-4-Ethernet 0/0/2]port default vlan 18
[SW-4-Ethernet 0/0/2]quit
//将 GE 0/0/1 接口设为 Trunk 模式，并允许 VLAN17 和 VLAN18 的数据帧通过
[SW-4]interface GigabitEthernet 0/0/1
[SW-4-GigabitEthernet 0/0/1]port link-type trunk
[SW-4-GigabitEthernet 0/0/1]port trunk allow-pass vlan 17 18
[SW-4-GigabitEthernet 0/0/1]quit
[SW-4]quit
<SW-4>save

任务三　配置路由交换机并进行通信测试

扫码看视频

【任务介绍】

根据【网络规划】，对路由交换机 RS-1～RS-4 进行配置，并且使用 Ping 命令测试 VLAN 之间

的通信结果。

【任务目标】

（1）完成路由交换机 RS-1～RS-4 的配置；

（2）完成不同 VLAN 之间的通信测试。

【操作步骤】

步骤 1：配置路由交换机 RS-1。

（1）配置 VLAN11 和 VLAN12 的 SVI。

```
<Huawei>system-view
Enter system view, return user view with Ctrl+Z.
[Huawei]undo info-center enable
Info: Information center is disabled.
[Huawei]sysname RS-1

//创建 VLAN11 和 VLAN12
[RS-1]vlan batch 11 12
Info: This operation may take a few seconds. Please wait for a moment...done.

//进入 VLAN11 接口（即创建 VLAN11 的 SVI）
[RS-1]interface vlanif 11
//配置 VLAN11 接口的 IP 地址
[RS-1-Vlanif11]ip address 192.168.64.254 255.255.255.0
[RS-1-Vlanif11]quit

//配置 VLAN12 的 SVI 地址
[RS-1]interface vlanif 12
[RS-1-Vlanif12]ip address 192.168.65.254 255.255.255.0
[RS-1-Vlanif12]quit

//将连接 SW-1 的接口设为 Trunk 模式，并允许 VLAN11 和 VLAN12 的数据帧通过
[RS-1]interface GigabitEthernet 0/0/24
[RS-1-GigabitEthernet 0/0/24]port link-type trunk
[RS-1-GigabitEthernet 0/0/24]port trunk allow-pass vlan 11 12
[RS-1-GigabitEthernet 0/0/24]quit
```

（2）测试 VLAN11 和 VLAN12 之间的通信。使用 Ping 命令测试，可以看到此时 Host-1 和 Host-2 之间可以正常通信。

（3）配置与路由器 R-1 相连的三层虚拟接口。配置路由交换机的上联虚拟接口（与路由器相连）时，分为三步：一是需要在路由交换机上创建一个 VLAN（此处创建的是 VLAN100）；二是给该 VLAN 配置接口地址；三是将上联路由器的接口（此处是 GE 0/0/1）配置成 Access 模式，划入该 VLAN 中。具体命令如下：

```
//创建 VLAN100
[RS-1]vlan 100
[RS-1-vlan100]quit
//配置 VLAN100 的接口地址
[RS-1]interface vlanif 100
[RS-1-Vlanif100]ip address 10.0.1.1 255.255.255.252
[RS-1-Vlanif100]quit
//将上联路由 R-1 的接口设置成 Access 类型，并划入 VLAN100
[RS-1]interface GigabitEthernet 0/0/1
[RS-1-GigabitEthernet 0/0/1]port link-type access
[RS-1-GigabitEthernet 0/0/1]port default vlan 100
[RS-1-GigabitEthernet 0/0/1]quit
```

（4）配置 RS-1 的静态路由。在 RS-1 上配置默认路由，使得访问所有目的网络的数据包，都被 RS-1 发送到 10.0.1.2，这是路由器 R-1 的 GE 0/0/1 接口地址。

```
[RS-1]ip route-static 0.0.0.0 0.0.0.0 10.0.1.2
[RS-1]quit
```

（5）查看 RS-1 的路由表。

```
<RS-1>display ip routing-table
Route Flags: R - relay, D - download to fib
------------------------------------------------------------------------------------------------

Routing Tables: Public
                Destinations : 9         Routes : 9

Destination/Mask      Proto    Pre   Cost    Flags    NextHop          Interface

0.0.0.0/0             Static   60    0       RD       10.0.1.2         Vlanif100
10.0.1.0/30           Direct   0     0       D        10.0.1.1         Vlanif100
10.0.1.1/32           Direct   0     0       D        127.0.0.1        Vlanif100
127.0.0.0/8           Direct   0     0       D        127.0.0.1        InLoopBack0
127.0.0.1/32          Direct   0     0       D        127.0.0.1        InLoopBack0
192.168.64.0/24       Direct   0     0       D        192.168.64.254   Vlanif11
192.168.64.254/32     Direct   0     0       D        127.0.0.1        Vlanif11
192.168.65.0/24       Direct   0     0       D        192.168.65.254   Vlanif12
192.168.65.254/32     Direct   0     0       D        127.0.0.1        Vlanif12
<RS-1>save
```

步骤 2： 配置路由交换机 RS-2。

```
<Huawei>system-view
Enter system view, return user view with Ctrl+Z.
[Huawei]undo info-center enable
Info: Information center is disabled.
[Huawei]sysname RS-2
//创建 VLAN13 和 VLAN14
[RS-2]vlan batch 13 14
```

项目五

Info: This operation may take a few seconds. Please wait for a moment...done.
//配置 VLAN13 和 VLAN14 的接口地址
[RS-2]interface vlanif 13
[RS-2-Vlanif13]ip address 192.168.66.254 255.255.255.0
[RS-2-Vlanif13]quit
[RS-2]interface vlanif 14
[RS-2-Vlanif14]ip address 192.168.67.254 255.255.255.0
[RS-2-Vlanif14]quit
//将连接 SW-2 的接口配置成 Trunk 模式，并允许 VLAN13 和 VLAN14 的数据帧通过
[RS-2]interface GigabitEthernet 0/0/24
[RS-2-GigabitEthernet 0/0/24]port link-type trunk
[RS-2-GigabitEthernet 0/0/24]port trunk allow-pass vlan 13 14
[RS-2-GigabitEthernet 0/0/24]quit
//配置上联路由器 R-1 的接口 GE 0/0/1
[RS-2]vlan 100
[RS-2-vlan100]quit
[RS-2]interface vlanif 100
[RS-2-Vlanif100]ip address 10.0.2.1 255.255.255.252
[RS-2-Vlanif100]quit
[RS-2]interface GigabitEthernet 0/0/1
[RS-2-GigabitEthernet 0/0/1]port link-type access
[RS-2-GigabitEthernet 0/0/1]port default vlan 100
[RS-2-GigabitEthernet 0/0/1]quit
//配置 RS-2 的默认路由
[RS-2]ip route-static 0.0.0.0 0.0.0.0 10.0.2.2
[RS-2]quit
<RS-2>save

步骤 3：配置路由交换机 RS-3。

<Huawei>system-view
Enter system view, return user view with Ctrl+Z.
[Huawei]undo info-center enable
Info: Information center is disabled.
[Huawei]sysname RS-3
//创建 VLAN15 和 VLAN16
[RS-3]vlan batch 15 16
Info: This operation may take a few seconds. Please wait for a moment...done.
//配置 VLAN15 和 VLAN16 的接口地址
[RS-3]interface vlanif 15
[RS-3-Vlanif15]ip address 192.168.68.254 255.255.255.0
[RS-3-Vlanif15]quit
[RS-3]interface vlanif 16
[RS-3-Vlanif16]ip address 192.168.69.254 255.255.255.0
[RS-3-Vlanif16]quit
//将连接 SW-3 的接口配置成 Trunk 模式，并允许 VLAN15 和 VLAN16 的数据帧通过
[RS-3]interface GigabitEthernet 0/0/24

```
[RS-3-GigabitEthernet 0/0/24]port link-type trunk
[RS-3-GigabitEthernet 0/0/24]port trunk allow-pass vlan 15 16
[RS-3-GigabitEthernet 0/0/24]quit
```
//配置上联路由器 R-3 的接口 GE 0/0/1
```
[RS-3]vlan 100
[RS-3-vlan100]quit
[RS-3]interface vlanif 100
[RS-3-Vlanif100]ip address 10.0.3.1 255.255.255.252
[RS-3-Vlanif100]quit
[RS-3]interface GigabitEthernet 0/0/1
[RS-3-GigabitEthernet 0/0/1]port link-type access
[RS-3-GigabitEthernet 0/0/1]port default vlan 100
[RS-3-GigabitEthernet 0/0/1]quit
```
//配置 RS-3 的默认路由
```
[RS-3]ip route-static 0.0.0.0 0.0.0.0 10.0.3.2
[RS-3]quit
<RS-3>save
```

步骤 4：配置路由交换机 RS-4。

```
<Huawei>system-view
Enter system view, return user view with Ctrl+Z.
[Huawei]undo info-center enable
Info: Information center is disabled.
[Huawei]sysname RS-4
```
//创建 VLAN17 和 VLAN18
```
[RS-4]vlan batch 17 18
Info: This operation may take a few seconds. Please wait for a moment...done.
```
//配置 VLAN17 和 VLAN18 的接口地址
```
[RS-4]interface vlanif 17
[RS-4-Vlanif17]ip address 192.168.70.254 255.255.255.0
[RS-4-Vlanif17]quit
[RS-4]interface vlanif 18
[RS-4-Vlanif18]ip address 192.168.71.254 255.255.255.0
[RS-4-Vlanif18]quit
```
//将连接 SW-4 的接口配置成 Trunk 模式，并允许 VLAN17 和 VLAN18 的数据帧通过
```
[RS-4]interface GigabitEthernet 0/0/24
[RS-4-GigabitEthernet 0/0/24]port link-type trunk
[RS-4-GigabitEthernet 0/0/24]port trunk allow-pass vlan 17 18
[RS-4-GigabitEthernet 0/0/24]quit
```
//配置上联路由器 R-3 的接口 GE 0/0/1
```
[RS-4]vlan 100
[RS-4-vlan100]quit
[RS-4]interface vlanif 100
[RS-4-Vlanif100]ip address 10.0.4.1 255.255.255.252
[RS-4-Vlanif100]quit
[RS-4]interface GigabitEthernet 0/0/1
[RS-4-GigabitEthernet 0/0/1]port link-type access
```

```
[RS-4-GigabitEthernet 0/0/1]port default vlan 100
[RS-4-GigabitEthernet 0/0/1]quit
//配置 RS-4 的默认路由
[RS-4]ip route-static 0.0.0.0 0.0.0.0 10.0.4.2
[RS-4]quit
<RS-4>save
```

步骤 5：测试通信结果。

使用 Ping 命令测试当前的通信情况，测试结果见表 5-3-1。从测试结果可以看出，路由交换机下联的不同 VLAN 之间可以正常通信，例如 Host-1 与 Host-2。但是路由器所连接的不同网络之间还不能正常通信，例如 Host-1 和 Host-3，因为尚未给路由器配置路由。

表 5-3-1　配置路由交换机之后通信测试结果

序号	源主机	目的主机	通信结果
1	Host-1	Host-2	通
2	Host-3	Host-4	通
3	Host-5	Host-6	通
4	Host-7	Host-8	通
5	Host-1	Host-3	不通
6	Host-3	Host-5	不通
7	Host-5	Host-7	不通

任务四　配置路由器并进行通信测试

扫码看视频

【任务介绍】

根据【网络规划】，配置路由器 R-1～R-3 的接口地址，并配置静态路由，实现整个园区网的通信。

【任务目标】

（1）完成路由器 R-1～R-3 的接口配置；

（2）完成路由器 R-1～R-3 的静态路由配置；

（3）完成全网的通信测试。

【操作步骤】

步骤 1：配置路由器 R-1。

（1）配置 R-1 的接口地址。

```
<Huawei>system-view
Enter system view, return user view with Ctrl+Z.
```

```
[Huawei]undo info-center enable
Info: Information center is disabled.
[Huawei]sysname R-1
//配置路由器接口地址
[R-1]interface GigabitEthernet 0/0/0
[R-1-GigabitEthernet 0/0/0]ip address 10.0.0.1 255.255.255.252
[R-1-GigabitEthernet 0/0/0]quit
[R-1]interface GigabitEthernet 0/0/1
[R-1-GigabitEthernet 0/0/1]ip address 10.0.1.2 255.255.255.252
[R-1-GigabitEthernet 0/0/1]quit
[R-1]interface GigabitEthernet 0/0/2
[R-1-GigabitEthernet 0/0/2]ip address 10.0.2.2 255.255.255.252
[R-1-GigabitEthernet 0/0/2]quit
```

（2）在路由器上配置静态路由。

```
//到达目的网络 192.168.64.0/23，下一跳地址是 10.0.1.1，即 RS-1 的 GE 0/0/1 接口
[R-1]ip route-static 192.168.64.0 23 10.0.1.1
//到达目的网络 192.168.66.0/23，下一跳地址是 10.0.2.1，即 RS-2 的 GE 0/0/1 接口
[R-1]ip route-static 192.168.66.0 23 10.0.2.1
//到达目的网络 192.168.68.0/22，下一跳地址是 10.0.0.2，即 R-2 的 GE 0/0/0 接口
[R-1]ip route-static 192.168.68.0 22 10.0.0.2
[R-1]quit
<R-1>save
```

（3）显示路由器 R-1 的路由表。

```
<R-1>display ip routing-table
Route Flags: R - relay, D - download to fib
----------------------------------------------------------------------------------------------------
Routing Tables: Public
                Destinations : 11        Routes : 11
```

Destination/Mask	Proto	Pre	Cost	Flags	NextHop	Interface
10.0.0.0/30	Direct	0	0	D	10.0.0.1	GigabitEthernet 0/0/0
10.0.0.1/32	Direct	0	0	D	127.0.0.1	GigabitEthernet 0/0/0
10.0.1.0/30	Direct	0	0	D	10.0.1.2	GigabitEthernet 0/0/1
10.0.1.2/32	Direct	0	0	D	127.0.0.1	GigabitEthernet 0/0/1
10.0.2.0/30	Direct	0	0	D	10.0.2.2	GigabitEthernet 0/0/2
10.0.2.2/32	Direct	0	0	D	127.0.0.1	GigabitEthernet 0/0/2
127.0.0.0/8	Direct	0	0	D	127.0.0.1	InLoopBack0
127.0.0.1/32	Direct	0	0	D	127.0.0.1	InLoopBack0
192.168.64.0/23	Static	60	0	RD	10.0.1.1	GigabitEthernet 0/0/1
192.168.66.0/23	Static	60	0	RD	10.0.2.1	GigabitEthernet 0/0/2
192.168.68.0/22	Static	60	0	RD	10.0.0.2	GigabitEthernet 0/0/0

```
<R-1>
```

步骤 2：配置路由器 R-2。

```
<Huawei>system-view
Enter system view, return user view with Ctrl+Z.
[Huawei]undo info-center enable
Info: Information center is disabled.
```

```
[Huawei]sysname R-2
//配置路由器接口地址
[R-2]interface GigabitEthernet 0/0/0
[R-2-GigabitEthernet 0/0/0]ip address 10.0.0.2 255.255.255.252
[R-2-GigabitEthernet 0/0/0]quit
[R-2]interface GigabitEthernet 0/0/1
[R-2-GigabitEthernet 0/0/1]ip address 10.0.0.5 255.255.255.252
[R-2-GigabitEthernet 0/0/1]quit
//在路由器上配置静态路由
[R-2]ip route-static 192.168.64.0 22 10.0.0.1
[R-2]ip route-static 192.168.68.0 22 10.0.0.6
[R-2]quit
<R-2>save
```

步骤 3：配置路由器 R-3。

```
<Huawei>system-view
Enter system view, return user view with Ctrl+Z.
[Huawei]undo info-center enable
Info: Information center is disabled.
[Huawei]sysname R-3
//配置路由器接口地址
[R-3]interface GigabitEthernet 0/0/0
[R-3-GigabitEthernet 0/0/0]ip address 10.0.0.6 255.255.255.252
[R-3-GigabitEthernet 0/0/0]quit
[R-3]interface GigabitEthernet 0/0/1
[R-3-GigabitEthernet 0/0/1]ip address 10.0.3.2 255.255.255.252
[R-3-GigabitEthernet 0/0/1]quit
[R-3]interface GigabitEthernet 0/0/2
[R-3-GigabitEthernet 0/0/2]ip address 10.0.4.2 255.255.255.252
[R-3-GigabitEthernet 0/0/2]quit
//在路由器 R-3 上配置静态路由
[R-3]ip route-static 192.168.68.0 23 10.0.3.1
[R-3]ip route-static 192.168.70.0 23 10.0.4.1
[R-3]ip route-static 192.168.64.0 22 10.0.0.5
[R-3]quit
<R-3>save
```

步骤 4：测试通信结果。

使用 Ping 命令测试当前的通信情况，测试结果见表 5-4-1。可以看出，此时各个主机之间可正常通信。

表 5-4-1　配置路由交换机之后通信测试结果

序号	源主机	目的主机	通信结果
1	Host-1	Host-2	通
2	Host-1	Host-3	通
3	Host-1	Host-4	通
4	Host-1	Host-5	通

项目五

续表

序号	源主机	目的主机	通信结果
5	Host-1	Host-6	通
6	Host-1	Host-7	通
7	Host-1	Host-8	通

任务五　抓包分析路由器的工作过程

扫码看视频

【任务介绍】

在 eNSP 中启动抓包程序，分析数据包经过路由器时，报文首部中的地址变化，分析验证路由表在路由器转发数据包的过程中所起的重要作用，从而进一步理解路由器的工作原理。

【任务目标】

（1）完成跨路由器通信的抓包；
（2）完成对所抓取数据包的分析。

【操作步骤】

步骤 1：设计抓包地点并启动抓包程序。

如图 5-5-1 所示，分别在①（路由交换机 RS-1 的 GE 0/0/1 接口）处、②（路由器 R-1 的 GE 0/0/0 接口）处、③（路由器 R-2 的 GE 0/0/1 接口）处、④（路由器 R-3 的 GE 0/0/2 接口）处启动抓包程序。

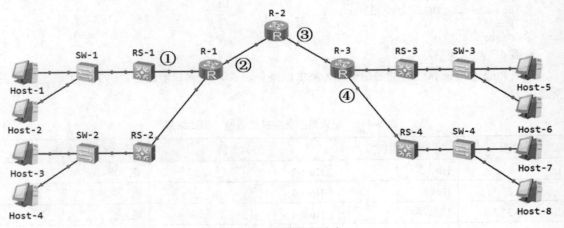

图 5-5-1　设置抓包地点

步骤 2：分析跨路由器通信时，报文首部中地址的变化。

（1）执行 Host-1 至 Host-8 的通信。在 Host-1 的 CLI 界面中，执行命令"ping 192.168.71.1"，即 Host-1 与 Host-8 通信。注意，此时 Host-1 和 Host-8 能正常通信。

（2）查看抓取的报文。抓取的报文如图 5-5-2 至图 5-5-5 所示。

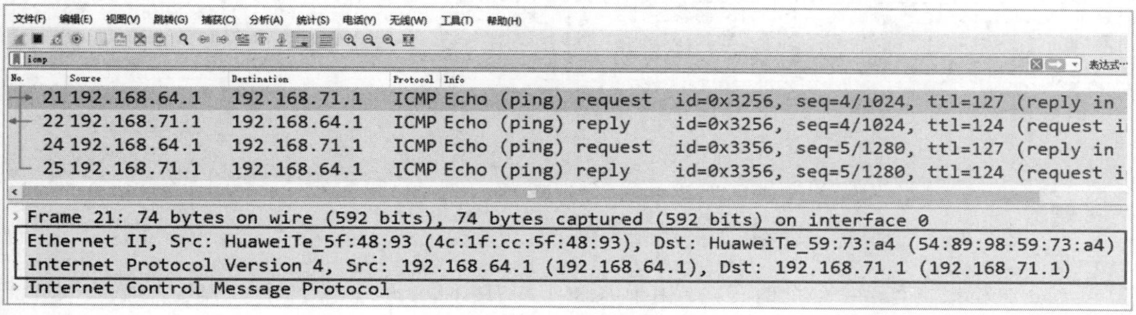

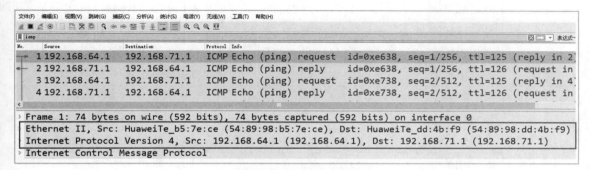

图 5-5-2　在①处抓取的报文

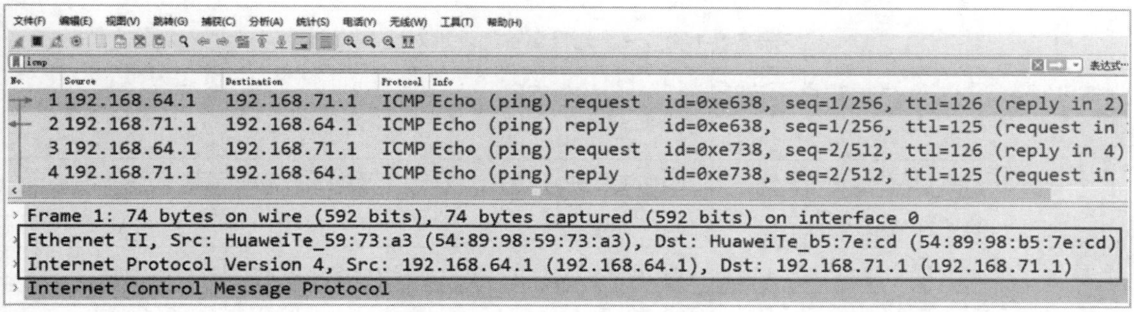

图 5-5-3　在②处抓取的报文

图 5-5-4　在③处抓取的报文

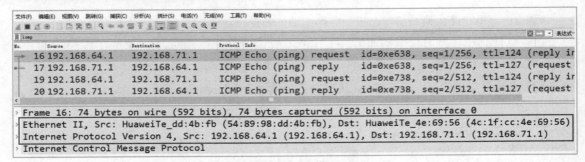

图 5-5-5　在④处抓取的报文

　　　　可以在 Wireshark 的过滤框中, 设置显示所抓取报文的过滤条件, 例如输入 icmp,
表示只显示抓取的 ICMP 协议报文。

（3）分析报文首部中地址的变化。由于 Host-1 和 Host-8 之间不属于同一网络, 它们之间通信时需要经过路由转发, 即属于间接交付。路由器转发数据包时, 会对数据包重新封装, 数据包首部中的 MAC 地址会发生变化, 具体的变化情况参见表 5-5-1。

表 5-5-1　①～④处报文首部地址对比表

抓包地点	报文项目	项目内容	备注
①	报文序号	21	
	源 MAC 地址	4C-1F-CC-5F-48-93	RS-1 的 MAC 地址
	目的 MAC 地址	54-89-98-59-73-A4	R-1 的 GE 0/0/1 接口 MAC 地址
	源 IP 地址	192.168.64.1	Host-1 的 IP 地址
	目的 IP 地址	192.168.71.1	Host-8 的 IP 地址
②	报文序号	1	
	源 MAC 地址	54-89-98-59-73-A3	R-1 的 GE 0/0/0 接口 MAC 地址
	目的 MAC 地址	54-89-98-B5-7E-CD	R-2 的 GE 0/0/0 接口 MAC 地址
	源 IP 地址	192.168.64.1	Host-1 的 IP 地址
	目的 IP 地址	192.168.71.1	Host-8 的 IP 地址
③	报文序号	1	
	源 MAC 地址	54-89-98-B5-7E-CE	R-2 的 GE 0/0/1 接口 MAC 地址
	目的 MAC 地址	54-89-98-DD-4B-F9	R-3 的 GE 0/0/0 接口 MAC 地址
	源 IP 地址	192.168.64.1	Host-1 的 IP 地址
	目的 IP 地址	192.168.71.1	Host-8 的 IP 地址

续表

抓包地点	报文项目	项目内容	备注
④	报文序号	16	
	源 MAC 地址	54-89-98-DD-4B-FB	R-3 的 GE 0/0/2 接口 MAC 地址
	目的 MAC 地址	4C-1F-CC-4E-69-56	RS-4 的 MAC 地址
	源 IP 地址	192.168.64.1	Host-1 的 IP 地址
	目的 IP 地址	192.168.71.1	Host-8 的 IP 地址

注意，可以使用"display interface 接口名"命令显示路由器某一接口的信息，并从中查到该接口的 MAC 地址，如图 5-5-6 所示，是查看路由器 R-3 的 GE 0/0/2 接口的信息。

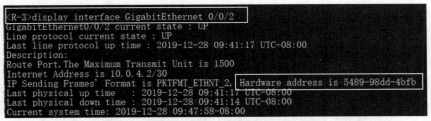

图 5-5-6　查看路由器接口的 MAC 地址

总结

（1）跨路由器通信时，路由器会对数据包进行解封装和重新封装。

（2）报文首部中的 MAC 地址：数据包从路由器的某个接口发出时，源 MAC 地址是路由器出接口的 MAC 地址，目的 MAC 地址是路由表中相应的下一跳路由接口的 MAC 地址。

（3）报文首部中的 IP 地址：整个通信过程中，源 IP 地址和目的 IP 地址始终保持不变，从而确保路由器在收到报文时，能够知道正确的目的地。

步骤 3：分析路由表对路由器转发数据包的影响。

（1）更改 R-3 的静态路由配置。在路由器 R-3 上，删除到达目的网络 192.168.64.0/22 的静态路由，命令如下：

```
[R-3]undo ip route-static 192.168.64.0 22 10.0.0.5
[R-3]display ip routing-table
Route Flags: R - relay, D - download to fib
--------------------------------------------------------------------------------
Routing Tables: Public
         Destinations : 10          Routes : 10
Destination/Mask    Proto    Pre   Cost     Flags   NextHop       Interface

      10.0.0.4/30   Direct   0     0        D       10.0.0.6      GigabitEthernet 0/0/0
      10.0.0.6/32   Direct   0     0        D       127.0.0.1     GigabitEthernet 0/0/0
```

10.0.3.0/30	Direct	0	0	D	10.0.3.2	GigabitEthernet 0/0/1
10.0.3.2/32	Direct	0	0	D	127.0.0.1	GigabitEthernet 0/0/1
10.0.4.0/30	Direct	0	0	D	10.0.4.2	GigabitEthernet 0/0/2
10.0.4.2/32	Direct	0	0	D	127.0.0.1	GigabitEthernet 0/0/2
127.0.0.0/8	Direct	0	0	D	127.0.0.1	InLoopBack0
127.0.0.1/32	Direct	0	0	D	127.0.0.1	InLoopBack0
192.168.68.0/23	Static	60	0	RD	10.0.3.1	GigabitEthernet 0/0/1
192.168.70.0/23	Static	60	0	RD	10.0.4.1	GigabitEthernet 0/0/2

[R-3]

可以看出，此时路由器 R-3 的路由表中，已经没有到达 192.168.64.0/22 网络的路由条目。

（2）执行 Host-1 访问 Host-8。在 Host-1 的 CLI 界面中，执行命令"ping 192.168.71.1"，即 Host-1 访问 Host-8。可以看到，此时 Host-1 不能正常访问 Host-8，如图 5-5-7 所示。

```
PC>ping 192.168.71.1

Ping 192.168.71.1: 32 data bytes, Press Ctrl_C to break
Request timeout!
Request timeout!
Request timeout!
Request timeout!
Request timeout!

--- 192.168.71.1 ping statistics ---
  5 packet(s) transmitted
```

图 5-5-7　Host-1 不能访问 Host-8

（3）在④处再次抓包并分析。删除掉 R-3 中到达 192.168.64.0 /22 网络的路由后，再次在④处抓包的结果如图 5-5-8 所示。

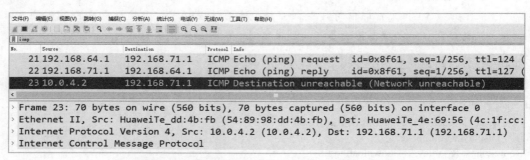

No.	Source	Destination	Protocol	Info	
21	192.168.64.1	192.168.71.1	ICMP	Echo (ping) request	id=0x8f61, seq=1/256, ttl=124 (
22	192.168.71.1	192.168.64.1	ICMP	Echo (ping) reply	id=0x8f61, seq=1/256, ttl=127 (
23	10.0.4.2	192.168.71.1	ICMP	Destination unreachable (Network unreachable)	

> Frame 23: 70 bytes on wire (560 bits), 70 bytes captured (560 bits) on interface 0
> Ethernet II, Src: HuaweiTe_dd:4b:fb (54:89:98:dd:4b:fb), Dst: HuaweiTe_4e:69:56 (4c:1f:cc:
> Internet Protocol Version 4, Src: 10.0.4.2 (10.0.4.2), Dst: 192.168.71.1 (192.168.71.1)
> Internet Control Message Protocol

图 5-5-8　改变 R-3 路由表后，在④处抓取的报文

21 号报文：R-3 发往 RS-4 的 VLAN100 接口的报文。由于 R-3 的路由表中具有到达目的 IP 地址 192.168.71.1 的路由，因此数据包被从 R-3 的 GE 0/0/2 接口发出，发往下一跳，即 RS-4。注意，由于 RS-4 中具有到达目的 IP 地址 192.168.71.0 /24 的路由，因此，最终该数据包会被发送到目的主机 Host-8。

22 号报文：RS-4 发往 R-3 的 GE 0/0/2 接口的报文。当 Host-8 收到 Host-1 发来的数据包后，会发回确认报文，该确认报文首部的源 IP 地址是 Host-8 的地址（即 192.168.71.1），目的 IP 地址是 Host-1 的地址（即 192.168.64.1）。该报文先发往 Host-8 的默认网关地址，即 RS-4 的 VLAN18 的接口地址（192.168.71.254），然后，该确认报文会被 RS-4 依据其路由表中的默认路由（0.0.0.0 /0）通过三层虚拟接口 Vlanif100 发送至路由器 R-3。

23 号报文：R-3 发回给 RS-4 的"网络不可到达"的反馈报文。由于现在 R-3 的路由表中没有到达目的网络 192.168.64.0 /24 的路由，因此 R-3 丢掉该报文，并向 RS-4 发回"网络不可到达"的反馈报文。

项目六
RIP 的应用

在前面项目的学习中，我们构建园区网时配置的是静态路由，这需要网络管理人员对全网路由有清晰的了解，当网络规模较大时，手动维护路由表是一件非常麻烦的事。因此在园区网的实际建设中，通常使用动态路由协议实现路由表的动态更新。本项目介绍如何使用动态路由协议 RIP（Routing Information Protocol）来配置园区网的路由器。

● 项目目的

- 理解 RIP 的工作原理；
- 掌握在路由交换机和路由器上配置 RIP 的方法。

● 拓扑规划

1. 网络拓扑

网络拓扑结构如图 6-0-1 所示。

2. 拓扑说明

网络拓扑说明见表 6-0-1。

表 6-0-1　网络拓扑说明

序号	设备线路	设备类型	规格型号	备注
1	Host-1～Host-8	用户主机	PC	
2	SW-1～SW-4	交换机	S3700	
3	RS-1～RS-4	路由交换机	S5700	
4	R-1～R-3	路由器	Router	
5	L-1～L-11	双绞线	1000Base-T	

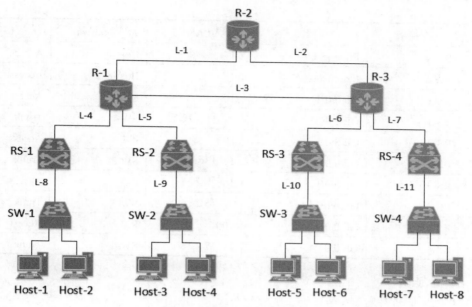

图 6-0-1　项目六的拓扑结构

网络规划

1. 交换机接口与 VLAN

交换机接口及 VLAN 规划表见表 6-0-2。

表 6-0-2　交换机接口及 VLAN 规划表

序号	交换机	接口	VLAN ID	连接设备	接口类型
1	SW-1	GE 0/0/1	1、11、12	RS-1	Trunk
2	SW-1	Ethernet 0/0/1	11	Host-1	Access
3	SW-1	Ethernet 0/0/2	12	Host-2	Access
4	SW-2	GE 0/0/1	1、13、14	RS-2	Trunk
5	SW-2	Ethernet 0/0/1	13	Host-3	Access
6	SW-2	Ethernet 0/0/2	14	Host-4	Access
7	SW-3	GE 0/0/1	1、15、16	RS-3	Trunk
8	SW-3	Ethernet 0/0/1	15	Host-5	Access
9	SW-3	Ethernet 0/0/2	16	Host-6	Access
10	SW-4	GE 0/0/1	1、17、18	RS-4	Trunk

序号	交换机	接口	VLAN ID	连接设备	接口类型
11	SW-4	Ethernet 0/0/1	17	Host-7	Access
12	SW-4	Ethernet 0/0/2	18	Host-8	Access
13	RS-1	GE 0/0/1	100	R-1	Access
14	RS-1	GE 0/0/24	1、11、12	SW-1	Trunk
15	RS-2	GE 0/0/1	100	R-1	Access
16	RS-2	GE 0/0/24	1、13、14	SW-2	Trunk
17	RS-3	GE 0/0/1	100	R-3	Access
18	RS-3	GE 0/0/24	1、15、16	SW-3	Trunk
19	RS-4	GE 0/0/1	100	R-3	Access
20	RS-4	GE 0/0/24	1、17、18	SW-4	Trunk

2. 主机 IP 地址

主机 IP 地址规划表见表 6-0-3。

表 6-0-3　主机 IP 地址规划表

序号	设备名称	IP 地址 /子网掩码	默认网关	接入位置	VLAN ID
1	Host-1	192.168.64.1 /24	192.168.64.254	SW-1 Ethernet 0/0/1	11
2	Host-2	192.168.65.1 /24	192.168.65.254	SW-1 Ethernet 0/0/2	12
3	Host-3	192.168.66.1 /24	192.168.66.254	SW-2 Ethernet 0/0/1	13
4	Host-4	192.168.67.1 /24	192.168.67.254	SW-2 Ethernet 0/0/2	14
5	Host-5	192.168.68.1 /24	192.168.68.254	SW-3 Ethernet 0/0/1	15
6	Host-6	192.168.69.1 /24	192.168.69.254	SW-3 Ethernet 0/0/2	16
7	Host-7	192.168.70.1 /24	192.168.70.254	SW-4 Ethernet 0/0/1	17
8	Host-8	192.168.71.1 /24	192.168.71.254	SW-4 Ethernet 0/0/2	18

3. 路由接口

路由接口 IP 地址规划表见表 6-0-4。

表 6-0-4　路由接口 IP 地址规划表

序号	设备名称	接口名称	接口地址	备注
1	RS-1	Vlanif11	192.168.64.254 /24	VLAN11 的 SVI
2	RS-1	Vlanif12	192.168.65.254 /24	VLAN12 的 SVI
3	RS-1	Vlanif100	10.0.1.2 /30	RS-1 的 VLAN100 的 SVI

续表

序号	设备名称	接口名称	接口地址	备注
4	RS-2	Vlanif13	192.168.66.254 /24	VLAN13 的 SVI
5	RS-2	Vlanif14	192.168.67.254 /24	VLAN14 的 SVI
6	RS-2	Vlanif100	10.0.2.2 /30	RS-2 的 VLAN100 的 SVI
7	RS-3	Vlanif15	192.168.68.254 /24	VLAN15 的 SVI
8	RS-3	Vlanif16	192.168.69.254 /24	VLAN16 的 SVI
9	RS-3	Vlanif100	10.0.3.2 /30	RS-3 的 VLAN100 的 SVI
10	RS-4	Vlanif17	192.168.70.254 /24	VLAN17 的 SVI
11	RS-4	Vlanif18	192.168.71.254 /24	VLAN18 的 SVI
12	RS-4	Vlanif100	10.0.4.2 /30	RS-4 的 VLAN100 的 SVI
13	R-1	GE 0/0/0	10.0.0.1 /30	连接 R-2
14	R-1	GE 0/0/1	10.0.0.9 /30	连接 R-3
15	R-1	GE 0/0/2	10.0.1.1 /30	连接 RS-1
16	R-1	GE 0/0/3	10.0.2.1 /30	连接 RS-2
17	R-2	GE 0/0/0	10.0.0.2 /30	连接 R-1
18	R-2	GE 0/0/1	10.0.0.6 /30	连接 R-3
19	R-3	GE 0/0/0	10.0.0.5 /30	连接 R-2
20	R-3	GE 0/0/1	10.0.0.10 /30	连接 R-1
21	R-3	GE 0/0/2	10.0.3.1 /30	连接 RS-3
22	R-3	GE 0/0/3	10.0.4.1 /30	连接 RS-4

4. 路由表规划

路由规划表见表 6-0-5。

表 6-0-5　路由规划表

序号	路由设备	路由协议
1	RS-1～RS-4	RIPv2
2	R-1～R-3	RIPv2

● 项目讲堂

1. 认识 RIP

RIP（Routing Information Protocol）叫做路由信息协议，是一种基于距离矢量（Distance-Vector）

算法的协议，它使用跳数（Hop Count）作为度量值来衡量到达目的地址的距离。在 RIP 网络中，缺省情况下，设备到与它直接相连网络的跳数为 0，通过一个设备可达的网络的跳数为 1，其余依此类推。也就是说，度量值等于从本网络到达目的网络间的设备数量。为限制收敛时间，RIP 规定度量值取 0～15 之间的整数，大于或等于 16 的跳数被定义为无穷大，即目的网络或主机不可达。由于这个限制，使得 RIP 不可能在大型网络中得到应用。

RIP 通过 UDP 报文进行路由信息的交换，使用的端口号为 520。

2. RIP 协议的特点

（1）仅和相邻路由器交换信息。

（2）路由器之间交换的路由信息是当前本路由器中的完整路由表，所交换的信息是：本路由器到达所有网络的最短距离，以及到每个网络应经过的下一跳路由器。

（3）按固定的时间间隔交换路由信息，例如，每隔 30 秒。然后路由器根据收到的路由信息更新自己的路由表。注意，当网络拓扑发生变化时，路由器也及时向相邻路由器通告拓扑变化后的路由信息。

3. RIP 路由表

（1）RIP 路由表的形成。RIP 启动时的初始路由表仅包含本设备的直连接口路由。通过相邻设备互相学习路由表项，实现各网段路由互通。路由表的形成过程如图 6-0-2 所示。

- RIP 协议启动之后，R-1 会向相邻的路由器广播一个请求报文。
- R-2 接收到 R-1 发送的请求报文后，把自己的 RIP 路由表封装在响应报文中，然后以组播形式发出。
- R-1 从 R-2 的响应报文中学习新的路由，添加至自身的路由表中，从而更新自身路由表。

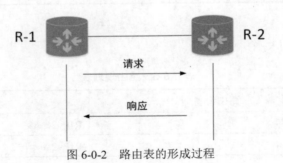

图 6-0-2　路由表的形成过程

（2）RIP 路由信息的定期更新与触发更新。

1）定期更新：RIP 路由器总是会每隔 30 秒（这是默认值，可以修改）通过 UDP 520 端口以 RIP 广播应答（或组播）方式向邻居路由器发送的一个路由更新包，包中包括了本路由器上的完整的路由表（除了被"水平分割"机制抑制的路由表项），用来向邻居路由器提供路由更新，同时用来向邻居路由器证明自己的存在。RIP 的路由表中主要包括"目的网络""下一跳地址"和"距离"三个字段。

2）触发更新：触发更新就是当检测到网络拓扑发生变动时，路由器会立即发送一个更新信息给邻居路由器，并依次产生触发更新通知它们的邻居路由器，此过程就叫触发更新。触发更新的主要目的是让整个网络上的路由器在最短的时间内收到更新信息，从而快速了解（学习收敛）整个网络的路由变化。

（1）RIP 协议存在一个问题：当网络出现故障时，有可能要经过比较长的时间才能将此消息传送到所有路由器，即坏消息传播得慢。

（2）为了解决这一不足，产生了水平分割技术，就是同一路由表项更新不再从接收该路由表项的接口发送出去，即路由器向相邻路由器发送自己的路由表时，并不一定是自己路由表的全部内容，被水平分割机制抑制的路由表项是不发送的。例如，路由器 A 从相邻路由器 B 收到到达目的网络 X 的更新路由，则当路由器 A 向路由器 B 发送自己的路由表时，该路由表项是不发送的。

（3）RIP 协议中的定时器。RIP 协议在更新和维护路由信息时主要使用的定时器如下：

● 更新定时器（Update timer）：当此定时器超时时，立即发送更新报文。

● 老化定时器（Age timer）：RIP 设备如果在老化时间内没有收到邻居发来的路由更新报文，则认为该路由不可达。

● 垃圾收集定时器（Garbage-collect timer）：如果在垃圾收集时间内不可达路由没有收到来自同一邻居的更新，则将该路由从路由表中彻底删除。

RIP 路由与定时器之间的关系：

● RIP 的更新信息发布是由更新定时器控制的，默认每 30 秒发送一次。

● 每一条路由表项对应两个定时器：老化定时器和垃圾收集定时器。当学到一条路由并添加到 RIP 路由表中时，老化定时器启动。如果老化定时器超时，设备仍没有收到邻居发来的更新报文，则把该路由的度量值置为 16（表示路由不可达），并启动垃圾收集定时器。如果垃圾收集定时器超时，设备仍没有收到更新报文，则从路由表中删除该路由。

（4）RIP 路由更新算法。对每一个相邻路由器发送过来的 RIP 报文，进行如下处理：

● 如果更新的某路由表项在路由表中没有，则直接在路由表中添加该路由表项。

● 如果路由表中已有相同目的网络的路由表项，且来源端口相同，那么无条件根据最新的路由信息更新其路由表。

● 如果路由表中已有相同目的网络的路由表项，但来源端口不同，则要比较它们的度量值，将度量值较小的一个作为自己的路由表项。

● 如果路由表中已有相同目的网络的路由表项，且度量值相等，保留原来的路由表项。

4. RIP1 与 RIP2 的比较

RIP 协议有两个版本，除了 RIP1 之外，还有 1998 年 11 月公布的 RIP2[RFC 2453]。

RIP1（即 RIP version1）是有类别路由协议（Classful Routing Protocol），它只支持以广播方式发布协议报文，报文格式如图 6-0-3 所示。其特点如下：

- RIP1 的协议报文中没有携带掩码信息。
- RIP1 只能识别 A、B、C 类的自然网段路由，无法支持路由聚合，也不支持不连续子网。

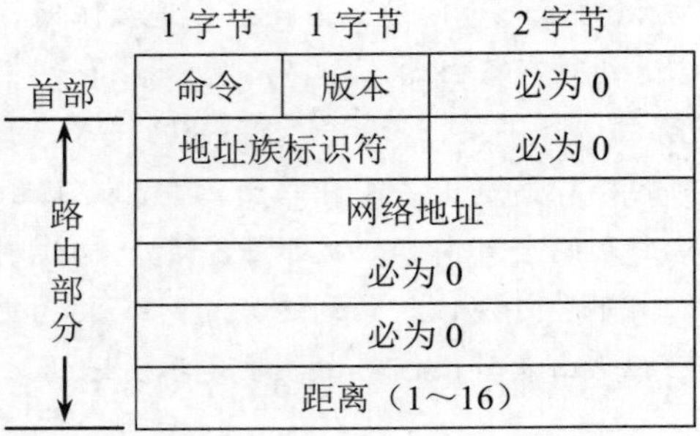

图 6-0-3 RIP1 报文

RIP2（即 RIP version2）是一种无分类路由协议（Classless Routing Protocol），报文格式如图 6-0-4 所示。与 RIP1 相比，RIP2 的特点如下：

- 支持外部路由标记（Route Tag），可以在路由策略中根据 Tag 对路由进行灵活的控制。
- 报文中携带掩码信息，支持路由聚合和 CIDR（Classless Inter-Domain Routing）。
- 支持指定下一跳地址，在广播网上可选择到目的网段最优下一跳地址。
- 支持以组播方式发送更新报文，仅限支持 RIP2 的设备才能接收协议报文，可以减少资源消耗。
- 支持对协议报文进行验证，增强安全性。

本项目中，采用 RIP2 版本配置路由。

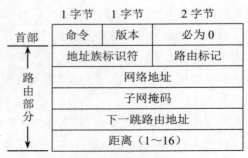

图 6-0-4 RIP2 报文

扫码看视频

任务一 在 eNSP 中部署网络

【任务介绍】

根据【拓扑规划】和【网络规划】，在 eNSP 中选取相应的的设备，完成整个网络的部署。

【任务目标】

在 eNSP 中完成整个网络的部署。

【操作步骤】

步骤 1：新建拓扑。

（1）启动 eNSP，点击【新建拓扑】按钮，打开一个空白的拓扑界面。

（2）根据【拓扑规划】中的网络拓扑及相关说明，在 eNSP 中选取相应的的设备，将其拖动到空白拓扑中，并完成设备间的连线。

eNSP 中的网络拓扑如图 6-1-1 所示。

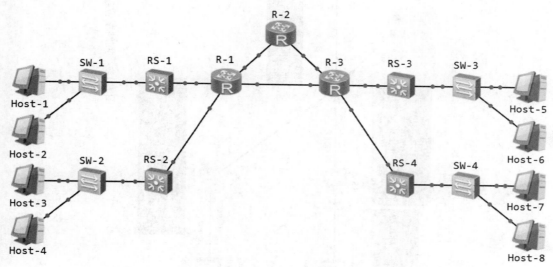

图 6-1-1 在 eNSP 中的网络拓扑图

步骤 2：保存拓扑。

点击【保存】按钮，保存刚刚建立好的网络拓扑。

为方便读者学习时参考配置，作者将主机地址和路由接口地址标注到了 eNSP 的网络拓扑，如图 6-1-2 所示。

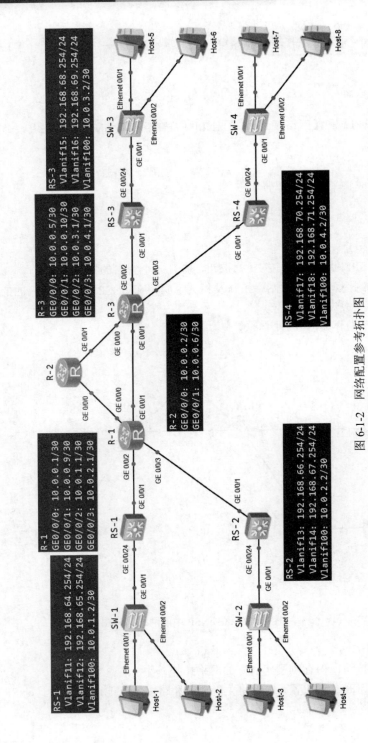

图 6-1-2 网络配置参考拓扑图

任务二　配置主机与交换机

【任务介绍】

根据前面【网络规划】中的相关信息，配置主机和交换机。

【任务目标】

（1）完成主机 Host-1～Host-8 的网络配置；

（2）完成交换机 SW-1～SW-4 的配置。

【操作步骤】

步骤 1：配置主机网络参数。

根据【网络规划】，给 Host-1～Host-8 配置 IP 地址等信息，并启动每台主机。

步骤 2：配置交换机 SW-1。

```
<Huawei>system-view
Enter system view, return user view with Ctrl+Z.
[Huawei]undo info-center enable
Info: Information center is disabled.
//修改交换机名称
[Huawei]sysname SW-1

//创建 VLAN11 和 VLAN12
[SW-1]vlan batch 11 12
Info: This operation may take a few seconds. Please wait for a moment...done.

//将 Ethernet 0/0/1 和 Ethernet 0/0/2 设置为 Access 类型，分别划入 VLAN11 和 VLAN12
[SW-1]interface Ethernet 0/0/1
[SW-1-Ethernet 0/0/1]port link-type access
[SW-1-Ethernet 0/0/1]port default vlan 11
[SW-1-Ethernet 0/0/1]quit
[SW-1]interface Ethernet 0/0/2
[SW-1-Ethernet 0/0/2]port link-type access
[SW-1-Ethernet 0/0/2]port default vlan 12
[SW-1-Ethernet 0/0/2]quit

//将上联 RS-1 的接口设置为 Trunk 类型，并允许 VLAN 11 和 VLAN12 的数据帧通过
[SW-1]interface GigabitEthernet 0/0/1
[SW-1-GigabitEthernet 0/0/1]port link-type trunk
[SW-1-GigabitEthernet 0/0/1]port trunk allow-pass vlan 11 12
[SW-1-GigabitEthernet 0/0/1]quit
```

项目六

[SW-1]quit

//保存配置
<SW-1>save

步骤 3：配置交换机 SW-2。

<Huawei>system-view
Enter system view, return user view with Ctrl+Z.
[Huawei]undo info-center enable
Info: Information center is disabled.
[Huawei]sysname SW-2
//创建 VLAN13 和 VLAN14
[SW-2]vlan batch 13 14
Info: This operation may take a few seconds. Please wait for a moment...done.
//配置 Access 类型接口
[SW-2]interface Ethernet 0/0/1
[SW-2-Ethernet 0/0/1]port link-type access
[SW-2-Ethernet 0/0/1]port default vlan 13
[SW-2-Ethernet 0/0/1]quit
[SW-2]interface Ethernet 0/0/2
[SW-2-Ethernet 0/0/2]port link-type access
[SW-2-Ethernet 0/0/2]port default vlan 14
[SW-2-Ethernet 0/0/2]quit
//将上联 RS-2 的接口配置为 Trunk 类型
[SW-2]interface GigabitEthernet 0/0/1
[SW-2-GigabitEthernet 0/0/1]port link-type trunk
[SW-2-GigabitEthernet 0/0/1]port trunk allow-pass vlan 13 14
[SW-2-GigabitEthernet 0/0/1]quit
[SW-2]quit
<SW-2>save

步骤 4：配置交换机 SW-3。

<Huawei>system-view
Enter system view, return user view with Ctrl+Z.
[Huawei]undo info-center enable
Info: Information center is disabled.
[Huawei]sysname SW-3
//创建 VLAN15 和 VLAN16
[SW-3]vlan batch 15 16
Info: This operation may take a few seconds. Please wait for a moment...done.
//配置 Access 类型接口
[SW-3]interface Ethernet 0/0/1
[SW-3-Ethernet 0/0/1]port link-type access
[SW-3-Ethernet 0/0/1]port default vlan 15
[SW-3-Ethernet 0/0/1]quit
[SW-3]interface Ethernet 0/0/2
[SW-3-Ethernet 0/0/2]port link-type access
[SW-3-Ethernet 0/0/2]port default vlan 16
[SW-3-Ethernet 0/0/2]quit

```
//将上联 RS-3 的接口配置为 Trunk 类型
[SW-3]interface GigabitEthernet 0/0/1
[SW-3-GigabitEthernet 0/0/1]port link-type trunk
[SW-3-GigabitEthernet 0/0/1]port trunk allow-pass vlan 15 16
[SW-3-GigabitEthernet 0/0/1]quit
[SW-3]quit
<SW-3>save
```

步骤 5：配置交换机 SW-4。

```
<Huawei>system-view
Enter system view, return user view with Ctrl+Z.
[Huawei]undo info-center enable
Info: Information center is disabled.
[Huawei]sysname SW-4
//创建 VLAN17 和 VLAN18
[SW-4]vlan batch 17 18
Info: This operation may take a few seconds. Please wait for a moment...done.
//配置 Access 类型接口
[SW-4]interface Ethernet 0/0/1
[SW-4-Ethernet 0/0/1]port link-type access
[SW-4-Ethernet 0/0/1]port default vlan 17
[SW-4-Ethernet 0/0/1]quit
[SW-4]interface Ethernet 0/0/2
[SW-4-Ethernet 0/0/2]port link-type access
[SW-4-Ethernet 0/0/2]port default vlan 18
[SW-4-Ethernet 0/0/2]quit
//将上联 RS-4 的接口配置为 Trunk 类型
[SW-4]interface GigabitEthernet 0/0/1
[SW-4-GigabitEthernet 0/0/1]port link-type trunk
[SW-4-GigabitEthernet 0/0/1]port trunk allow-pass vlan 17 18
[SW-4-GigabitEthernet 0/0/1]quit
[SW-4]quit
<SW-4>save
```

任务三　配置路由交换机并进行通信测试

扫码看视频

【任务介绍】

对路由交换机 RS-1～RS-4 进行配置，并且使用 Ping 命令测试各路由交换机下联 VLAN 间通信的结果。

【任务目标】

（1）配置路由交换机 RS-1～RS-4；

（2）完成各路由交换机下 VLAN 间通信测试。

【操作步骤】

步骤 1：配置路由交换机 RS-1。

```
<Huawei>system-view
Enter system view, return user view with Ctrl+Z.
[Huawei]undo info-center enable
Info: Information center is disabled.
[Huawei]sysname RS-1

//创建 VLAN11 和 VLAN12
[RS-1]vlan batch 11 12
Info: This operation may take a few seconds. Please wait for a moment...done.

//创建 VLAN11 的 SVI，并配置 IP 地址
[RS-1]interface vlanif 11
[RS-1-Vlanif11]ip address 192.168.64.254 24

//创建 VLAN12 的 SVI，并配置 IP 地址
[RS-1-Vlanif11]interface vlanif 12
[RS-1-Vlanif12]ip address 192.168.65.254 24
[RS-1-Vlanif12]quit

//将连接 SW-1 的接口设置为 Trunk 类型，并允许 VLAN 11 和 VLAN12 的数据帧通过
[RS-1]interface GigabitEthernet 0/0/24
[RS-1-GigabitEthernet 0/0/24]port link-type trunk
[RS-1-GigabitEthernet 0/0/24]port trunk allow-pass vlan 11 12
[RS-1-GigabitEthernet 0/0/24]quit
[RS-1]quit
<RS-1>save
```

步骤 2：配置路由交换机 RS-2。

```
<Huawei>system-view
Enter system view, return user view with Ctrl+Z.
[Huawei]undo info-center enable
Info: Information center is disabled.
[Huawei]sysname RS-2
//创建 VLAN13 和 VLAN14
[RS-2]vlan batch 13 14
Info: This operation may take a few seconds. Please wait for a moment...done.
//配置 VLAN13 和 VLAN14 的 SVI 地址
[RS-2]interface vlanif 13
[RS-2-Vlanif13]ip address 192.168.66.254 24
[RS-2-Vlanif13]quit
[RS-2]interface vlanif 14
[RS-2-Vlanif14]ip address 192.168.67.254 24
```

[RS-2-Vlanif14]quit

//将连接 SW-2 的接口设置为 Trunk 类型，允许 VLAN13 和 VLAN14 的数据帧通过

[RS-2]interface GigabitEthernet 0/0/24

[RS-2-GigabitEthernet 0/0/24]port link-type trunk

[RS-2-GigabitEthernet 0/0/24]port trunk allow-pass vlan 13 14

[RS-2-GigabitEthernet 0/0/24]quit

[RS-2]quit

<RS-2>save

步骤 3：配置路由交换机 RS-3。

<Huawei>system-view

Enter system view, return user view with Ctrl+Z.

[Huawei]undo info-center enable

Info: Information center is disabled.

[Huawei]sysname RS-3

//创建 VLAN15 和 VLAN16

[RS-3]vlan batch 15 16

Info: This operation may take a few seconds. Please wait for a moment...done.

//配置 VLAN15 和 VLAN16 的 SVI 地址

[RS-3]interface vlanif 15

[RS-3-Vlanif15]ip address 192.168.68.254 24

[RS-3-Vlanif15]quit

[RS-3]interface vlanif 16

[RS-3-Vlanif16]ip address 192.168.69.254 24

[RS-3-Vlanif16]quit

//将连接 SW-3 的接口设置为 Trunk 类型，允许 VLAN15 和 VLAN16 的数据帧通过

[RS-3]interface GigabitEthernet 0/0/24

[RS-3-GigabitEthernet 0/0/24]port link-type trunk

[RS-3-GigabitEthernet 0/0/24]port trunk allow-pass vlan 15 16

[RS-3-GigabitEthernet 0/0/24]quit

[RS-3]quit

<RS-3>save

步骤 4：配置路由交换机 RS-4。

<Huawei>system-view

Enter system view, return user view with Ctrl+Z.

[Huawei]undo info-center enable

Info: Information center is disabled.

[Huawei]sysname RS-4

//创建 VLAN17 和 VLAN18

[RS-4]vlan batch 17 18

Info: This operation may take a few seconds. Please wait for a moment...done.

//配置 VLAN17 和 VLAN18 的 SVI 地址

[RS-4]interface vlanif 17

[RS-4-Vlanif17]ip address 192.168.70.254 24

[RS-4-Vlanif17]quit

[RS-4]interface vlanif 18

```
[RS-4-Vlanif18]ip address 192.168.71.254 24
[RS-4-Vlanif18]quit
//将连接 SW-4 的接口设置为 Trunk 类型，允许 VLAN17 和 VLAN18 的数据帧通过
[RS-4]interface GigabitEthernet 0/0/24
[RS-4-GigabitEthernet 0/0/24]port link-type trunk
[RS-4-GigabitEthernet 0/0/24]port trunk allow-pass vlan 17 18
[RS-4-GigabitEthernet 0/0/24]quit
[RS-4]quit
<RS-4>save
```

步骤 5：通信测试。

使用 Ping 命令测试当前的通信情况，测试结果见表 6-3-1。可以看出，路由交换机下联的不同 VLAN 之间可以正常通信，但是路由器所连接的不同网络之间还不能正常通信。

表 6-3-1 配置路由交换机之后通信测试结果

序号	源主机	目的主机	通信结果
1	Host-1	Host-2	通
2	Host-3	Host-4	通
3	Host-5	Host-6	通
4	Host-7	Host-8	通
5	Host-1	Host-3	不通
6	Host-1	Host-5	不通
7	Host-1	Host-7	不通

任务四　配置路由接口地址

扫码看视频

【任务介绍】

配置路由交换机上连接路由器的接口，配置各个路由器的接口地址。

【任务目标】

（1）完成路由交换机 RS-1～RS-4 的路由接口配置；
（2）完成路由器 R-1～R-3 的路由接口配置。

【操作步骤】

步骤 1：配置路由交换机 RS-1 的路由接口。

配置路由交换机的三层虚拟接口（此处与路由器相连）时，分为三步：一是需要在路由交换机上创建一个 VLAN（此处创建的是 VLAN100）；二是给该 VLAN 配置接口地址；三是将上联路由

器的接口（此处是 GE 0/0/1）配置成 Access 模式，划入该 VLAN 中。具体命令如下：

```
//创建 VLAN 100
[RS-1]vlan 100
[RS-1-vlan100]quit

//创建 VLAN 100 的 SVI 接口，并配置 IP 地址
[RS-1]interface vlanif 100
[RS-1-Vlanif100]ip address 10.0.1.2 30
[RS-1-Vlanif100]quit

//将上联路由器 R-1 的接口配置为 Access 类型，设置缺省 VLAN ID 为 100
[RS-1]interface GigabitEthernet 0/0/1
[RS-1-GigabitEthernet 0/0/1]port link-type access
[RS-1-GigabitEthernet 0/0/1]port default vlan 100
[RS-1-GigabitEthernet 0/0/1]quit

//查看路由表，可以看到 RS-1 的直连路由
[RS-1]display ip routing-table
Route Flags: R - relay, D - download to fib
--------------------------------------------------------------------------------
Routing Tables: Public
        Destinations : 8        Routes : 8
```

Destination/Mask	Proto	Pre	Cost	Flags	NextHop	Interface
10.0.1.0/30	Direct	0	0	D	10.0.1.2	Vlanif100
10.0.1.2/32	Direct	0	0	D	127.0.0.1	Vlanif100
127.0.0.0/8	Direct	0	0	D	127.0.0.1	InLoopBack0
127.0.0.1/32	Direct	0	0	D	127.0.0.1	InLoopBack0
192.168.64.0/24	Direct	0	0	D	192.168.64.254	Vlanif11
192.168.64.254/32	Direct	0	0	D	127.0.0.1	Vlanif11
192.168.65.0/24	Direct	0	0	D	192.168.65.254	Vlanif12
192.168.65.254/32	Direct	0	0	D	127.0.0.1	Vlanif12

步骤 2：配置路由交换机 RS-2 的路由接口。

```
//创建 VLAN 100
[RS-2]vlan 100
[RS-2-vlan100]quit
//创建 VLAN 100 的 SVI 接口，并配置 IP 地址
[RS-2]interface vlanif 100
[RS-2-Vlanif100]ip address 10.0.2.2 30
[RS-2-Vlanif100]quit
//将上联路由器 R-1 的接口配置为 Access 类型，设置缺省 VLAN ID 为 100
[RS-2]interface GigabitEthernet 0/0/1
[RS-2-GigabitEthernet 0/0/1]port link-type access
[RS-2-GigabitEthernet 0/0/1]port default vlan 100
[RS-2-GigabitEthernet 0/0/1]quit
```

步骤 3：配置路由交换机 RS-3 的路由接口。

```
//创建 VLAN 100
[RS-3]vlan 100
[RS-3-vlan100]quit
//创建 VLAN 100 的 SVI 接口，并配置 IP 地址
[RS-3]interface vlanif 100
[RS-3-Vlanif100]ip address 10.0.3.2 30
[RS-3-Vlanif100]quit
//将上联路由器 R-3 的接口配置为 Access 类型，设置缺省 VLAN ID 为 100
[RS-3]interface GigabitEthernet 0/0/1
[RS-3-GigabitEthernet 0/0/1]port link-type access
[RS-3-GigabitEthernet 0/0/1]port default vlan 100
[RS-3-GigabitEthernet 0/0/1]quit
```

步骤 4：配置路由交换机 RS-4 的路由接口。

```
//创建 VLAN 100
[RS-4]vlan 100
[RS-4-vlan100]quit
//创建 VLAN 100 的 SVI 接口，并配置 IP 地址
[RS-4]interface vlanif 100
[RS-4-Vlanif100]ip address 10.0.4.2 30
[RS-4-Vlanif100]quit
//将上联路由器 R-3 的接口配置为 Access 类型，设置缺省 VLAN ID 为 100
[RS-4]interface GigabitEthernet 0/0/1
[RS-4-GigabitEthernet 0/0/1]port link-type access
[RS-4-GigabitEthernet 0/0/1]port default vlan 100
[RS-4-GigabitEthernet 0/0/1]quit
```

步骤 5：配置路由器 R-1 的接口。

根据【网络规划】，配置路由器 R-1 各接口的地址。

```
<Huawei>system-view
Enter system view, return user view with Ctrl+Z.
[Huawei]undo info-center enable
Info: Information center is disabled.
[Huawei]sysname R-1

//配置路由器 R-1 各接口的地址
[R-1]interface GigabitEthernet 0/0/0
[R-1-GigabitEthernet 0/0/0]ip address 10.0.0.1 30
[R-1-GigabitEthernet 0/0/0]quit
[R-1]interface GigabitEthernet 0/0/1
[R-1-GigabitEthernet 0/0/1]ip address 10.0.0.9 30
[R-1-GigabitEthernet 0/0/1]quit
[R-1]interface GigabitEthernet 0/0/2
[R-1-GigabitEthernet 0/0/2]ip address 10.0.1.1 30
[R-1-GigabitEthernet 0/0/2]quit
```

[R-1]interface GigabitEthernet 0/0/3
[R-1-GigabitEthernet 0/0/3]ip address 10.0.2.1 30
[R-1-GigabitEthernet 0/0/3]quit

//查看路由表
[R-1]display ip routing-table
Route Flags: R - relay, D - download to fib

Routing Tables: Public
　　　　　　Destinations : 10　　　Routes : 10

Destination/Mask	Proto	Pre	Cost	Flags	NextHop	Interface
10.0.0.0/30	Direct	0	0	D	10.0.0.1	GigabitEthernet 0/0/0
10.0.0.1/32	Direct	0	0	D	127.0.0.1	GigabitEthernet 0/0/0
10.0.0.8/30	Direct	0	0	D	10.0.0.9	GigabitEthernet 0/0/1
10.0.0.9/32	Direct	0	0	D	127.0.0.1	GigabitEthernet 0/0/1
10.0.1.0/30	Direct	0	0	D	10.0.1.1	GigabitEthernet 0/0/2
10.0.1.1/32	Direct	0	0	D	127.0.0.1	GigabitEthernet 0/0/2
10.0.2.0/30	Direct	0	0	D	10.0.2.1	GigabitEthernet 0/0/3
10.0.2.1/32	Direct	0	0	D	127.0.0.1	GigabitEthernet 0/0/3
127.0.0.0/8	Direct	0	0	D	127.0.0.1	InLoopBack0
127.0.0.1/32	Direc	0	0	D	127.0.0.1	InLoopBack0

[R-1]quit
<R-1>save

步骤 6：配置路由器 R-2 的接口。

<Huawei>system-view
Enter system view, return user view with Ctrl+Z.
[Huawei]undo info-center enable
Info: Information center is disabled.
[Huawei]sysname R-2
[R-2]interface GigabitEthernet 0/0/0
[R-2-GigabitEthernet 0/0/0]ip address 10.0.0.2 30
[R-2-GigabitEthernet 0/0/0]quit
[R-2]interface GigabitEthernet 0/0/1
[R-2-GigabitEthernet 0/0/1]ip address 10.0.0.6 30
[R-2-GigabitEthernet 0/0/1]quit

步骤 7：配置路由器 R-3 的接口。

<Huawei>system-view
Enter system view, return user view with Ctrl+Z.
[Huawei]undo info-center enable
Info: Information center is disabled.
[Huawei]sysname R-3
[R-3]interface GigabitEthernet 0/0/0
[R-3-GigabitEthernet 0/0/0]ip address 10.0.0.5 30
[R-3-GigabitEthernet 0/0/1]quit

```
[R-3]interface GigabitEthernet 0/0/1
[R-3-GigabitEthernet 0/0/1]ip address 10.0.0.10 30
[R-3-GigabitEthernet 0/0/1]quit
[R-3]interface GigabitEthernet 0/0/2
[R-3-GigabitEthernet 0/0/2]ip address 10.0.3.1 30
[R-3-GigabitEthernet 0/0/2]quit
[R-3]interface GigabitEthernet 0/0/3
[R-3-GigabitEthernet 0/0/3]ip address 10.0.4.1 30
[R-3-GigabitEthernet 0/0/3]quit
[R-3]quit
<R-3>save
```

任务五　配置 RIP 并进行全网通信测试

扫码看视频

【任务介绍】

在路由交换机和路由器上分别配置 RIP，并使用 Ping 命令测试全网通信的结果。

【任务目标】

（1）完成路由交换机的 RS-1～RS-4 的 RIP 配置；

（2）完成路由器的 R-1～R-3 的 RIP 配置；

（3）完成园区网内各主机的通信测试。

【操作步骤】

步骤 1： 在路由交换机 RS-1 上配置 RIP。

```
//创建 RIP 进程 1
[RS-1]rip 1
//启用 RIP 版本 2
[RS-1-rip-1]version 2

//宣告 RS-1 的直连网络
[RS-1-rip-1]network 192.168.64.0
[RS-1-rip-1]network 192.168.65.0
[RS-1-rip-1]network 10.0.0.0
[RS-1-rip-1]quit

//保存配置
[RS-1]quit
<RS-1>save
```

提醒　　使用 network 命令时，宣告的是路由设备直连网段的网络地址，而且必须是自然网段的地址，例如 10.0.0.0、172.16.0.0、211.69.32.0 等，不能宣告 10.0.1.0 等子网的网络地址。

步骤 2： 在路由交换机 RS-2 上配置 RIP。

```
[RS-2]rip 1
[RS-2-rip-1]version 2
//宣告 RS-2 的直连网络
[RS-2-rip-1]network 192.168.66.0
[RS-2-rip-1]network 192.168.67.0
[RS-2-rip-1]network 10.0.0.0
[RS-2-rip-1]quit
[RS-2]quit
<RS-2>save
```

步骤 3： 在路由交换机 RS-3 上配置 RIP。

```
[RS-3]rip 1
[RS-3-rip-1]version 2
//宣告 RS-3 的直连网络
[RS-3-rip-1]network 192.168.68.0
[RS-3-rip-1]network 192.168.69.0
[RS-3-rip-1]network 10.0.0.0
[RS-3-rip-1]quit
[RS-3]quit
<RS-3>save
```

步骤 4： 在路由交换机 RS-4 上配置 RIP。

```
[RS-4]rip 1
[RS-4-rip-1]version 2
//宣告 RS-4 的直连网络
[RS-4-rip-1]network 192.168.70.0
[RS-4-rip-1]network 192.168.71.0
[RS-4-rip-1]network 10.0.0.0
[RS-4-rip-1]quit
[RS-4]quit
<RS-4>save
```

步骤 5： 在路由器 R-1 上配置 RIP。

```
//创建 RIP 进程 1
[R-1]rip 1
//启用 RIP 版本 2
[R-1-rip-1]version 2
//宣告直连网络
[R-1-rip-1]network 10.0.0.0
```

项目六

```
[R-1-rip-1]quit
[R-1]quit
//保存配置
<R-1>save
```

步骤 6：在路由器 R-2 上配置 RIP。

```
[R-2]rip 1
[R-2-rip-1]version 2
[R-2-rip-1]network 10.0.0.0
[R-2-rip-1]quit
[R-2]quit
<R-3>save
```

步骤 7：在路由器 R-3 上配置 RIP。

```
[R-3]rip 1
[R-3-rip-1]version 2
[R-3-rip-1]network 10.0.0.0
[R-3-rip-1]quit
[R-3]quit
<R-3>save
```

步骤 8：显示路由表。

（1）显示路由器 R-1 的路由表。

```
[R-1]display ip routing-table
Route Flags: R - relay, D - download to fib
```

Routing Tables: Public

	Destinations : 21		Routes : 22				
Destination/Mask	Proto	Pre	Cost	Flags	NextHop	Interface	
10.0.0.0/30	Direct	0	0	D	10.0.0.1	GigabitEthernet 0/0/0	
10.0.0.1/32	Direct	0	0	D	127.0.0.1	GigabitEthernet 0/0/0	
10.0.0.4/30	RIP	100	1	D	10.0.0.2	GigabitEthernet 0/0/0	
	RIP	100	1	D	10.0.0.10	GigabitEthernet 0/0/1	
10.0.0.8/30	Direct	0	0	D	10.0.0.9	GigabitEthernet 0/0/1	
10.0.0.9/32	Direct	0	0	D	127.0.0.1	GigabitEthernet 0/0/1	
10.0.1.0/30	Direct	0	0	D	10.0.1.1	GigabitEthernet 0/0/2	
10.0.1.1/32	Direct	0	0	D	127.0.0.1	GigabitEthernet 0/0/2	
10.0.2.0/30	Direct	0	0	D	10.0.2.1	GigabitEthernet 0/0/3	
10.0.2.1/32	Direct	0	0	D	127.0.0.1	GigabitEthernet 0/0/3	
10.0.3.0/30	RIP	100	1	D	10.0.0.10	GigabitEthernet 0/0/1	
10.0.4.0/30	RIP	100	1	D	10.0.0.10	GigabitEthernet 0/0/1	
127.0.0.0/8	Direct	0	0	D	127.0.0.1	InLoopBack0	
127.0.0.1/32	Direct	0	0	D	127.0.0.1	InLoopBack0	
192.168.64.0/24	RIP	100	1	D	10.0.1.2	GigabitEthernet 0/0/2	
192.168.65.0/24	RIP	100	1	D	10.0.1.2	GigabitEthernet 0/0/2	

192.168.66.0/24	RIP	100	1	D	10.0.2.2	GigabitEthernet 0/0/3
192.168.67.0/24	RIP	100	1	D	10.0.2.2	GigabitEthernet 0/0/3
192.168.68.0/24	RIP	100	2	D	10.0.0.10	GigabitEthernet 0/0/1
192.168.69.0/24	RIP	100	2	D	10.0.0.10	GigabitEthernet 0/0/1
192.168.70.0/24	RIP	100	2	D	10.0.0.10	GigabitEthernet 0/0/1
192.168.71.0/24	RIP	100	2	D	10.0.0.10	GigabitEthernet 0/0/1

[R-1]

（2）分析。查看 R-1 的路由表，可以看出 R-1 通过动态路由协议 RIP，已经获取了到达其他非直连网络的路由。例如如下路由条目：

192.168.68.0/24	RIP	100	2	D	10.0.0.10	GigabitEthernet 0/0/1

表示到达目标网络 192.168.68.0/24，下一跳地址是 10.0.0.10，从 R-1 的 GigabitEthernet 0/0/1 接口转发出去。该条路由条目是通过 RIP 协议（Proto 值是 RIP）获得的，该条路由的优先级（Pre）是 100，度量值（cost）是 2，表示到达目标网络要经过 2 个路由设备（即 R-3 和 RS-3）。

其他路由设备的路由表，读者可自行查看。

步骤 9：通信测试。

使用 Ping 命令测试当前的通信情况，测试结果见表 6-5-1。从测试结果可以看出，此时已经实现网络内各主机的相互通信。

表 6-5-1　配置 RIP 之后通信测试结果

序号	源主机	目的主机	通信结果
1	Host-1	Host-2	通
2	Host-1	Host-3	通
3	Host-1	Host-4	通
4	Host-1	Host-5	通
5	Host-1	Host-6	通
6	Host-1	Host-7	通
7	Host-1	Host-8	通

任务六　抓包分析 RIP 协议工作过程

【任务介绍】

使用抓包程序抓取 RIP 通信过程的报文，分析验证 RIP 协议的工作过程。

扫码看视频

【任务目标】

（1）完成对 RIP 协议报文的抓取；

项目六

143

（2）完成对 RIP 协议定期更新路由信息的验证；

（3）完成对 RIP 协议路由更新方式（即选择最短路由）的验证；

（4）完成 RIP 协议动态更新路由表的验证。

【操作步骤】

步骤 1：设置抓包位置。

如图 6-6-1 所示，将抓包地点设置在①（R-1 的 GE 0/0/0 接口）和②（R-1 的 GE 0/0/1 接口）。

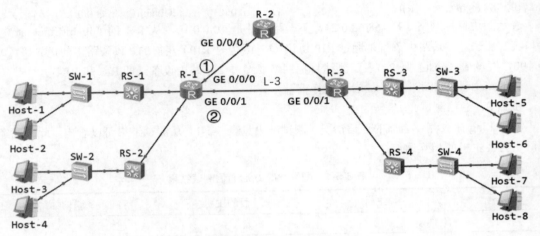

图 6-6-1　设置抓包位置

步骤 2：抓包分析 RIP2 协议的报文结构。

（1）设置 Wireshark。在整个网络通信正常后，在①启动抓包程序，抓取的报文如图 6-6-2 所示。

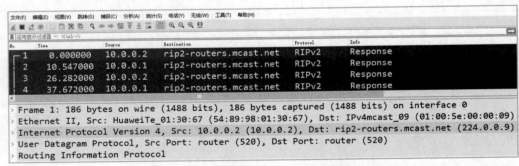

图 6-6-2　在 R-1 的 GE 0/0/0 接口抓取的 RIP2 报文

可以看到，图 6-6-2 中所抓取报文的【Destination】字段的值是 "rip2-routers.mcast.net"，不是具体的 IP 地址。为了便于进行分析，对 Wireshark 软件进行如下设置：

点击菜单栏【视图】→【解析名称】，将【解析网络地址】前面的对勾去掉，如图 6-6-3 所示，则【Destination】字段显示出目的 IP 地址信息，如图 6-6-4 所示。

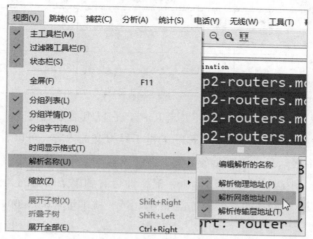

图 6-6-3　取消对网络地址的解析

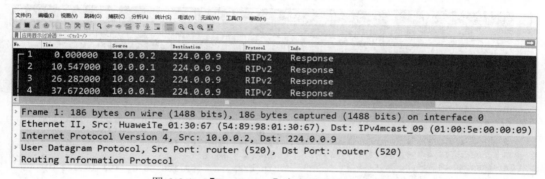

图 6-6-4　【Destination】字段显示目的 IP 地址

（2）分析报文首部的基本信息。以图 6-6-4 中的 1 号报文为例，这是从 R-2（10.0.0.2）发出的一条 RIP 报文。分析其报文首部的基本信息，见表 6-6-1。

表 6-6-1　1 号报文首部的基本信息表

序号	名称	内容/值	备注
1	报文序号	1	--
2	源 MAC 地址	54-89-98-01-30-67	R-2 GE 0/0/0 接口 MAC 地址
3	目的 MAC 地址	01-00-5E-00-00-09	组播 MAC 地址
4	源 IP 地址	10.0.0.2	R-2 GE 0/0/0 接口 IP 地址
5	目的 IP 地址	224.0.0.9	组播 IP 地址

续表

序号	名称	内容/值	备注
6	运输层协议	UDP	
7	源端口	520	--
8	目的端口	520	--
9	报文类型	RIP2	

通过表 6-6-1 可以看出，1 号报文的类型是 RIP2，它以组播方式发送，采用的是 UDP 协议。

（3）分析 RIP 报文的内容。图 6-6-5 显示的是 1 号报文的内容。可以看出，1 号报文的主要内容是路由器 R-2 的路由表信息，包括命令类型、协议版本，还有具体的路由条目。例如，点击路由条目中的"IP Address：192.168.68.0，Metric：3"，即可看到该条路由的具体内容，主要包括：目的网络（192.168.68.0）、子网掩码（255.255.255.0）、下一跳地址（0.0.0.0）、度量值（3）。

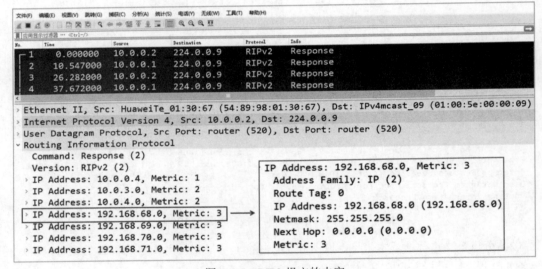

图 6-6-5　RIP2 报文的内容

> 📢 说明

（1）Next Hop：0.0.0.0，表示下一跳是宣告者本身，此处表示到达 192.168.68.0，下一跳是 R-2。

（2）Metric：3，RIP 中，向相邻路由器发送路由信息时，度量值默认+1。

步骤 3：抓包分析 RIP 路由信息的定期更新。

将从 10.0.0.2 发出的 RIP2 报文中的时间（Time）值（图 6-6-6）整理成表 6-6-2，可以看出，R-2 以相对固定的时间周期（约 30 秒）发送 RIP 报文，与相邻路由设备交换路由信息。

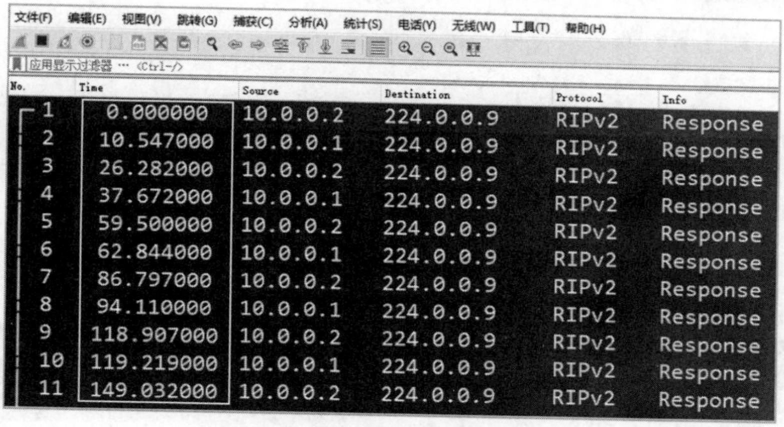

図 6-6-6　RIP 路由信息的定期更新

表 6-6-2　源地址为 10.0.0.2 的报文时间分析

报文编号	时间/秒	距上次发送报文时间间隔/秒
1	0	--
3	26	26
5	59	33
7	86	27
9	118	32
11	149	31

　　RIP 路由协议采用定期更新，默认更新时间是 30 秒，但为了防止更新涌浪，一般在 25～35 秒之间选择一个随机数进行更新。

步骤 4：抓包分析 RIP 路由信息的更新方式。

　　从图 6-6-7 中的 1 号报文可以看出，从路由器 R-2 发出的 RIP 报文中，有到达 192.168.68.0/24 网络的路由，其下一跳是 R-2 本身（0.0.0.0），度量值（Metric）是 3。

　　从图 6-6-8 中的 1 号报文可以看出，从路由器 R-3 发出的 RIP 报文中，也有到达 192.168.68.0/24 网络的路由，其下一跳是 R-3 本身（0.0.0.0），度量值（Metric）是 2。

　　接下来查看路由器 R-1 在收到 R-2 和 R-3 发来的 RIP 报文后，对自己的路由表的更新结果。进入路由器 R-1 的 CLI 界面，查看路由表信息：

```
<R-1>display ip routing-table
Route Flags: R - relay, D - download to fib
------------------------------------------------------------------------------------------------
Routing Tables: Public
         Destinations : 21          Routes : 22
```

项目六

Destination/Mask	Proto	Pre	Cost	Flags	NextHop	Interface
……						
192.168.68.0/24	RIP	100	2	D	10.0.0.10	GigabitEthernet 0/0/1
……						

<R-1>

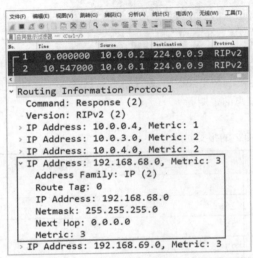

图 6-6-7 R-2 发来的 RIP 报文（1 号）

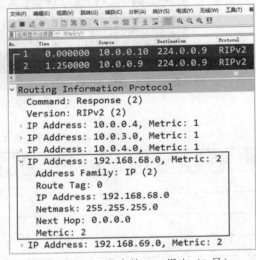

图 6-6-8 R-3 发来的 RIP 报文（1 号）

可以看到，R-1 的路由表中，到达 192.168.68.0/24 网络的度量值（cost）是 2，说明 R-1 使用 R-3 发来的 RIP 报文更新自己的路由表，即 RIP 协议选择的是一条具有最少路由器的路由（即最短路由）。

步骤 5：验证 RIP 协议动态更新路由表。

（1）查看当前 Host-1 访问 Host-5 的通信路径。在 Host-1 上打开 CLI 命令行，执行命令"tracert 192.168.68.1"，从 Host-1 到 Host-5 进行路由追踪，结果如图 6-6-9 所示。可见通信路径为 Host-1 →RS-1→R-1→R-3→RS-3→Host-5。

```
PC>tracert 192.168.68.1

traceroute to 192.168.68.1, 8 hops max
(ICMP), press Ctrl+C to stop
 1  192.168.64.254   62 ms   47 ms   63 ms
 2  10.0.1.1   93 ms   94 ms   78 ms
 3  10.0.0.10   157 ms  125 ms   109 ms
 4  10.0.3.2   219 ms  140 ms   188 ms
 5  192.168.68.1   234 ms  219 ms  219 ms
```

图 6-6-9 Host-1 到 Hos-5 路由追踪信息

（2）删除 R-1 与 R-3 之间的链路 L-3。此时在 Host-1 中使用 Ping 命令访问 Host-5，发现网络中断。

 提醒　此时在 R-1 上查看路由表信息，发现到达 192.168.68.0/24 网络的路由信息没了。

（3）再次查看 Host-1 访问 Host-5 的通信路径。等待一会儿，再次在 Host-1 中使用 Ping 命令访问 Host-5，会发现 Host-1 能够再次 Ping 通 Host-5。此时在 Host-1 上执行命令"tracert 192.168.68.1"，从 Host-1 到 Host-5 进行路由追踪，结果如图 6-6-10 所示，可见通信路径变为 Host-1→RS-1→R-1→R-2→R-3→RS-3→Host-5。

```
PC>tracert 192.168.68.1

traceroute to 192.168.68.1, 8 hops max
(ICMP), press Ctrl+C to stop
1   192.168.64.254   63 ms   62 ms   63 ms
2   10.0.1.1        109 ms  125 ms  125 ms
3   10.0.0.2        188 ms  125 ms  140 ms
4   10.0.0.5        156 ms  110 ms  125 ms
5   10.0.3.2        234 ms  250 ms  235 ms
6   192.168.68.1    296 ms  344 ms  297 ms
```

图 6-6-10　删除 L-3 链路后 Host-1 到 Host-5 的路由追踪信息

 总结　由图 6-6-9 与图 6-6-10 对比可知，由于整个园区网采用了动态路由 RIP，因此当网络拓扑发生变化，R-1 的路由表可自动更新。

项目七

OSPF 的应用

▶ 项目介绍

在前面项目的建设中，在配置园区网的路由时，使用的是 RIP。由于 RIP 协议主要用于小型网络，在 20 世纪 80 年代中期就已不能适应大规模异构网络的互连，一种互连功能更强大的路由协议——OSPF 就随之产生了。本项目就来介绍如何使用 OSPF 路由协议进行园区网建设。

▶ 项目目的

- 熟悉 OSPF 的工作原理；
- 掌握在路由交换机和路由器上配置 OSPF 的方法。

▶ 拓扑规划

1. 网络拓扑

网络拓扑结构如图 7-0-1 所示。

2. 拓扑说明

网络拓扑说明见表 7-0-1。

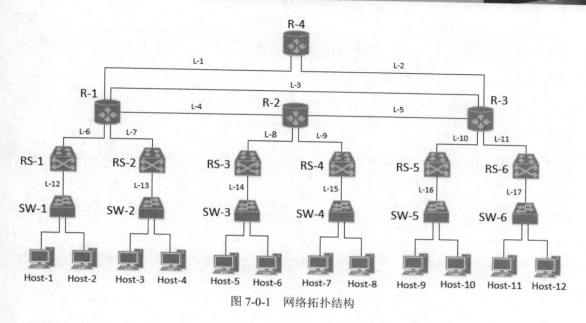

图 7-0-1　网络拓扑结构

表 7-0-1　网络拓扑说明

序号	设备线路	设备类型	规格型号
1	Host-1～Host-12	用户主机	PC
2	SW-1～SW-6	交换机	S3700
3	RS-1～RS-6	路由交换机	S5700
4	R-1～R-4	路由器	Router
5	L-1～L-2	双绞线	100Base-T
6	L-3～L-17	双绞线	1000Base-T

🔵 网络规划

1. 交换机接口与 VLAN

交换机接口及 VLAN 规划表见表 7-0-2。

表 7-0-2　交换机接口及 VLAN 规划表

序号	交换机	接口	VLAN ID	连接设备	接口类型
1	SW-1	GE 0/0/1	1,11,12	RS-1	Trunk
2	SW-1	Ethernet 0/0/1	11	Host-1	Access
3	SW-1	Ethernet 0/0/2	12	Host-2	Access

序号	交换机	接口	VLAN ID	连接设备	接口类型
4	SW-2	GE 0/0/1	1、13、14	RS-2	Trunk
5	SW-2	Ethernet 0/0/1	13	Host-3	Access
6	SW-2	Ethernet 0/0/2	14	Host-4	Access
7	SW-3	GE 0/0/1	1、15、16	RS-3	Trunk
8	SW-3	Ethernet 0/0/1	15	Host-5	Access
9	SW-3	Ethernet 0/0/2	16	Host-6	Access
10	SW-4	GE 0/0/1	1、17、18	RS-4	Trunk
11	SW-4	Ethernet 0/0/1	17	Host-7	Access
12	SW-4	Ethernet 0/0/2	18	Host-8	Access
13	SW-5	GE 0/0/1	1、19、20	RS-5	Trunk
14	SW-5	Ethernet 0/0/1	19	Host-9	Access
15	SW-5	Ethernet 0/0/2	20	Host-10	Access
16	SW-6	GE 0/0/1	1、21、22	RS-6	Trunk
17	SW-6	Ethernet 0/0/1	21	Host-11	Access
18	SW-6	Ethernet 0/0/2	22	Host-12	Access
19	RS-1	GE 0/0/1	100	R-1	Access
20	RS-1	GE 0/0/24	1、11、12	SW-1	Trunk
21	RS-2	GE 0/0/1	100	R-1	Access
22	RS-2	GE 0/0/24	1、13、14	SW-2	Trunk
23	RS-3	GE 0/0/1	100	R-2	Access
24	RS-3	GE 0/0/24	1、15、16	SW-3	Trunk
25	RS-4	GE 0/0/1	100	R-2	Access
26	RS-4	GE 0/0/24	1、17、18	SW-4	Trunk
27	RS-5	GE 0/0/1	100	R-3	Access
28	RS-5	GE 0/0/24	1、19、20	SW-5	Trunk
29	RS-6	GE 0/0/1	100	R-3	Access
30	RS-6	GE 0/0/24	1、21、22	SW-6	Trunk

2. 主机 IP 地址

主机 IP 地址规划表见表 7-0-3。

表 7-0-3　主机 IP 地址规划表

序号	设备名称	IP 地址 /子网掩码	默认网关	接入位置	VLAN ID
1	Host-1	192.168.64.1 /24	192.168.64.254	SW-1 Ethernet 0/0/1	11
2	Host-2	192.168.65.1 /24	192.168.65.254	SW-1 Ethernet 0/0/2	12
3	Host-3	192.168.66.1 /24	192.168.66.254	SW-2 Ethernet 0/0/1	13
4	Host-4	192.168.67.1 /24	192.168.67.254	SW-2 Ethernet 0/0/2	14
5	Host-5	192.168.68.1 /24	192.168.68.254	SW-3 Ethernet 0/0/1	15
6	Host-6	192.168.69.1 /24	192.168.69.254	SW-3 Ethernet 0/0/2	16
7	Host-7	192.168.70.1 /24	192.168.70.254	SW-4 Ethernet 0/0/1	17
8	Host-8	192.168.71.1 /24	192.168.71.254	SW-4 Ethernet 0/0/2	18
9	Host-9	192.168.72.1 /24	192.168.72.254	SW-5 Ethernet 0/0/1	19
10	Host-10	192.168.73.1 /24	192.168.73.254	SW-5 Ethernet 0/0/2	20
11	Host-11	192.168.74.1 /24	192.168.74.254	SW-6 Ethernet 0/0/1	21
12	Host-12	192.168.75.1 /24	192.168.75.254	SW-6 Ethernet 0/0/2	22

3. 路由接口

路由接口 IP 地址规划表见表 7-0-4。

表 7-0-4　路由接口 IP 地址规划表

序号	设备名称	接口名称	接口地址	备注
1	RS-1	Vlanif11	192.168.64.254 /24	VLAN11 的 SVI
2	RS-1	Vlanif12	192.168.65.254 /24	VLAN12 的 SVI
3	RS-1	Vlanif100	10.0.1.2 /30	RS-1 的 VLAN100 的 SVI
4	RS-2	Vlanif13	192.168.66.254 /24	VLAN13 的 SVI
5	RS-2	Vlanif14	192.168.67.254 /24	VLAN14 的 SVI
6	RS-2	Vlanif100	10.0.2.2 /30	RS-2 的 VLAN100 的 SVI
7	RS-3	Vlanif15	192.168.68.254 /24	VLAN15 的 SVI
8	RS-3	Vlanif16	192.168.69.254 /24	VLAN16 的 SVI
9	RS-3	Vlanif100	10.0.3.2 /30	RS-3 的 VLAN100 的 SVI
10	RS-4	Vlanif17	192.168.70.254 /24	VLAN17 的 SVI
11	RS-4	Vlanif18	192.168.71.254 /24	VLAN18 的 SVI
12	RS-4	Vlanif100	10.0.4.2 /30	RS-4 的 VLAN100 的 SVI
13	RS-5	Vlanif19	192.168.72.254 /24	VLAN19 的 SVI

项目七

序号	设备名称	接口名称	接口地址	备注
14	RS-5	Vlanif20	192.168.73.254 /24	VLAN20 的 SVI
15	RS-5	Vlanif100	10.0.5.2 /30	RS-5 的 VLAN100 的 SVI
16	RS-6	Vlanif21	192.168.74.254 /24	VLAN21 的 SVI
17	RS-6	Vlanif22	192.168.75.254 /24	VLAN22 的 SVI
18	RS-6	Vlanif100	10.0.6.2 /30	RS-6 的 VLAN100 的 SVI
19	R-1	GE 0/0/0	10.0.0.1 /30	--
20	R-1	GE 0/0/1	10.0.1.1 /30	--
21	R-1	GE 0/0/2	10.0.2.1 /30	--
22	R-1	GE 0/0/3	10.0.0.9 /30	--
23	R-1	Ethernet 0/0/0	10.0.0.5 /30	
24	R-2	GE 0/0/0	10.0.0.10 /30	--
25	R-2	GE 0/0/1	10.0.0.17 /30	--
26	R-2	GE 0/0/2	10.0.3.1 /30	--
27	R-2	GE 0/0/3	10.0.4.1 /30	--
28	R-3	GE 0/0/0	10.0.0.2 /30	--
29	R-3	GE 0/0/1	10.0.6.1 /30	--
30	R-3	GE 0/0/2	10.0.0.18 /30	--
31	R-3	GE 0/0/3	10.0.5.1 /30	--
32	R-3	Ethernet 0/0/1	10.0.0.13 /30	
33	R-4	Ethernet 0/0/0	10.0.0.6 /30	--
34	R-4	Ethernet 0/0/1	10.0.0.14 /30	--

4. 路由表规划

路由规划表见表 7-0-5。

表 7-0-5　路由规划表

序号	路由设备	路由协议
1	RS-1～RS-6	OSPF
2	R-1～R-4	OSPF

5. OSPF 的区域规划

由于本项目采用 OSPF 协议，所以对 OSPF 的区域规划如图 7-0-2 所示。

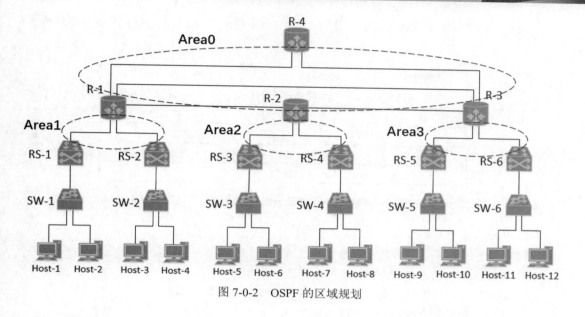

图 7-0-2　OSPF 的区域规划

● 项目讲堂

1. OSPF 协议工作原理

在 OSPF（Open Shortest Path Firest，开放最短路径优先）出现前，网络上广泛使用 RIP（Routing Information Protocol）作为内部网关协议。由于 RIP 是基于距离矢量算法的路由协议，存在着收敛慢、路由环路、可扩展性差等问题，所以逐渐被 OSPF 协议取代。

OSPF 是 IETF（The Internet Engineering Task Force，国际互联网工程任务组）组织开发的一个基于链路状态的内部网关协议（Interior Gateway Protocol，IGP），是目前网络中应用最广泛路由协议之一。和 RIP 相比，OSPF 协议能够适应多种规模网络环境。

OSPF 路由协议通过洪泛法（flooding）向全网（即整个自治系统）中的所有路由器发送信息，扩散本设备的链路状态信息，使网络中每台路由器最终都能建立一个全网链路状态数据库 LSDB（Link State Database），这个数据库实际上就是全网的拓扑结构图。每个路由器都使用链路状态数据库中的数据，采用最短路径算法，通过链路状态通告 LSA（Link State Advertisement）描述网络拓扑，并以自己为根，依据网络拓扑生成一棵最短路径树 SPT（Shortest Path Tree），计算到达其他网络的最短路径，构造出自己的路由表，最终形成全网路由信息。

OSPF 属于无类路由协议，支持可变长子网掩码 VLSM（Variable Length Subnet Mask）。

2. OSPF 报文

OSPF 直接用 IP 数据报传送，其 IP 数据报首部的协议字段值为 89。OSPF 构成的数据报很短，一方面可减少路由信息的通信量，另一方面不必将数据报分片传送。

OSPF 分组使用 24 字节的固定长度首部，如图 7-0-3 所示，下面介绍 OSPF 首部各字段的意义。

位 0	8	16 31
版本	类型	分组长度
路由器标识符		
区域标识符		
校验和		鉴别类型
鉴别		
鉴别		

图 7-0-3 OSPF 分组 IP 数据报

（1）版本：当前版本号。

（2）类型：可以是 5 种类型分组的一种。

（3）分组长度：包括 OSPF 首部在内的分组长度，以字节为单位。

（4）路由器标识符：标志发送该分组的路由器的接口的 IP 地址。

（5）区域标识符：分组属于的区域的标识符。

（6）校验和：用来检测分组中的差错。

（7）鉴别类型：目前有两种，0（不用）和 1（口令）。

（8）鉴别：鉴别类型为 0 时就填入 0，鉴别类型为 1 则填入 8 个字符的口令。

3. OSPF 的分组

OSPF 共有以下 5 种分组类型：

（1）类型 1：问候（Hello）分组，用来发现和维持邻站的可达性。

（2）类型 2：数据库描述（Database Description，DD）分组，向邻站给出自己的链路状态数据库中的所有链路状态项目的摘要信息。

（3）类型 3：链路状态请求（Link State Request，LSR）分组，向对方请求发送某些链路状态项目的详细信息。

（4）类型 4：链路状态更新（Link State Update，LSU）分组，用洪泛法对全网更新链路状态。

（5）类型 5：链路状态确认（Link State Acknowledgment，LSAck）分组，对链路更新分组的确认。

OSPF 规定，每两个相邻路由器每隔 10 秒要交换一次问候分组，这样就能确定哪些邻站可达。正常情况下网络中传送的 OSPF 分组都是问候分组。若有 40 秒没有收到某个相邻路由器发来的问候分组，则可认为该相邻路由不可达，会立即修改链路状态数据库，并重新计算路由表。

4. OSPF 的区域

OSPF 协议通过将自治系统划分为不同区域（Area）来解决路由表过大以及路由计算过于复杂、消耗资源过多等问题，如图 7-0-4 所示，将整个 OSPF 覆盖的范围分为 5 个区域。通过划分区域利用洪泛法把交换链路状态信息的范围局限在每一个区域而不是整个自治系统,减少了整个网络上的通信量。区域（Area）从逻辑上将自治系统内的路由器划分为不同的组，每个区域都有一个 32 位（用点分十进制表示）的区域标识符（Area ID）。

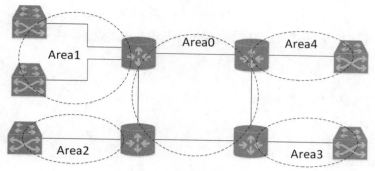

图 7-0-4　OSPF 区域

OSPF 划分区域后，其中有一个区域是与众不同的，被称为骨干区域（Backbone Area），其标识符（Area ID）为 0.0.0.0。所有非骨干区域必须与骨干区域连通，非骨干区域之间路由必须通过骨干区域转发。

一台路由器可以属于不同区域，但一个网段(链路)只能属于一个区域，或者说每个运行 OSPF 的网络接口必须指明属于哪一个区域。划分区域后，骨干区域和某一非骨干区域是通过一台路由器进行通信的，这台路由器既属于骨干区域又属于该非骨干区域(也就是说一部分接口属于骨干区域，其他接口属于非骨干区域)，被称为区域边界路由器。

5．OSPF 的特点

OSPF 作为基于链路状态的协议，具有如下特点:

（1）适应范围广：应用于规模适中的网络，最多可支持几百台路由器。例如，中小型企业网络。

（2）快速收敛：在网络的拓扑结构发生变化后立即发送更新报文，使这一变化在自治系统中同步。

（3）支持掩码：OSPF 支持可变长度的子网划分和无分类的编址 CIDR（Classless Inter-Domain Routing，无类别域间路由）。

（4）区域划分：允许自治系统的网络被划分成多个区域来管理，区域间传送的路由信息被进一步抽象，从而减少了占用的网络带宽。

（5）等价路由：如果到同一个目的网络有多条相同代价的路径，那么可以将通信量分配给这几条路径。

（6）支持验证：支持基于区域和接口的报文验证，以保证报文交互的安全性。

扫码看视频

任务一　在 eNSP 中部署网络

【任务介绍】

根据【拓扑规划】和【网络规划】，在 eNSP 中选取相应的设备，并完成整个园区网的部署。

【任务目标】

在 eNSP 中完成整个网络的部署。

【操作步骤】

步骤 1： 新建拓扑。

（1）启动 eNSP，点击【新建拓扑】按钮，打开一个空白的拓扑界面。

（2）根据【拓扑设计】中的网络拓扑及相关说明，在 eNSP 中选取相应的设备，将其拖动到空白拓扑中，并完成设备间的连线。

（3）eNSP 中的网络拓扑如图 7-1-1 所示。

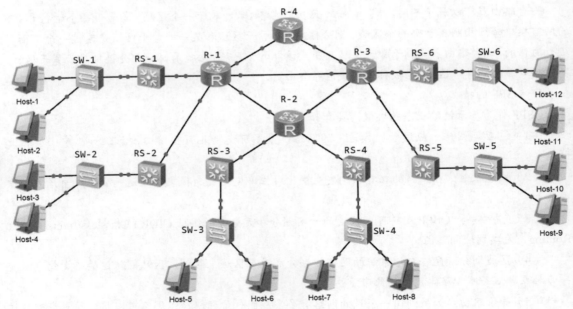

图 7-1-1　在 eNSP 中的网络拓扑图

步骤 2： 保存拓扑。

点击【保存】按钮，保存刚刚建立好的网络拓扑。

项目七

为方便读者学习中配置网络，在图 7-1-1 的基础上，根据【网络规划】增加了网络配置说明信息，如图 7-1-2 所示。

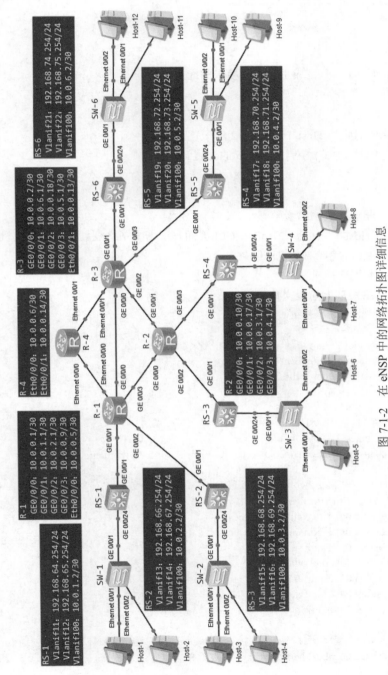

图 7-1-2　在 eNSP 中的网络拓扑图详细信息

项目七

任务二　主机与交换机配置

【任务介绍】

按照【网络规划】完成主机和交换机的配置。

【任务目标】

（1）完成对主机 Host-1～Host-12 的配置；

（2）完成对交换机 SW-1～SW-6 的配置。

【操作步骤】

步骤 1：配置主机网络参数。

启动主机 Host-1～Host-12，进入 CLI 界面，根据【网络规划】中关于主机 IP 地址的规划，输入 IP 地址等信息，完成对主机的配置。

步骤 2：配置交换机 SW-1。

按照【网络规划】配置交换机 SW-1。

```
//进入系统视图，将交换机名改为SW-1
<Huawei>system-view
Enter system view, return user view with Ctrl+Z.
[Huawei]undo info-center enable
Info: Information center is disabled.
[Huawei]sysname SW-1

//创建 VLAN11、VLAN12
[SW-1]vlan batch 11 12
Info: This operation may take a few seconds. Please wait for a moment...done.

//将 Ethernet 0/0/1 和 Ethernet 0/0/2 设置为 Access 类型，分别划入 VLAN11 和 VLAN12
[SW-1]interface Ethernet 0/0/1
[SW-1-Ethernet 0/0/1]port link-type access
[SW-1-Ethernet 0/0/1]port default vlan 11
[SW-1-Ethernet 0/0/1]quit
[SW-1]interface Ethernet 0/0/2
[SW-1-Ethernet 0/0/2]port link-type access
[SW-1-Ethernet 0/0/2]port default vlan 12
[SW-1-Ethernet 0/0/2]quit

//将上联 RS-1 的接口设为 Trunk 类型，并允许 VLAN11 和 VLAN12 的数据帧通过
[SW-1]interface GigabitEthernet 0/0/1
```

[SW-1-GigabitEthernet 0/0/1]port link-type trunk

[SW-1-GigabitEthernet 0/0/1]port trunk allow-pass vlan 11 12

[SW-1-GigabitEthernet 0/0/1]quit

[SW-1]quit

<SW-1>save

步骤 3：配置交换机 SW-2。

按照【网络规划】配置交换机 SW-2，注意在 SW-2 上创建的是 VLAN13 和 VLAN14。

<Huawei>system-view

Enter system view, return user view with Ctrl+Z.

[Huawei]undo info-center enable

Info: Information center is disabled.

[Huawei]sysname SW-2

//创建 VLAN13 和 VLAN14

[SW-2]vlan batch 13 14

Info: This operation may take a few seconds. Please wait for a moment...done.

//将 Ethernet 0/0/1 和 Ethernet 0/0/2 配置为 Access 类型接口，分别划入 VLAN13 和 VLAN14

[SW-2]interface Ethernet 0/0/1

[SW-2-Ethernet 0/0/1]port link-type access

[SW-2-Ethernet 0/0/1]port default vlan 13

[SW-2-Ethernet 0/0/1]quit

[SW-2]interface Ethernet 0/0/2

[SW-2-Ethernet 0/0/2]port link-type access

[SW-2-Ethernet 0/0/2]port default vlan 14

[SW-2-Ethernet 0/0/2]quit

//将上联 RS-2 的接口配置为 Trunk 类型

[SW-2]interface GigabitEthernet 0/0/1

[SW-2-GigabitEthernet 0/0/1]port link-type trunk

[SW-2-GigabitEthernet 0/0/1]port trunk allow-pass vlan 13 14

[SW-2-GigabitEthernet 0/0/1]quit

[SW-2]quit

<SW-2>save

步骤 4：配置交换机 SW-3。

按照【网络规划】配置交换机 SW-3，注意在 SW-3 上创建的是 VLAN15 和 VLAN16。

<Huawei>system-view

Enter system view, return user view with Ctrl+Z.

[Huawei]undo info-center enable

Info: Information center is disabled.

[Huawei]sysname SW-3

//创建 VLAN15 和 VLAN16

[SW-3]vlan batch 15 16

Info: This operation may take a few seconds. Please wait for a moment...done.

//将 Ethernet 0/0/1 和 Ethernet 0/0/2 配置为 Access 类型接口，分别划入 VLAN15 和 VLAN16

[SW-3]interface Ethernet 0/0/1

[SW-3-Ethernet 0/0/1]port link-type access

[SW-3-Ethernet 0/0/1]port default vlan 15
[SW-3-Ethernet 0/0/1]quit
[SW-3]interface Ethernet 0/0/2
[SW-3-Ethernet 0/0/2]port link-type access
[SW-3-Ethernet 0/0/2]port default vlan 16
[SW-3-Ethernet 0/0/2]quit
//将上联 RS-3 的接口配置为 Trunk 类型
[SW-3]interface GigabitEthernet 0/0/1
[SW-3-GigabitEthernet 0/0/1]port link-type trunk
[SW-3-GigabitEthernet 0/0/1]port trunk allow-pass vlan 15 16
[SW-3-GigabitEthernet 0/0/1]quit
[SW-3]quit
<SW-3>save

步骤 5：配置交换机 SW-4。

按照【网络规划】配置交换机 SW-4，注意在 SW-4 上创建的是 VLAN17 和 VLAN18。

<Huawei>system-view
Enter system view, return user view with Ctrl+Z.
[Huawei]undo info-center enable
Info: Information center is disabled.
[Huawei]sysname SW-4
//创建 VLAN17 和 VLAN18
[SW-4]vlan batch 17 18
Info: This operation may take a few seconds. Please wait for a moment...done.
//将 Ethernet 0/0/1 和 Ethernet 0/0/2 配置为 Access 类型接口，分别划入 VLAN17 和 VLAN18
[SW-4]interface Ethernet 0/0/1
[SW-4-Ethernet 0/0/1]port link-type access
[SW-4-Ethernet 0/0/1]port default vlan 17
[SW-4-Ethernet 0/0/1]quit
[SW-4]interface Ethernet 0/0/2
[SW-4-Ethernet 0/0/2]port link-type access
[SW-4-Ethernet 0/0/2]port default vlan 18
[SW-4-Ethernet 0/0/2]quit
//将上联 RS-4 的接口配置为 Trunk 类型
[SW-4]interface GigabitEthernet 0/0/1
[SW-4-GigabitEthernet 0/0/1]port link-type trunk
[SW-4-GigabitEthernet 0/0/1]port trunk allow-pass vlan 17 18
[SW-4-GigabitEthernet 0/0/1]quit
[SW-4]quit
<SW-4>save

步骤 6：配置交换机 SW-5。

按照【网络规划】配置交换机 SW-5，注意在 SW-5 上创建的是 VLAN19 和 VLAN20。

<Huawei>system-view
Enter system view, return user view with Ctrl+Z.
[Huawei]undo info-center enable

项目七

Info: Information center is disabled.

[Huawei]sysname SW-5

//创建 VLAN19 和 VLAN20

[SW-5]vlan batch 19 20

Info: This operation may take a few seconds. Please wait for a moment...done.

//将 Ethernet 0/0/1 和 Ethernet 0/0/2 配置为 Access 类型接口，分别划入 VLAN19 和 VLAN20

[SW-5]interface Ethernet 0/0/1

[SW-5-Ethernet 0/0/1]port link-type access

[SW-5-Ethernet 0/0/1]port default vlan 19

[SW-5-Ethernet 0/0/1]quit

[SW-5]interface Ethernet 0/0/2

[SW-5-Ethernet 0/0/2]port link-type access

[SW-5-Ethernet 0/0/2]port default vlan 20

[SW-5-Ethernet 0/0/2]quit

//将上联 RS-5 的接口配置 Trunk 类型

[SW-5]interface GigabitEthernet 0/0/1

[SW-5-GigabitEthernet 0/0/1]port link-type trunk

[SW-5-GigabitEthernet 0/0/1]port trunk allow-pass vlan 19 20

[SW-5-GigabitEthernet 0/0/1]quit

[SW-5]quit

<SW-5>save

步骤 7：配置交换机 SW-6。

按照【网络规划】配置交换机 SW-6，注意在 SW-6 上创建的是 VLAN21 和 VLAN22。

<Huawei>system-view

Enter system view, return user view with Ctrl+Z.

[Huawei]undo info-center enable

Info: Information center is disabled.

[Huawei]sysname SW-6

//创建 VLAN21 和 VLAN22

[SW-6]vlan batch 21 22

Info: This operation may take a few seconds. Please wait for a moment...done.

//将 Ethernet 0/0/1 和 Ethernet 0/0/2 配置为 Access 类型接口，分别划入 VLAN21 和 VLAN22

[SW-6]interface Ethernet 0/0/1

[SW-6-Ethernet 0/0/1]port link-type access

[SW-6-Ethernet 0/0/1]port default vlan 21

[SW-6-Ethernet 0/0/1]quit

[SW-6-Ethernet 0/0/2]port link-type access

[SW-6-Ethernet 0/0/2]port default vlan 22

[SW-6-Ethernet 0/0/2]quit

//将上联 RS-6 的接口配置 Trunk 类型

[SW-6]interface GigabitEthernet 0/0/1

[SW-6-GigabitEthernet 0/0/1]port link-type trunk

[SW-6-GigabitEthernet 0/0/1]port trunk allow-pass vlan 21 22

[SW-6-GigabitEthernet 0/0/1]quit

```
[SW-6]quit
<SW-6>save
```

任务三　配置路由交换机实现 VLAN 间通信

扫码看视频

【任务介绍】

按照【网络规划】配置路由交换机，实现路由交换机下联网络的通信。

【任务目标】

配置路由交换机，实现其下联网络通信。

【操作步骤】

步骤 1： 配置路由交换机 RS-1。

按照【网络规划】配置路由交换机 RS-1。

```
//进入系统视图，将设备名改为 RS-1
<Huawei>system-view
Enter system view, return user view with Ctrl+Z.
[Huawei]undo info-center enable
Info: Information center is disabled.
[Huawei]sysname RS-1

//创建 VLAN11、VLAN12
[RS-1]vlan batch 11 12
Info: This operation may take a few seconds. Please wait for a moment...done.

//将下联交换机 SW-1 的接口配置为 Trunk 类型，并允许 VLAN11、VLAN12 通过接口
[RS-1]interface GigabitEthernet 0/0/24
[RS-1-GigabitEthernet 0/0/24]port link-type trunk
[RS-1-GigabitEthernet 0/0/24]port trunk allow-pass vlan 11 12
[RS-1-GigabitEthernet 0/0/24]quit

//创建虚拟接口 Vlanif11，并配置 IP 地址
[RS-1]interface vlanif 11
[RS-1-Vlanif11]ip address 192.168.64.254 24
[RS-1-Vlanif11]quit
//创建虚拟接口 Vlanif12，并配置 IP 地址
[RS-1]interface vlanif 12
[RS-1-Vlanif12]ip address 192.168.65.254 24
[RS-1-Vlanif12]quit
```

项目七

[RS-1]quit

<RS-1>save

步骤 2：配置路由交换机 RS-2。

<Huawei>system-view

Enter system view, return user view with Ctrl+Z.

[Huawei]undo info-center enable

Info: Information center is disabled.

[Huawei]sysname RS-2

//创建 VLAN13 和 VLAN14

[RS-2]vlan batch 13 14

Info: This operation may take a few seconds. Please wait for a moment...done.

//将下联交换机 SW-2 的接口设置成 Trunk 类型，并允许 VLAN13 和 VLAN14 通过

[RS-2]interface GigabitEthernet 0/0/24

[RS-2-GigabitEthernet 0/0/24]port link-type trunk

[RS-2-GigabitEthernet 0/0/24]port trunk allow-pass vlan 13 14

[RS-2-GigabitEthernet 0/0/24]quit

//创建 VLAN13 和 VLAN14 的 SVI，并配置 IP 地址

[RS-2]interface vlanif 13

[RS-2-Vlanif13]ip address 192.168.66.254 24

[RS-2-Vlanif13]quit

[RS-2]interface vlanif 14

[RS-2-Vlanif14]ip address 192.168.67.254 24

[RS-2-Vlanif14]quit

[RS-2]quit

<RS-2>save

步骤 3：配置路由交换机 RS-3。

<Huawei>system-view

Enter system view, return user view with Ctrl+Z.

[Huawei]undo info-center enable

Info: Information center is disabled.

[Huawei]sysname RS-3

//创建 VLAN15 和 VLAN16

[RS-3]vlan batch 15 16

Info: This operation may take a few seconds. Please wait for a moment...done.

//将下联交换机 SW-3 的接口设置成 Trunk 类型，并允许 VLAN15 和 VLAN16 通过

[RS-3]interface GigabitEthernet 0/0/24

[RS-3-GigabitEthernet 0/0/24]port link-type trunk

[RS-3-GigabitEthernet 0/0/24]port trunk allow-pass vlan 15 16

[RS-3-GigabitEthernet 0/0/24]quit

//创建 VLAN15 和 VLAN16 的 SVI，并配置 IP 地址

[RS-3]interface vlanif 15

[RS-3-Vlanif15]ip address 192.168.68.254 24

[RS-3-Vlanif15]quit

[RS-3]interface vlanif 16

[RS-3-Vlanif16]ip address 192.168.69.254 24

[RS-3-Vlanif16]quit

[RS-3]quit

<RS-3>save

步骤 4：配置路由交换机 RS-4。

<Huawei>system-view

Enter system view, return user view with Ctrl+Z.

[Huawei]undo info-center enable

Info: Information center is disabled.

[Huawei]sysname RS-4

//创建 VLAN17 和 VLAN18

[RS-4]vlan batch 17 18

Info: This operation may take a few seconds. Please wait for a moment...done.

//将下联交换机 SW-4 的接口设置成 Trunk 类型，并允许 VLAN17 和 VLAN18 通过

[RS-4]interface GigabitEthernet 0/0/24

[RS-4-GigabitEthernet 0/0/24]port link-type trunk

[RS-4-GigabitEthernet 0/0/24]port trunk allow-pass vlan 17 18

[RS-4-GigabitEthernet 0/0/24]quit

//创建 VLAN17 和 VLAN18 的 SVI，并配置 IP 地址

[RS-4]interface vlanif 17

[RS-4-Vlanif17]ip address 192.168.70.254 24

[RS-4-Vlanif17]quit

[RS-4]interface vlanif 18

[RS-4-Vlanif18]ip address 192.168.71.254 24

[RS-4-Vlanif18]quit

[RS-4]quit

<RS-4>save

步骤 5：配置路由交换机 RS-5。

<Huawei>system-view

Enter system view, return user view with Ctrl+Z.

[Huawei]undo info-center enable

Info: Information center is disabled.

[Huawei]sysname RS-5

//创建 VLAN19 和 VLAN20

[RS-5]vlan batch 19 20

Info: This operation may take a few seconds. Please wait for a moment...done.

//将下联交换机 SW-5 的接口设置成 Trunk 类型，并允许 VLAN19 和 VLAN20 通过

[RS-5]interface GigabitEthernet 0/0/24

[RS-5-GigabitEthernet 0/0/24]port link-type trunk

[RS-5-GigabitEthernet 0/0/24]port trunk allow-pass vlan 19 20

[RS-5-GigabitEthernet 0/0/24]quit

//创建 VLAN19 和 VLAN20 的 SVI，并配置 IP 地址

[RS-5]interface vlanif 19

[RS-5-Vlanif19]ip address 192.168.72.254 24

[RS-5-Vlanif19]quit

[RS-5]interface vlanif 20

[RS-5-Vlanif20]ip address 192.168.73.254 24

[RS-5-Vlanif20]quit

[RS-5]quit

<RS-5>save

步骤 6： 配置路由交换机 RS-6。

按照【网络规划】配置路由交换机 RS-6。

<Huawei>system-view

Enter system view, return user view with Ctrl+Z.

[Huawei]undo info-center enable

Info: Information center is disabled.

[Huawei]sysname RS-6

//创建 VLAN21 和 VLAN22

[RS-6]vlan batch 21 22

Info: This operation may take a few seconds. Please wait for a moment...done.

//将下联交换机 SW-6 的接口设置成 Trunk 类型，并允许 VLAN21 和 VLAN22 通过

[RS-6]interface GigabitEthernet 0/0/24

[RS-6-GigabitEthernet 0/0/24]port link-type trunk

[RS-6-GigabitEthernet 0/0/24]port trunk allow-pass vlan 21 22

[RS-6-GigabitEthernet 0/0/24]quit

//创建 VLAN21 和 VLAN22 的 SVI，并配置 IP 地址

[RS-6] interface vlanif 21

[RS-6-Vlanif21]ip address 192.168.74.254 24

[RS-6-Vlanif21]quit

[RS-6]interface vlanif 22

[RS-6-Vlanif22]ip address 192.168.75.254 24

[RS-6-Vlanif22]quit

[RS-6]quit

<RS-6>save

步骤 7： 通信测试。

通信测试结果见表 7-3-1。

表 7-3-1　Ping 测试主机通信结果

序号	源主机	目的主机	通信结果
1	Host-1	Host-2	通
2	Host-3	Host-4	通
3	Host-5	Host-6	通
4	Host-7	Host-8	通
5	Host-9	Host-10	通
6	Host-11	Host-12	通

任务四 配置路由接口地址

【任务介绍】

按照【网络规划】完成路由交换机和路由器的路由接口配置。

【任务目标】

（1）完成路由交换机 RS-1～RS-6 的路由接口地址配置；

（2）完成路由器 R-1～R-4 的接口地址配置。

【操作步骤】

步骤 1： 配置路由交换机 RS-1。

配置路由交换机的上联接口（与路由器相连）时，分为三步：一是需要在路由交换机上创建一个 VLAN（此处创建的是 VLAN100）；二是给该 VLAN 配置接口地址；三是将上联路由器的接口（此处是 GE 0/0/1）配置成 Access 模式，划入该 VLAN 中。具体命令如下：

```
<RS-1>system-view
//创建 VLAN100
[RS-1]vlan 100
//创建（进入）SVI 接口
[RS-1-vlan100]interface vlanif 100
//配置 SVI 地址
[RS-1-Vlanif100]ip address 10.0.1.2 30
[RS-1-Vlanif100]quit
//将 GigabitEthernet 0/0/1 接口设置成 Access 类型，并划入 VLAN100
[RS-1]interface GigabitEthernet 0/0/1
[RS-1-GigabitEthernet 0/0/1]port link-type access
[RS-1-GigabitEthernet 0/0/1]port default vlan 100
[RS-1-GigabitEthernet 0/0/1]quit
[RS-1]quit
<RS-1>save
```

步骤 2： 配置路由交换机 RS-2。

```
<RS-2>system-view
[RS-2]vlan 100
[RS-2-vlan100]interface vlanif 100
[RS-2-Vlanif100]ip address 10.0.2.2 30
[RS-2-Vlanif100]quit
[RS-2]interface GigabitEthernet 0/0/1
[RS-2-GigabitEthernet 0/0/1]port link-type access
[RS-2-GigabitEthernet 0/0/1]port default vlan 100
```

```
[RS-2-GigabitEthernet 0/0/1]quit
[RS-2]quit
<RS-2>save
```

步骤 3： 配置路由交换机 RS-3。

```
<RS-3>system-view
[RS-3]vlan 100
[RS-3-vlan100]interface vlanif 100
[RS-3-Vlanif100]ip address 10.0.3.2 30
[RS-3-Vlanif100]quit
[RS-3]interface GigabitEthernet 0/0/1
[RS-3-GigabitEthernet 0/0/1]port link-type access
[RS-3-GigabitEthernet 0/0/1]port default vlan 100
[RS-3-GigabitEthernet 0/0/1]quit
[RS-3]quit
<RS-3>save
```

步骤 4： 配置路由交换机 RS-4。

```
<RS-4>system-view
[RS-4]vlan 100
[RS-4-vlan100]interface vlanif 100
[RS-4-Vlanif100]ip address 10.0.4.2 30
[RS-4-Vlanif100]quit
[RS-4]interface GigabitEthernet 0/0/1
[RS-4-GigabitEthernet 0/0/1]port link-type access
[RS-4-GigabitEthernet 0/0/1]port default vlan 100
[RS-4-GigabitEthernet 0/0/1]quit
[RS-4]quit
<RS-4>save
```

步骤 5： 配置路由交换机 RS-5。

```
<RS-5>system-view
[RS-5]vlan 100
[RS-5-vlan100]interface vlanif 100
[RS-5-Vlanif100]ip address 10.0.5.2 30
[RS-5-Vlanif100]quit
[RS-5]interface GigabitEthernet 0/0/1
[RS-5-GigabitEthernet 0/0/1]port link-type access
[RS-5-GigabitEthernet 0/0/1]port default vlan 100
[RS-5-GigabitEthernet 0/0/1]quit
[RS-5]quit
<RS-5>save
```

步骤 6： 配置路由交换机 RS-6。

```
<RS-6>system-view
[RS-6]vlan 100
[RS-6-vlan100]interface vlanif 100
[RS-6-Vlanif100]ip address 10.0.6.2 30
```

[RS-6-Vlanif100]quit
[RS-6]interface GigabitEthernet 0/0/1
[RS-6-GigabitEthernet 0/0/1]port link-type access
[RS-6-GigabitEthernet 0/0/1]port default vlan 100
[RS-6-GigabitEthernet 0/0/1]quit
[RS-6]quit
<RS-6>save

步骤 7：配置路由器 R-1。

按照【网络规划】配置路由器 R-1。

<Huawei>system-view
Enter system view, return user view with Ctrl+Z.
[Huawei]undo info-center enable
Info: Information center is disabled.
[Huawei]sysname R-1

//为 GigabitEthernet 0/0/0 接口配置地址
[R-1]interface GigabitEthernet 0/0/0
[R-1-GigabitEthernet 0/0/0]ip address 10.0.0.1 30
[R-1-GigabitEthernet 0/0/0]quit

//配置其他接口的 IP 地址
[R-1]interface GigabitEthernet 0/0/1
[R-1-GigabitEthernet 0/0/1]ip address 10.0.1.1 30
[R-1-GigabitEthernet 0/0/1]quit
[R-1]interface GigabitEthernet 0/0/2
[R-1-GigabitEthernet 0/0/2]ip address 10.0.2.1 30
[R-1-GigabitEthernet 0/0/2]quit
[R-1]interface GigabitEthernet 0/0/3
[R-1-GigabitEthernet 0/0/3]ip address 10.0.0.9 30
[R-1-GigabitEthernet 0/0/3]quit
[R-1]interface Ethernet 0/0/0
[R-1-Ethernet 0/0/0]ip address 10.0.0.5 30
[R-1-Ethernet 0/0/0]quit
[R-1]quit
<R-1>save

步骤 8：配置路由器 R-2。

<Huawei>system-view
Enter system view, return user view with Ctrl+Z.
[Huawei]undo info-center enable
Info: Information center is disabled.
[Huawei]sysname R-2
[R-2]interface GigabitEthernet 0/0/0
[R-2-GigabitEthernet 0/0/0]ip address 10.0.0.10 30
[R-2-GigabitEthernet 0/0/0]quit
[R-2]interface GigabitEthernet 0/0/1

[R-2-GigabitEthernet 0/0/1]ip address 10.0.0.17 30
[R-2-GigabitEthernet 0/0/1]quit
[R-2]interface GigabitEthernet 0/0/2
[R-2-GigabitEthernet 0/0/2]ip address 10.0.3.1 30
[R-2-GigabitEthernet 0/0/2]quit
[R-2]interface GigabitEthernet 0/0/3
[R-2-GigabitEthernet 0/0/3]ip address 10.0.4.1 30
[R-2-GigabitEthernet 0/0/3]quit
[R-2]quit
<R-2>save

步骤 9：配置路由器 R-3。

<Huawei>system-view
Enter system view, return user view with Ctrl+Z.
[Huawei]undo info-center enable
Info: Information center is disabled.
[Huawei]sysname R-3
[R-3]interface GigabitEthernet 0/0/0
[R-3-GigabitEthernet 0/0/0]ip address 10.0.0.2 30
[R-3-GigabitEthernet 0/0/0]quit
[R-3]interface GigabitEthernet 0/0/1
[R-3-GigabitEthernet 0/0/1]ip address 10.0.6.1 30
[R-3-GigabitEthernet 0/0/1]quit
[R-3]interface GigabitEthernet 0/0/2
[R-3-GigabitEthernet 0/0/2]ip address 10.0.0.18 30
[R-3-GigabitEthernet 0/0/2]quit
[R-3]interface GigabitEthernet 0/0/3
[R-3-GigabitEthernet 0/0/3]ip address 10.0.5.1 30
[R-3-GigabitEthernet 0/0/3]quit
[R-3]interface Ethernet 0/0/1
[R-3-Ethernet 0/0/1]ip address 10.0.0.13 30
[R-3-Ethernet 0/0/1]quit
[R-3]quit
<R-3>save

步骤 10：配置路由器 R-4。

<Huawei>system-view
Enter system view, return user view with Ctrl+Z.
[Huawei]undo info-center enable
Info: Information center is disabled.
[Huawei]sysname R-4
[R-4]interface Ethernet 0/0/0
[R-4-Ethernet 0/0/0]ip address 10.0.0.6 30
[R-4-Ethernet 0/0/0]quit
[R-4]interface Ethernet 0/0/1
[R-4-Ethernet 0/0/1]ip address 10.0.0.14 30
[R-4-Ethernet 0/0/1]quit

```
[R-4]quit
<R-4>save
```

任务五　配置 OSPF 并进行全网通信测试

扫码看视频

【任务介绍】

在路由交换机和路由器上分别配置 OSPF，并使用 Ping 命令测试全网通信的结果。

【任务目标】

（1）完成路由交换机 RS-1～RS-6 的 OSPF 配置；

（2）完成路由器 R-1～R-4 的 OSPF 配置；

（3）完成园区网内各主机的通信测试。

【任务步骤】

步骤 1：配置路由交换机 RS-1 的 OSPF。

按照【网络规划】配置路由交换机 RS-1，创建 OSPF 进程，并进行配置。

```
<RS-1>system-view
//创建 OSPF 进程 1
[RS-1]ospf 1
//创建并进入 OSPF 区域，此处是区域 1
[RS-1-ospf-1]area 1
//宣告当前区域中的直连网络，注意需要配置子网掩码
[RS-1-ospf-1-area-0.0.0.1]network 192.168.64.0 0.0.0.255
[RS-1-ospf-1-area-0.0.0.1]network 192.168.65.0 0.0.0.255
[RS-1-ospf-1-area-0.0.0.1]network 10.0.1.0 0.0.0.3
[RS-1-ospf-1-area-0.0.0.1]quit
[RS-1-ospf-1]quit
<RS-1>save
```

提醒

　　　（1）配置 OSPF 协议时，需要先使用 ospf 命令创建并运行 OSPF 进程，然后用 area 命令创建 ospf 区域，最后在指定的区域中宣告直连网络。

　　　（2）OSPF 协议在宣告直连网络时，需要使用网络地址并写明子网掩码，不过在书写子网掩码时需要写成掩码的反码形式，即 0 变 1，1 变 0。

步骤 2：配置路由交换机 RS-2 的 OSPF。

```
<RS-2>system-view
[RS-2]ospf 1
[RS-2-ospf-1]area 1
[RS-2-ospf-1-area-0.0.0.1]network 192.168.66.0 0.0.0.255
```

```
[RS-2-ospf-1-area-0.0.0.1]network 192.168.67.0 0.0.0.255
[RS-2-ospf-1-area-0.0.0.1]network 10.0.2.0 0.0.0.3
[RS-2-ospf-1-area-0.0.0.1]quit
[RS-2-ospf-1]quit
[RS-2]quit
<RS-2>save
```

步骤 3： 配置路由交换机 RS-3 的 OSPF。

```
<RS-3>system-view
[RS-3]ospf 1
[RS-3-ospf-1]area 2
[RS-3-ospf-1-area-0.0.0.2]network 192.168.68.0 0.0.0.255
[RS-3-ospf-1-area-0.0.0.2]network 192.168.69.0 0.0.0.255
[RS-3-ospf-1-area-0.0.0.2]network 10.0.3.0 0.0.0.3
[RS-3-ospf-1-area-0.0.0.2]quit
[RS-3-ospf-1]quit
[RS-3]quit
<RS-3>save
```

步骤 4： 配置路由交换机 RS-4 的 OSPF。

```
<RS-4>system-view
[RS-4]ospf 1
[RS-4-ospf-1]area 2
[RS-4-ospf-1-area-0.0.0.2]network 192.168.70.0 0.0.0.255
[RS-4-ospf-1-area-0.0.0.2]network 192.168.71.0 0.0.0.255
[RS-4-ospf-1-area-0.0.0.2]network 10.0.4.0 0.0.0.3
[RS-4-ospf-1-area-0.0.0.2]quit
[RS-4-ospf-1]quit
[RS-4]quit
<RS-4>save
```

步骤 5： 配置路由交换机 RS-5 的 OSPF。

```
<RS-5>system-view
[RS-5]ospf 1
[RS-5-ospf-1]area 3
[RS-5-ospf-1-area-0.0.0.3]network 192.168.72.0 0.0.0.255
[RS-5-ospf-1-area-0.0.0.3]network 192.168.73.0 0.0.0.255
[RS-5-ospf-1-area-0.0.0.3]network 10.0.5.0 0.0.0.3
[RS-5-ospf-1-area-0.0.0.3]quit
[RS-5-ospf-1]quit
[RS-5]quit
<RS-5>save
```

步骤 6： 配置路由交换机 RS-6 的 OSPF。

```
<RS-6>system-view
[RS-6]ospf 1
[RS-6-ospf-1]area 3
[RS-6-ospf-1-area-0.0.0.3]network 192.168.74.0 0.0.0.255
```

[RS-6-ospf-1-area-0.0.0.3]network 192.168.75.0 0.0.0.255
[RS-6-ospf-1-area-0.0.0.3]network 10.0.6.0 0.0.0.3
[RS-6-ospf-1-area-0.0.0.3]quit
[RS-6-ospf-1]quit
[RS-6]quit
<RS-6>save

步骤 7： 配置路由器 R-1 的 OSPF。

//注意，在 R-1 上要配置 OSPF 的区域 0 和区域 1
<R-1>system-view
[R-1]ospf 1
[R-1-ospf-1]area 0
[R-1-ospf-1-area-0.0.0.0]network 10.0.0.0 0.0.0.3
[R-1-ospf-1-area-0.0.0.0]network 10.0.0.4 0.0.0.3
[R-1-ospf-1-area-0.0.0.0]network 10.0.0.8 0.0.0.3
[R-1-ospf-1-area-0.0.0.0]quit
[R-1-ospf-1]area 1
[R-1-ospf-1-area-0.0.0.1]network 10.0.1.0 0.0.0.3
[R-1-ospf-1-area-0.0.0.1]network 10.0.2.0 0.0.0.3
[R-1-ospf-1-area-0.0.0.1]quit
[R-1-ospf-1]quit
[R-1]quit
<R-1>save

步骤 8： 配置路由器 R-2 的 OSPF。

//注意，在 R-2 上要配置 OSPF 的区域 0 和区域 2
<R-2>system-view
[R-2]ospf 1
[R-2-ospf-1]area 0
[R-2-ospf-1-area-0.0.0.0]network 10.0.0.8 0.0.0.3
[R-2-ospf-1-area-0.0.0.0]network 10.0.0.16 0.0.0.3
[R-2-ospf-1-area-0.0.0.0]quit
[R-2-ospf-1]area 2
[R-2-ospf-1-area-0.0.0.2]network 10.0.3.0 0.0.0.3
[R-2-ospf-1-area-0.0.0.2]network 10.0.4.0 0.0.0.3
[R-2-ospf-1-area-0.0.0.2]quit
[R-2-ospf-1]quit
[R-2]quit
<R-2>save

步骤 9： 配置路由器 R-3 的 OSPF。

//注意，在 R-3 上要配置 OSPF 的区域 0 和区域 3
<R-3>system-view
[R-3]ospf 1
[R-3-ospf-1]area 0

项目七

[R-3-ospf-1-area-0.0.0.0]network 10.0.0.0 0.0.0.3
[R-3-ospf-1-area-0.0.0.0]network 10.0.0.12 0.0.0.3
[R-3-ospf-1-area-0.0.0.0]network 10.0.0.16 0.0.0.3
[R-3-ospf-1-area-0.0.0.0]quit
[R-3-ospf-1]area 3
[R-3-ospf-1-area-0.0.0.3]network 10.0.5.0 0.0.0.3
[R-3-ospf-1-area-0.0.0.3]network 10.0.6.0 0.0.0.3
[R-3-ospf-1-area-0.0.0.3]quit
[R-3-ospf-1]quit
[R-3]quit
<R-3>save

步骤 10：配置路由器 R-4 的 OSPF。

//注意，在 R-4 上要配置 OSPF 的区域 0
<R-4>system-view
[R-4]ospf 1
[R-4-ospf-1]area 0
[R-4-ospf-1-area-0.0.0.0]network 10.0.0.4 0.0.0.3
[R-4-ospf-1-area-0.0.0.0]network 10.0.0.12 0.0.0.3
[R-4-ospf-1-area-0.0.0.0]quit
[R-4-ospf-1]quit
[R-4]quit
<R-4>save

步骤 11：通信测试。

通信测试结果见表 7-5-1。

表 7-5-1　Ping 测试主机通信结果

序号	源主机	目的主机	通信结果
1	Host-1	Host-2	通
2	Host-1	Host-3	通
3	Host-1	Host-4	通
4	Host-1	Host-5	通
5	Host-1	Host-6	通
6	Host-1	Host-7	通
7	Host-1	Host-8	通
8	Host-1	Host-9	通
9	Host-1	Host-10	通
10	Host-1	Host-11	通
11	Host-1	Host-12	通

项目七

任务六 OSPF 动态路由验证

【任务介绍】

OSPF 的链路状态数据库能较快地进行更新，使各个路由器能及时更新其路由表。OSPF 的更新过程收敛快是其重要优点。本任务通过在 eNSP 中抓取 OSPF 通信过程的报文，以及使用 tracert 命令追踪通信路径，验证 OSPF 更新过程收敛快的优点。

【任务目标】

（1）完成对 OSPF 报文的抓取和分析；

（2）完成 OSPF 更新收敛快的验证。

【操作步骤】

步骤 1： 设置抓包位置并启动抓包程序。

（1）设置抓包位置。如图 7-6-1 所示，将抓包地点设置在①（R-1 的 GE 0/0/1 接口）处。

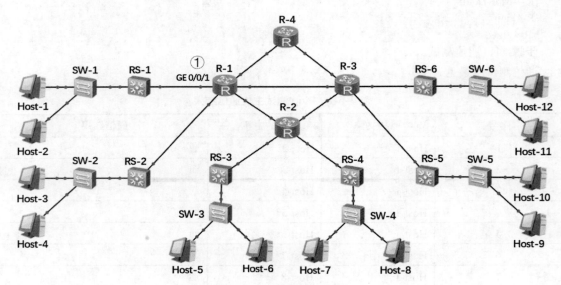

图 7-6-1 设置抓包位置

（2）启动抓包程序并设置报文过滤条件。在整个园区网正常通信以后，在①处启动抓包程序，查看 OSPF 协议报文。为便于查看，在 Wireshark 中设置过滤条件，此处输入"ospf"，表示只显示 OSPF 报文，如图 7-6-2 所示。

图 7-6-2　在 Wireshark 过滤栏中输入 ospf

（3）查看获取的 OSPF 报文。从抓取的报文中可以看到，OSPF 会定期发送 Hello 报文，如图 7-6-3 所示。Hello 报文用来发现和维持邻站的可达性。

No.	Time	Source	Destination	Protocol	Info
2	1.578000	10.0.1.2	224.0.0.5	OSPF	Hello Packet
5	6.515000	10.0.1.1	224.0.0.5	OSPF	Hello Packet
8	11.125000	10.0.1.1	224.0.0.5	OSPF	Hello Packet
11	15.984000	10.0.1.1	224.0.0.5	OSPF	Hello Packet

```
> Frame 2: 82 bytes on wire (656 bits), 82 bytes captured (656 bits) on interface 0
> Ethernet II, Src: HuaweiTe_41:5f:7d (4c:1f:cc:41:5f:7d), Dst: IPv4mcast_05 (01:00:5e:00:00:05)
> Internet Protocol Version 4, Src: 10.0.1.2 (10.0.1.2), Dst: ospf-all.mcast.net (224.0.0.5)
> Open Shortest Path First
```

图 7-6-3　OSPF 的 Hello 报文

步骤 2： 更改网络拓扑，通过 Ping 命令结果的变化分析 OSPF 的快速收敛。

（1）使用 tracert 命令追踪 Host-1～Host-12 通信的路径。在 Host-1 上打开 CLI 命令行，执行命令"tracert 192.168.75.1"，追踪从 Host-1 到 Host-12 的路由，如图 7-6-4 所示，可见当前从 Host-1 到 Host-12 的通信路径为：Host-1→RS-1→R-1→R-3→RS-6→Host-12。

```
PC>tracert 192.168.75.1

traceroute to 192.168.75.1, 8 hops max
(ICMP), press Ctrl+C to stop
  1  192.168.64.254   94 ms   47 ms   62 ms
  2  10.0.1.1        110 ms   78 ms   93 ms
  3  10.0.0.2        157 ms  218 ms  141 ms
  4  10.0.6.2        219 ms  219 ms  171 ms
  5  192.168.75.1    313 ms  219 ms  218 ms
```

图 7-6-4　Host-1～Host12 路由追踪信息

（2）使用 Ping 命令测试并保持 Host-1～Host-12 的通信结果。在 Host-1 的 CLI 界面中，执行命令"ping 192.168.75.1 -T"，让 Host-1 一直通过 Ping 命令与 Host-12 保持联系，如图 7-6-5 所示，以便于在后面的操作中查看并体验 OSPF 的收敛情况。

（3）删除 L-3 链路并查看 Host-1 和 Host-12 之间的通信变化。删除 R-1 和 R-3 之间的通信链路 L-3，然后观察 Host-1 和 Host-12 之间执行 Ping 命令的变化情况，可以看出，当 L-3 链路被中断时，Host-1～Host-12 的通信确实受到影响，出现"Request timeout！"，但这种中断是短暂的，很快就恢复了通信，如图 7-6-6 所示，说明 OSPF 的收敛是很快的。

```
PC>ping 192.168.75.1 -T

Ping 192.168.75.1: 32 data bytes, Press Ctrl_C to break
From 192.168.75.1: bytes=32 seq=1 ttl=124 time=281 ms
From 192.168.75.1: bytes=32 seq=2 ttl=124 time=219 ms
From 192.168.75.1: bytes=32 seq=3 ttl=124 time=219 ms
From 192.168.75.1: bytes=32 seq=4 ttl=124 time=234 ms
From 192.168.75.1: bytes=32 seq=5 ttl=124 time=266 ms
```

图 7-6-5　Host-1 使用 Ping 命令与 Host-12 保持联系

```
PC>ping 192.168.75.1 -T

Ping 192.168.75.1: 32 data bytes, Press Ctrl_C to break
From 192.168.75.1: bytes=32 seq=1 ttl=124 time=235 ms
From 192.168.75.1: bytes=32 seq=2 ttl=124 time=266 ms
From 192.168.75.1: bytes=32 seq=3 ttl=124 time=218 ms
From 192.168.75.1: bytes=32 seq=4 ttl=124 time=188 ms
From 192.168.75.1: bytes=32 seq=5 ttl=124 time=250 ms
From 192.168.75.1: bytes=32 seq=6 ttl=124 time=235 ms
Request timeout!
From 192.168.75.1: bytes=32 seq=8 ttl=123 time=281 ms
From 192.168.75.1: bytes=32 seq=9 ttl=123 time=281 ms
```

图 7-6-6　拓扑结构变化时 Ping 命令通信结果的变化

 提醒　读者可以将 OSPF 的收敛时间与 RIP 的收敛时间对比分析。

（4）查看当前 Host-1 和 Host-12 之间的通信路径。在 Host-1 上打开 CLI 界面，执行命令"tracert 192.168.75.1"，追踪当前从 Host-1 到 Host-12 的路由信息，可以看到此时的通信路径为：Host-1→RS-1→R-1→R-2→R-3→RS-6→Host-12，如图 7-6-7 所示。

```
PC>tracert 192.168.75.1

traceroute to 192.168.75.1, 8 hops max
(ICMP), press Ctrl+C to stop
1   192.168.64.254    63 ms    62 ms    47 ms
2   10.0.1.1    141 ms    109 ms    109 ms
3   10.0.0.10    141 ms    125 ms    125 ms
4   10.0.0.18    141 ms    171 ms    157 ms
5   10.0.6.2    281 ms    187 ms    204 ms
6   192.168.75.1    296 ms    297 ms    235 ms
```

图 7-6-7　Host-1～Host-12 路由追踪信息

步骤 3： 更改网络拓扑，通过报文变化分析 OSPF 的快速收敛。

（1）恢复 L-3 链路并在①处重新启动抓包程序。首先恢复 R-1 和 R-3 之间的链路 L-3，然后在①处重新启动抓包程序。

（2）再次将 L-3 删除掉，查看①处的报文变化。从第 35 号报文可以看出，当 L-3 被删除，拓扑结构发生变化时，路由器 R-1 立即以组播的方式发送 OSPF 的链路状态更新（Link State Update，LSU）分组，LSU 分组中包括 LSA 的具体信息，如图 7-6-8 所示。

项目七

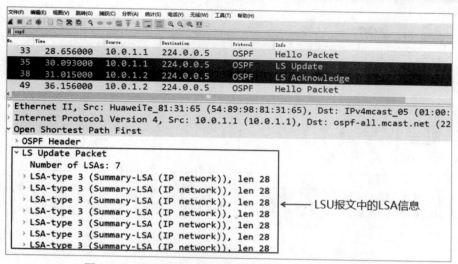

图 7-6-8　拓扑结构变化时发出的 Link State Update 报文

提醒

（1）LSA（Link-State Advertisement，链路状态通告）是链接状态协议使用的一个分组，它包括有关邻居和通道成本的信息。LSA 被路由器接收用于维护它们的路由表。

（2）OSPF 路由协议是链路状态型路由协议，链路状态型路由协议基于连接源和目标设备的链路状态作出路由的决定。链路状态是接口及其与邻接网络设备的关系的描述，这些链路状态信息由不同类型的 LSA 携带，在网络上传播。

项目八
使用 BGP 实现不同 AS 之间通信

● 项目介绍

整个因特网划分为许多较小的自治系统（即 AS），例如前面项目中，基于 RIP 协议和 OSPF 协议建设的网络，就可以看成两个不同的自治系统。若源主机和目的主机处在不同的自治系统中，当数据报传到一个自治系统的边界时，就需要使用 BGP 协议，将路由信息传递到另一个自治系统中。本项目就来介绍如何使用 BGP 协议实现两个自治系统（AS）之间的通信。

● 项目目的

- 理解内部网关协议和外部网关协议的作用；
- 理解 BGP 协议的工作过程；
- 掌握 BGP 协议的配置方法；
- 掌握 BGP 路由过滤的方法；
- 掌握 BGP 路由聚合的方法。

● 拓扑规划

1. 网络拓扑

本项目中，园区网拓扑结构如图 8-0-1 所示。

2. 拓扑说明

网络拓扑说明见表 8-0-1。

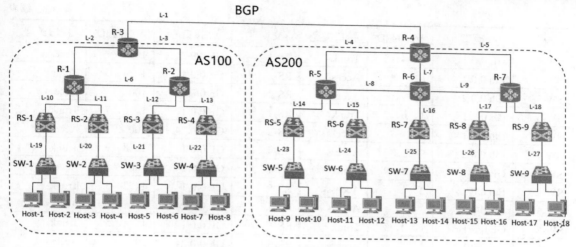

图 8-0-1　项目八的拓扑规划

表 8-0-1　网络拓扑说明

序号	设备线路	设备类型	规格型号
1	Host-1～Host-18	用户主机	—
2	SW-1～SW-9	交换机	S3700
3	RS-1～RS-9	路由交换机	S5700
4	R-1～R-7	路由器	Router
5	L-1～L-3	双绞线	1000Base-T
6	L-4～L-5	双绞线	100Base-T
7	L-6～L-27	双绞线	1000Base-T

网络规划

1. 交换机接口与 VLAN

交换机接口及 VLAN 规划表见表 8-0-2。

表 8-0-2　交换机接口及 VLAN 规划表

交换机	接口	VLAN ID	接口类型	交换机	接口	VLAN ID	接口类型
SW-1	Eth 0/0/1	2	Access	SW-8	GE 0/0/1	1、8、9	Trunk
SW-1	Eth 0/0/2	3	Access	SW-9	Eth 0/0/1	10	Access
SW-1	GE 0/0/1	1、2、3	Trunk	SW-9	Eth 0/0/2	11	Access
SW-2	Eth 0/0/1	4	Access	SW-9	GE 0/0/1	1、10、11	Trunk
SW-2	Eth 0/0/2	5	Access	RS-1	GE 0/0/1	1、2、3	Trunk

交换机	接口	VLAN ID	接口类型	交换机	接口	VLAN ID	接口类型
SW-2	GE 0/0/1	1、4、5	Trunk	RS-1	GE 0/0/24	100	Access
SW-3	Eth 0/0/1	6	Access	RS-2	GE 0/0/1	1、4、5	Trunk
SW-3	Eth 0/0/2	7	Access	RS-2	GE 0/0/24	100	Access
SW-3	GE 0/0/1	1、6、7	Trunk	RS-3	GE 0/0/1	1、6、7	Trunk
SW-4	Eth 0/0/1	8	Access	RS-3	GE 0/0/24	100	Access
SW-4	Eth 0/0/2	9	Access	RS-4	GE 0/0/1	1、8、9	Trunk
SW-4	GE 0/0/1	1、8、9	Trunk	RS-4	GE 0/0/24	100	Access
SW-5	Eth 0/0/1	2	Access	RS-5	GE 0/0/1	1、2、3	Trunk
SW-5	Eth 0/0/2	3	Access	RS-5	GE 0/0/24	100	Access
SW-5	GE 0/0/1	1、2、3	Trunk	RS-6	GE 0/0/1	1、4、5	Trunk
SW-6	Eth 0/0/1	4	Access	RS-6	GE 0/0/24	100	Access
SW-6	Eth 0/0/2	5	Access	RS-7	GE 0/0/1	1、6、7	Trunk
SW-6	GE 0/0/1	1、4、5	Trunk	RS-7	GE 0/0/24	100	Access
SW-7	Eth 0/0/1	6	Access	RS-8	GE 0/0/1	1、8、9	Trunk
SW-7	Eth 0/0/2	7	Access	RS-8	GE 0/0/24	100	Access
SW-7	GE 0/0/1	1、6、7	Trunk	RS-9	GE 0/0/1	1、10、11	Trunk
SW-8	Eth 0/0/1	8	Access	RS-9	GE 0/0/24	100	Access
SW-8	Eth 0/0/2	9	Access				

2. 主机 IP 地址

主机 IP 地址规划表见表 8-0-3。

表 8-0-3 主机 IP 地址规划表

序号	设备名称	IP 地址 /子网掩码	默认网关	接入位置	VLAN ID
1	Host-1	172.16.64.1 /24	172.16.64.254	SW-1 Eth 0/0/1	2
2	Host-2	172.16.65.1 /24	172.16.65.254	SW-1 Eth 0/0/2	3
3	Host-3	172.16.66.1 /24	172.16.66.254	SW-2 Eth 0/0/1	4
4	Host-4	172.16.67.1 /24	172.16.67.254	SW-2 Eth 0/0/2	5
5	Host-5	172.16.68.1 /24	172.16.68.254	SW-3 Eth 0/0/1	6
6	Host-6	172.16.69.1 /24	172.16.69.254	SW-3 Eth 0/0/2	7
7	Host-7	172.16.70.1 /24	172.16.70.254	SW-4 Eth 0/0/1	8
8	Host-8	172.16.71.1 /24	172.16.71.254	SW-4 Eth 0/0/2	9
9	Host-9	192.168.64.1 /24	192.168.64.254	SW-5 Eth 0/0/1	2
10	Host-10	192.168.65.1 /24	192.168.65.254	SW-5 Eth 0/0/2	3
11	Host-11	192.168.66.1 /24	192.168.66.254	SW-6 Eth 0/0/1	4
12	Host-12	192.168.67.1 /24	192.168.67.254	SW-6 Eth 0/0/2	5

续表

序号	设备名称	IP 地址 /子网掩码	默认网关	接入位置	VLAN ID
13	Host-13	192.168.68.1 /24	192.168.68.254	SW-7 Eth 0/0/1	6
14	Host-14	192.168.69.1 /24	192.168.69.254	SW-7 Eth 0/0/2	7
15	Host-15	192.168.70.1 /24	192.168.70.254	SW-8 Eth 0/0/1	8
16	Host-16	192.168.71.1 /24	192.168.71.254	SW-8 Eth 0/0/2	9
17	Host-17	192.168.72.1 /24	192.168.72.254	SW-9 Eth 0/0/1	10
18	Host-18	192.168.73.1 /24	192.168.73.254	SW-9 Eth 0/0/2	11

3. 路由接口

路由接口 IP 地址规划表见表 8-0-4。

表 8-0-4　路由接口 IP 地址规划表

设备	接口	接口地址	连接设备	设备	接口	接口地址	连接设备
RS-1	Vlanif 2	172.16.64.254 /24	—	R-1	GE 0/0/0	10.0.0.1 /30	R-3
RS-1	Vlanif 3	172.16.65.254 /24	—	R-1	GE 0/0/1	10.0.1.2 /30	RS-1
RS-1	Vlanif100	10.0.1.1 /30	—	R-1	GE 0/0/2	10.0.2.2 /30	RS-2
RS-2	Vlanif 4	172.16.66.254 /24	—	R-1	GE 0/0/3	10.0.0.10 /30	R-2
RS-2	Vlanif 5	172.16.67.254 /24	—	R-2	GE 0/0/0	10.0.0.6 /30	R-3
RS-2	Vlanif100	10.0.2.1 /30	—	R-2	GE 0/0/1	10.0.0.9 /30	R-1
RS-3	Vlanif 6	172.16.68.254 /24	—	R-2	GE 0/0/2	10.0.3.2 /30	RS-3
RS-3	Vlanif 7	172.16.69.254 /24	—	R-2	GE 0/0/3	10.0.4.2 /30	RS-4
RS-3	Vlanif100	10.0.3.1 /30	—	R-3	GE 0/0/0	10.0.0.2 /30	R-1
RS-4	Vlanif 8	172.16.70.254 /24	—	R-3	GE 0/0/1	10.0.0.5 /30	R-2
RS-4	Vlanif 9	172.16.71.254 /24	—	R-3	GE 0/0/3	100.1.1.1 /30	R-4
RS-4	Vlanif100	10.0.4.1 /30	—	R-4	Eth 0/0/0	10.1.0.1 /30	R-5
RS-5	Vlanif 2	192.168.64.254 /24	—	R-4	Eth 0/0/1	10.1.0.18 /30	R-7
RS-5	Vlanif 3	192.168.65.254 /24	—	R-4	GE 0/0/0	10.1.0.10 /30	R-6
RS-5	Vlanif100	10.1.1.1 /30	—	R-4	GE 0/0/3	100.1.1.2 /30	R-3
RS-6	Vlanif 4	192.168.66.254 /24	—	R-5	Eth 0/0/0	10.1.0.2 /30	R-4
RS-6	Vlanif 5	192.168.67.254 /24	—	R-5	Eth 0/0/1	10.1.0.5 /30	R-6
RS-6	Vlanif100	10.1.2.1 /30	—	R-5	GE 0/0/1	10.1.1.2 /30	RS-5
RS-7	Vlanif 6	192.168.68.254 /24	—	R-5	GE 0/0/2	10.1.2.2 /30	RS-6
RS-7	Vlanif 7	192.168.69.254 /24	—	R-6	Eth 0/0/0	10.1.0.13 /30	R-7
RS-7	Vlanif100	10.1.3.1 /30	—	R-6	Eth 0/0/1	10.1.0.6 /30	R-5
RS-8	Vlanif 8	192.168.70.254 /24	—	R-6	GE 0/0/0	10.1.0.9 /30	R-4
RS-8	Vlanif 9	192.168.71.254 /24	—	R-6	GE 0/0/1	10.1.3.2 /30	RS-7

设备	接口	接口地址	连接设备	设备	接口	接口地址	连接设备
RS-8	Vlanif100	10.1.4.1 /30	—	R-7	Eth 0/0/0	10.1.0.14 /30	R-6
RS-9	Vlanif 10	192.168.72.254 /24	—	R-7	Eth 0/0/1	10.1.0.17 /30	R-4
RS-9	Vlanif 11	192.168.73.254 /24	—	R-7	GE 0/0/1	10.1.4.2 /30	RS-8
RS-9	Vlanif100	10.1.5.1 /30	—	R-7	GE 0/0/2	10.1.5.2 /30	RS-9

4. 路由表规划

路由规划表见表 8-0-5。

表 8-0-5　路由规划表

序号	路由设备	路由协议	备注
1	RS-1～RS-4	RIPv2	属于自治系统 AS100
2	R-1～R-3	RIPv2	属于自治系统 AS100
3	RS-5～RS-9	OSPF	属于自治系统 AS200
4	R-4～R-7	OSPF	属于自治系统 AS200
5	R-3	BGP	AS100 的 BGP 发言人
6	R-4	BGP	AS200 的 BGP 发言人

5. OSPF 的区域规划

由于自治系统 AS200 中采用 OSPF 协议，所以对 OSPF 的区域规划如图 8-0-2 所示。

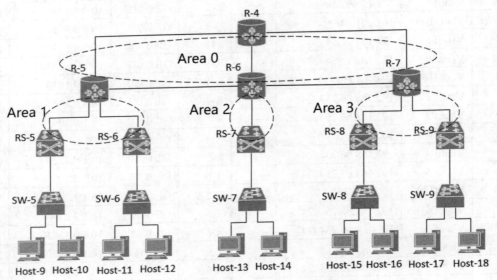

图 8-0-2　AS200 中 OSPF 的区域规划

项目讲堂

1. 自治系统

因特网的规模非常大，如果让因特网中所有的路由器知道所有的网络应怎样到达，这样将使路由表变得非常庞大，不仅处理起来太花时间，而且路由器之间交换路由信息也需占用大量带宽。不仅如此，许多单位并不想让外界了解本单位网络建设的具体细节，包括网络结构以及所采用的路由选择协议，但同时还希望连接到因特网上。

为此，因特网将整个互联网划分为许多较小的自治系统（Autonomous System，AS）。一个 AS 内部的路由器通常使用相同的路由选择协议和共同的度量，以确定分组在该 AS 内的路由。在目前的因特网中，一个大的 ISP 就是一个自治系统。因此，因特网把路由选择协议划分为两大类：

（1）内部网关协议 IGP（Interior Gateway Protocol）。在一个自治系统内部使用的路由选择协议，它与其他自治系统中选用什么路由协议无关。目前常用的内部网关协议有 RIP 和 OSPF 协议。

（2）外部网关协议 EGP（External Gateway Protocol）。若源主机与目的主机处在不同的自治系统中，当数据报传到一个自治系统的边界时，就需要使用一种协议将路由信息传递到另一个自治系统中。这样的协议就是外部网关协议 EGP（图 8-0-3）。目前使用最多的外部网关协议是 BGP 的版本 4，本书将其简称为 BGP。

图 8-0-3　自治系统、内部网关协议和外部网关协议

2. BGP

2.1　BGP 定义

BGP（Border Gateway Protocol）是一种用于自治系统 AS（Autonomous System）之间的动态路由协议。它是为了在 AS 之间更高效率的传递路由和维护大量的路由而产生的，主要用于交换 AS 之间的可达路由信息，构建 AS 域间的传播路径，防止路由环路的产生，并在 AS 级别应用一些路由策略，例如对两个 AS 之间交换的路由信息进行过滤等。当前使用的版本是 BGP-4。

BGP 属于外部网关协议（EGP），与 OSPF、RIP 等内部网关协议（IGP）不同，其着眼点不在于发现和计算路由，而在于在 AS 之间选择最佳路由和控制路由的传播。

BGP 使用 TCP 作为其传输层协议，提高了协议的可靠性。当路由更新时，BGP 只发送更新的路由，大大减少了 BGP 传播路由所占用的带宽，适用于在 Internet 上传播大量的路由信息。

2.2　BGP 发言人

在配置 BGP 时，每一个自治系统都要选择至少一个路由器作为该自治系统的"BGP 发言人"。BGP 发言人表明该路由器可以代表整个 AS 与其他 AS 交换路由信息。两个 BGP 发言人都是通过一个共享网络连接在一起的，并且通常就是 BGP 边界路由器，如图 8-0-2 中的 R1 和 R2。

2.3　BGP 对等体（邻居）

两个 BGP 发言人在交换路由信息时，要先建立 TCP 连接（端口号是 179），然后在此连接上建立 BGP 会话，利用 BGP 会话交换路由信息。包括路由信息的变化以及报告出现差错情况等。使用 TCP 连接交换路由信息的两个 BGP 发言人，彼此成为对方的"邻居"（neighbor），又被称作"对等体"（peer）。

2.4　配置 BGP 的基本功能

组建 BGP 网络是为了实现网络中不同 AS 之间的通信。配置 BGP 的基本功能是组建 BGP 网络最基本的配置过程，在配置 BGP 的基本功能之前，需要事先配置好接口的链路层协议参数和 IP 地址，并使接口的链路协议状态为 Up。

配置 BGP 主要包括三部分：

（1）创建 BGP 进程。只有先创建 BGP 进程，才能开始配置 BGP 的所有特性。命令过程如下：

system-view　　　　　　　　　　　//进入系统视图
bgp as-number　　　　　　　　　　 //进入 BGP 视图，as-number 为管理员指定的 BGP 进程号

（2）建立 BGP 对等体关系。只有成功建立了 BGP 对等体关系，设备之间才能交换 BGP 消息。BGP 的对等体之间必须在逻辑上连通，并进行 TCP 连接，因此在配置时需要指定对等体的 IP 地址。属于同一 AS 的设备之间配置 IBGP 对等体，属于不同 AS 的设备之间配置 EBGP 对等体。

命令过程如下：

system-view　　　　　　　　　　　　　　　　//进入系统视图
bgp as-number　　　　　　　　　　　　　　　 //进入 BGP 视图
peer ipv4-address　　**as-number** as-number　 //指定对等体的 IP 地址及其所属的 AS 编号

（3）引入路由。BGP 协议本身不发现路由，只有引入其他协议的路由才能产生 BGP 路由。BGP 协议通过以下两种方式引入路由：

1）Import 方式：按协议类型将 RIP、OSPF、IS-IS、静态路由和直连路由等协议的路由引入到 BGP 路由表中。

2）Network 方式：将指定前缀和掩码的一条路由引入到 BGP 路由表中，该方式比 Import 更精确。

命令过程：

system-view　　　　　　　　　　 //进入系统视图
bgp as-number　　　　　　　　　　 //进入 BGP 视图
ipv4-family unicast　　　　　　　 //进入 BGP-IPv4 单播地址族视图
//使用 Import 方式引入其他协议的路由
import-route { **direct** | **isis** process-id | **ospf** process-id | **rip** process-id | **static** }
//使用 Network 方式引入本地路由
network ipv4-address [mask | mask-length]

3. 路由过滤

可以通过配置路由过滤，来限制路由器所发布或接收的路由信息。例如，一个自治系统 AS100 的边界路由器 R-A 向自治系统 AS200 的边界路由器 R-B 发布自己的路由信息时，可以通过路由过滤，禁止某些路由信息发布出去，或者只发布指定的路由信息。

3.1 建立过滤规则

对路由信息进行过滤的方法不止一种，本项目使用的是 IP Prefix。IP Prefix 针对路由目的地址信息做过滤，其依据的是目的网络地址前缀。

（1）IP Prefix。IP Prefix 通过 IP IP-Prefix 命令建立针对地址前缀的过滤规则列表，并使用名字（而不是编号）作为过滤规则列表的标识。每个过滤规则列表中可以建立多个过滤条目，每个过滤条目都被指定一个索引号（Index Number），索引号越小的条目越先被执行。在匹配过程中，系统按索引号升序依次检查各个表项，只要有一个表项满足条件，就认为通过该过滤列表，不再去匹配其他表项。

需要注意的是，使用 IP Prefix 过滤，缺省是 deny all（禁止所有）的，所以在配置需要过滤的路由条目后，还要配置一条 permit 命令让其他路由通过。

（2）命令格式。

ip ip-prefix ip-prefix-name [**index** index-number] { **permit** | **deny** } ipv4-address mask-length [**greater-equal** greater-equal-value] [**less-equal** less-equal-value]

参数具体说明见表 8-0-6。

表 8-0-6　IP IP-Prefix 命令的参数表

参数	参数说明
ip-prefix-name	指定地址前缀列表（即过滤规则）的名称
index index-number	指定本匹配项在地址前缀列表中的索引号
Permit	允许所定义地址前缀范围内的路由信息（被发布或被接收）
Deny	不允许所定义地址前缀范围内的路由信息（被发布或被接收）
ipv4-address	指定 IP 地址，即目的网络地址。
mask-length	掩码长度。
greater-equal greater-equal-value	指定掩码长度匹配范围的下限，该值要大于等于 mask-length
less-equal less-equal-value	指定掩码长度匹配范围的上限，该值要小于等于 32

（3）解释说明。当待过滤的 IPv4 路由已匹配当前表项的 IPv4 地址前缀时，掩码长度可以进行精确匹配或者在一定掩码长度范围内匹配。

- 若不配置 greater-equal 和 less-equal，则进行精确匹配，即只匹配掩码长度为 mask-length 的 IPv4 路由。
- 若只配置 greater-equal，则匹配的掩码长度范围为[greater-equal-value，32]。
- 若只配置 less-equal，则匹配的掩码长度范围为[mask-length，less-equal-value]。
- 若同时配置 greater-equal 和 less-equal，则匹配的掩码长度范围为[greater-equal-value，less-equal-value]。

3.2 应用过滤规则

通过使用 filter-policy 命令，可以对过滤规则进行应用，从而达到过滤效果。

对发布路由进行过滤：ip ip-prefix 命令通过与下列命令配合使用，可以以地址前缀列表为过滤条件，对全局发布（例如向对等体发出）的路由信息进行过滤。

filter-policy export	（RIP 视图下）
filter-policy export	（OSPF 视图下）
filter-policy export	（IS-IS 视图下）
filter-policy export	（BGP 视图下）

对接收路由进行过滤：ip ip-prefix 命令通过与下列命令配合使用，可以以地址前缀列表为过滤条件，对全局接收（例如从对等体接收）的路由信息进行过滤。

filter-policy import	（RIP 视图下）
filter-policy import	（OSPF 视图下）
filter-policy import	（IS-IS 视图下）
filter-policy import	（BGP 视图下）

4. 路由聚合

在中型或大型 BGP 网络中，BGP 路由表会变得十分庞大。因此，不仅存储路由表会占用大量的路由器内存资源，而且，传输和处理路由信息也需要占用大量的网络资源。使用路由聚合（Routes Aggregation）可以大大减小路由表的规模。不仅如此，通过对路由进行聚合，隐藏一些具体的路由，可以减少路由震荡对网络带来的影响。BGP 路由聚合结合灵活的路由策略，使 BGP 可以更有效地传递和控制路由。

BGP 支持两种聚合方式：自动聚合和手动聚合。自动聚合的路由优先级低于手动聚合的路由优先级。

（1）自动聚合步骤。

system-view	//进入系统视图
bgp as-number	//进入 BGP 视图
ipv4-family unicast	//进入 IPv4 单播地址族视图
summary automatic	//配置对本地引入的路由自动聚合

"summary automatic" 命令对 BGP 引入的路由进行聚合，引入的路由可以是直连路由、静态路由、RIP 路由、OSPF 路由、IS-IS 路由。该命令对 network 命令引入的路由无效。配置该命令后，BGP 将按照自然网段聚合路由。例如：执行该命令后，将把 172.16.0.0/24 和 172.16.1.0/24 聚合成 172.16.0.0/16，而不会聚合成 172.16.0.0/23。

（2）手动聚合步骤。

system-view	//进入系统视图
bgp as-number	//进入 BGP 视图
ipv4-family unicast	//进入 IPv4 单播地址族视图

//根据实际需求，选择执行如下命令，配置路由的手动聚合

aggregate ipv4-address {mask | mask-length}	//发布全部聚合路由和明细路由
aggregate ipv4-address {mask | mask-length} **detail-suppressed**	//只发布全部聚合路由

扫码看视频

任务一　在 eNSP 中部署园区网

【任务介绍】

根据【拓扑设计】和【网络规划】，在 eNSP 中选取相应的设备，并完成整个园区网的部署。

【任务目标】

在 eNSP 中完成整个网络的部署。

【操作步骤】

步骤 1：新建拓扑。

（1）启动 eNSP，点击【新建拓扑】按钮，打开一个空白的拓扑界面。

（2）根据前面【拓扑规划】中的网络拓扑及相关说明，在 eNSP 中选取相应的设备，完成网络部署，并启动所有设备。

（3）eNSP 中的网络拓扑结构如图 8-1-1 所示。

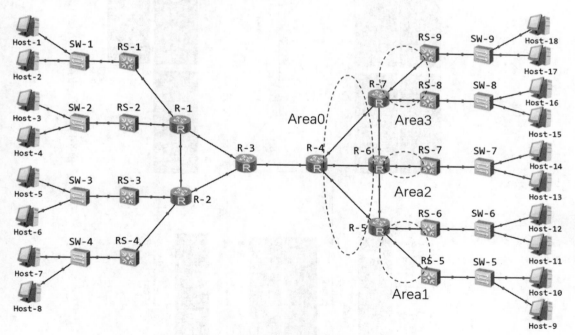

图 8-1-1　在 eNSP 中的网络拓扑图

步骤 2：保存拓扑。

点击【保存】按钮，保存刚刚建立好的网络拓扑。

项目八

为了便于读者完成实验，图 8-1-2 在拓扑图上增加了标注信息。

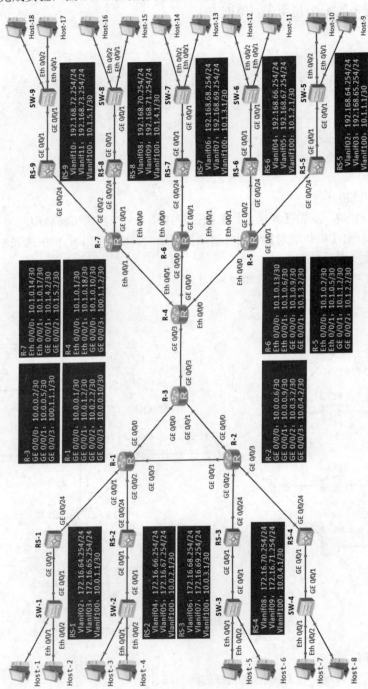

图 8-1-2　网络拓扑图（含接口地址说明）

任务二　配置自治系统 AS100 的内部网络

【任务介绍】

根据前面【网络规划】中的相关信息，配置自治系统 AS100 内部各个主机及网络设备，并配置 RIP 路由协议，实现自治系统 AS100 内部各主机的互联互通。

【任务目标】

（1）完成自治系统 AS100 内部各主机 IP 地址的配置；

（2）完成自治系统 AS100 内部交换机、路由交换机、路由器的配置；

（3）完成 RIP 路由协议的配置；

（4）完成自治系统 AS100 内部网络的通信测试。

【操作步骤】

步骤 1：配置主机网络参数。

根据前面【网络规划】中关于主机 IP 地址的规划，配置 Host-1～Host-8。

步骤 2：配置交换机 SW-1～SW-4。

根据前面【网络规划】中的设计对 SW-1～SW-4 进行配置，包括创建 VLAN、配置 Access 接口和 Trunk 接口。

（1）配置交换机 SW-1。

```
//进入全局视图
<Huawei>system-view
Enter system view, return user view with Ctrl+Z.
//关闭信息中心
[Huawei]undo info-center enable
Info: Information center is disabled.
//更改交换机名字为 SW-1
[Huawei]sysname SW-1

//创建 VLAN2、VLAN3
[SW-1]vlan batch 2 3
Info: This operation may take a few seconds. Please wait for a moment...done.

//将 Ethernet 0/0/1 和 Ethernet 0/0/2 接口设置为 Access 模式，分别划入 VLAN2 和 VLAN3
[SW-1]interface Ethernet 0/0/1
[SW-1-Ethernet 0/0/1]port link-type access
[SW-1-Ethernet 0/0/1]port default vlan 2
[SW-1-Ethernet 0/0/1]quit
```

```
[SW-1]interface Ethernet 0/0/2
[SW-1-Ethernet 0/0/2]port link-type access
[SW-1-Ethernet 0/0/2]port default vlan 3
[SW-1-Ethernet 0/0/2]quit
```

//将上联 RS-1 的 GE 0/0/1 接口设为 Trunk 模式，并允许 VLAN2 和 VLAN3 的数据帧通过

```
[SW-1]interface GigabitEthernet 0/0/1
[SW-1-GigabitEthernet 0/0/1]port link-type trunk
[SW-1-GigabitEthernet 0/0/1]port trunk allow-pass vlan 2 3
[SW-1-GigabitEthernet 0/0/1]quit
[SW-1]quit
```
//保存当前配置
```
<SW-1>save
```

（2）配置交换机 SW-2。

```
<Huawei>system-view
Enter system view, return user view with Ctrl+Z.
[Huawei]undo info-center enable
Info: Information center is disabled.
[Huawei]sysname SW-2
```
//创建 VLAN4 和 VLAN5
```
[SW-2]vlan batch 4 5
Info: This operation may take a few seconds. Please wait for a moment...done.
```
//配置连接主机的 Access 类型接口
```
[SW-2]interface Ethernet 0/0/1
[SW-2-Ethernet 0/0/1]port link-type access
[SW-2-Ethernet 0/0/1]port default vlan 4
[SW-2-Ethernet 0/0/1]quit
[SW-2]interface Ethernet 0/0/2
[SW-2-Ethernet 0/0/2]port link-type access
[SW-2-Ethernet 0/0/2]port default vlan 5
[SW-2-Ethernet 0/0/2]quit
```
//配置上联路由交换机的 Trunk 类型接口
```
[SW-2]interface GigabitEthernet 0/0/1
[SW-2-GigabitEthernet 0/0/1]port link-type trunk
[SW-2-GigabitEthernet 0/0/1]port trunk allow-pass vlan 4 5
[SW-2-GigabitEthernet 0/0/1]quit
[SW-2]quit
<SW-2>save
```

（3）配置交换机 SW-3。

```
<Huawei>system-view
Enter system view, return user view with Ctrl+Z.
[Huawei]undo info-center enable
Info: Information center is disabled.
[Huawei]sysname SW-3
```
//创建 VLAN6 和 VLAN7

```
[SW-3]vlan batch 6 7
Info: This operation may take a few seconds. Please wait for a moment...done.
//配置连接主机的 Access 类型接口
[SW-3]interface Ethernet 0/0/1
[SW-3-Ethernet 0/0/1]port link-type access
[SW-3-Ethernet 0/0/1]port default vlan 6
[SW-3-Ethernet 0/0/1]quit
[SW-3]interface Ethernet 0/0/2
[SW-3-Ethernet 0/0/2]port link-type access
[SW-3-Ethernet 0/0/2]port default vlan 7
[SW-3-Ethernet 0/0/2]quit
//配置上联路由交换机的 Trunk 类型接口
[SW-3]interface GigabitEthernet 0/0/1
[SW-3-GigabitEthernet 0/0/1]port link-type trunk
[SW-3-GigabitEthernet 0/0/1]port trunk allow-pass vlan 6 7
[SW-3-GigabitEthernet 0/0/1]quit
[SW-3]quit
<SW-3>save
```

（4）配置交换机 SW-4。

```
<Huawei>system-view
Enter system view, return user view with Ctrl+Z.
[Huawei]undo info-center enable
Info: Information center is disabled.
[Huawei]sysname SW-4
//创建 VLAN8 和 VLAN9
[SW-4]vlan batch 8 9
Info: This operation may take a few seconds. Please wait for a moment...done.
//配置连接主机的 Access 类型接口
[SW-4]interface Ethernet 0/0/1
[SW-4-Ethernet 0/0/1]port link-type access
[SW-4-Ethernet 0/0/1]port default vlan 8
[SW-4-Ethernet 0/0/1]quit
[SW-4]interface Ethernet 0/0/2
[SW-4-Ethernet 0/0/2]port link-type access
[SW-4-Ethernet 0/0/2]port default vlan 9
[SW-4-Ethernet 0/0/2]quit
//配置上联路由交换机的 Trunk 类型接口
[SW-4]interface GigabitEthernet 0/0/1
[SW-4-GigabitEthernet 0/0/1]port link-type trunk
[SW-4-GigabitEthernet 0/0/1]port trunk allow-pass vlan 8 9
[SW-4-GigabitEthernet 0/0/1]quit
[SW-4]quit
<SW-4>save
```

步骤 3：配置路由交换机 RS-1～RS-4。

根据【网络规划】中针对路由交换机 RS-1～RS-4 的设计进行配置，包括创建 VLAN、配置

VLAN 的接口地址、配置 Trunk 接口、配置上联路由器的接口等。

（1）配置 RS-1。

```
<Huawei>system-view
Enter system view, return user view with Ctrl+Z.
[RS-1]undo info-center enable
Info: Information center is disabled.
[Huawei]sysname RS-1

//建立 VLAN2、VLAN3、VLAN100
[RS-1]vlan batch 2 3 100
Info: This operation may take a few seconds. Please wait for a moment...done.

//将下联 SW-1 的接口 GE 0/0/1 设置为 Trunk 模式，并允许 VLAN2 和 VLAN3 的数据帧通过
[RS-1]interface GigabitEthernet 0/0/1
[RS-1-GigabitEthernet 0/0/1]port link-type trunk
[RS-1-GigabitEthernet 0/0/1]port trunk allow-pass vlan 2 3
[RS-1-GigabitEthernet 0/0/1]quit

//配置上联路由器的接口 GE 0/0/24，将其配置成 Access 模式，放入 VLAN100
[RS-1]interface GigabitEthernet 0/0/24
[RS-1-GigabitEthernet 0/0/24]port link-type access
[RS-1-GigabitEthernet 0/0/24]port default vlan 100
[RS-1-GigabitEthernet 0/0/24]quit

//配置 VLAN2、VLAN3、VLAN100 的接口地址
[RS-1]interface vlanif 2
[RS-1-Vlanif2]ip address 172.16.64.254 255.255.255.0
[RS-1-Vlanif2]quit
[RS-1]interface vlanif 3
[RS-1-Vlanif3]ip address 172.16.65.254 255.255.255.0
[RS-1-Vlanif3]quit
[RS-1]interface vlanif 100
[RS-1-Vlanif100]ip address 10.0.1.1 255.255.255.252
[RS-1-Vlanif100]quit

//创建 RIP 进程 1
[RS-1]rip 1
//配置 RIP 版本号 2
[RS-1-rip-1]version 2
//宣告直连主网
[RS-1-rip-1]network 10.0.0.0
[RS-1-rip-1]network 172.16.0.0
[RS-1-rip-1]quit
```

[RS-1]quit
<RS-1>save

 提醒　此时用 Ping 命令测试 Host-1 和 Host-2 之间的通信，可以正常通信。

（2）配置 RS-2。

<Huawei>system-view
Enter system view, return user view with Ctrl+Z.
[RS-2]undo info-center enable
Info: Information center is disabled.
[Huawei]sysname RS-2
//创建 VLAN4、VLAN5、VLAN100
[RS-2]vlan batch 4 5 100
Info: This operation may take a few seconds. Please wait for a moment...done.
//配置下联交换机的 Trunk 类型接口
[RS-2]interface GigabitEthernet 0/0/1
[RS-2-GigabitEthernet 0/0/1]port link-type trunk
[RS-2-GigabitEthernet 0/0/1]port trunk allow-pass vlan 4 5
[RS-2-GigabitEthernet 0/0/1]quit
//配置上联路由器的接口
[RS-2]interface GigabitEthernet 0/0/24
[RS-2-GigabitEthernet 0/0/24]port link-type access
[RS-2-GigabitEthernet 0/0/24]port default vlan 100
[RS-2-GigabitEthernet 0/0/24]quit
//配置 VLAN4、VLAN5、VLAN100 的接口地址
[RS-2]interface vlanif 4
[RS-2-Vlanif4]ip address 172.16.66.254 255.255.255.0
[RS-2-Vlanif4]quit
[RS-2]interface vlanif 5
[RS-2-Vlanif5]ip address 172.16.67.254 255.255.255.0
[RS-2-Vlanif5]quit
[RS-2]interface vlanif 100
[RS-2-Vlanif100]ip address 10.0.2.1 255.255.255.252
[RS-2-Vlanif100]quit
//创建 RIP
[RS-2]rip 1
[RS-2-rip-1]version 2
[RS-2-rip-1]network 10.0.0.0
[RS-2-rip-1]network 172.16.0.0
[RS-2-rip-1]quit
[RS-2]quit
<RS-2>save

 提醒　此时用 Ping 命令测试 Host-3 和 Host-4 之间的通信，可以正常通信。

（3）配置 RS-3。

```
<Huawei>system-view
Enter system view, return user view with Ctrl+Z.
[Huawei]undo info-center enable
Info: Information center is disabled.
[Huawei]sysname RS-3
//建立 VLAN6、VLAN7、VLAN100
[RS-3]vlan batch 6 7 100
Info: This operation may take a few seconds. Please wait for a moment...done.
//配置下联交换机的 Trunk 类型接口
[RS-3]interface GigabitEthernet 0/0/1
[RS-3-GigabitEthernet 0/0/1]port link-type trunk
[RS-3-GigabitEthernet 0/0/1]port trunk allow-pass vlan 6 7
[RS-3-GigabitEthernet 0/0/1]quit
//配置上联路由器的接口
[RS-3]interface GigabitEthernet 0/0/24
[RS-3-GigabitEthernet 0/0/24]port link-type access
[RS-3-GigabitEthernet 0/0/24]port default vlan 100
[RS-3-GigabitEthernet 0/0/24]quit
//配置 VLAN6、VLAN7、VLAN100 的接口地址
[RS-3]interface vlanif 6
[RS-3-Vlanif6]ip address 172.16.68.254 255.255.255.0
[RS-3-Vlanif6]quit
[RS-3]interface vlanif 7
[RS-3-Vlanif7]ip address 172.16.69.254 255.255.255.0
[RS-3-Vlanif7]quit
[RS-3]interface vlanif 100
[RS-3-Vlanif100]ip address 10.0.3.1 255.255.255.252
[RS-3-Vlanif100]quit
//创建 RIP
[RS-3]rip 1
[RS-3-rip-1]version 2
[RS-3-rip-1]network 10.0.0.0
[RS-3-rip-1]network 172.16.0.0
[RS-3-rip-1]quit
[RS-3]quit
<RS-3>save
```

 提醒　此时用 Ping 命令测试 Host-5 和 Host-6 之间的通信，可以正常通信。

（4）配置 RS-4。

```
<Huawei>system-view
Enter system view, return user view with Ctrl+Z.
[RS-4]undo info-center enable
Info: Information center is disabled.
```

```
[Huawei]sysname RS-4
//建立 VLAN8、VLAN9、VLAN100
[RS-4]vlan batch 8 9 100
Info: This operation may take a few seconds. Please wait for a moment...done.
//配置下联交换机的 Trunk 类型接口
[RS-4]interface GigabitEthernet 0/0/1
[RS-4-GigabitEthernet 0/0/1]port link-type trunk
[RS-4-GigabitEthernet 0/0/1]port trunk allow-pass vlan 8 9
[RS-4-GigabitEthernet 0/0/1]quit
//配置上联路由器的接口
[RS-4]interface GigabitEthernet 0/0/24
[RS-4-GigabitEthernet 0/0/24]port link-type access
[RS-4-GigabitEthernet 0/0/24]port default vlan 100
[RS-4-GigabitEthernet 0/0/24]quit
//配置 VLAN8、VLAN9、VLAN100 的接口地址
[RS-4]interface vlanif 8
[RS-4-Vlanif8]ip address 172.16.70.254 255.255.255.0
[RS-4-Vlanif8]quit
[RS-4]interface vlanif 9
[RS-4-Vlanif9]ip address 172.16.71.254 255.255.255.0
[RS-4-Vlanif9]quit
[RS-4]interface vlanif 100
[RS-4-Vlanif100]ip address 10.0.4.1 255.255.255.252
[RS-4-Vlanif100]quit
//创建 RIP
[RS-4]rip 1
[RS-4-rip-1]version 2
[RS-4-rip-1]network 10.0.0.0
[RS-4-rip-1]network 172.16.0.0
[RS-4-rip-1]quit
[RS-4]quit
<RS-4>save
```

 提醒　　此时用 Ping 命令测试 Host-7 和 Host-8 之间的通信，可以正常通信。

步骤 4：配置路由器 R-1～R-3。

根据【网络规划】中的设计对路由器 R-1、R-2、R-3 进行配置，包括配置路由器接口 IP 地址（即直连路由）、配置 RIP。

（1）配置路由器 R-1。

```
<Huawei>system-view
Enter system view, return user view with Ctrl+Z.
[Huawei]undo info-center enable
Info: Information center is disabled.
[Huawei]sysname R-1
```

//配置路由器接口地址（即直连路由）
[R-1]interface GigabitEthernet 0/0/0
[R-1-GigabitEthernet 0/0/0]ip address 10.0.0.1 255.255.255.252
[R-1-GigabitEthernet 0/0/0]quit
[R-1]interface GigabitEthernet 0/0/1
[R-1-GigabitEthernet 0/0/1]ip address 10.0.1.2 255.255.255.252
[R-1-GigabitEthernet 0/0/1]quit
[R-1]interface GigabitEthernet 0/0/2
[R-1-GigabitEthernet 0/0/2]ip address 10.0.2.2 255.255.255.252
[R-1-GigabitEthernet 0/0/2]quit
[R-1]interface GigabitEthernet 0/0/3
[R-1-GigabitEthernet 0/0/3]ip address 10.0.0.10 255.255.255.252
[R-1-GigabitEthernet 0/0/3]quit
//配置 RIP 协议
[R-1]rip 1
[R-1-rip-1]version 2
[R-1-rip-1]network 10.0.0.0
[R-1]quit
<R-1>save

 提醒　　　此时用 Ping 命令测试 Host-1～Host-4 之间的通信，可以正常通信。

（2）配置路由器 R-2。

<Huawei>system-view
Enter system view, return user view with Ctrl+Z.
[Huawei]undo info-center enable
Info: Information center is disabled.
[Huawei]sysname R-2
//配置路由器接口地址（即直连路由）
[R-2]interface GigabitEthernet 0/0/0
[R-2-GigabitEthernet 0/0/0]ip address 10.0.0.6 255.255.255.252
[R-2-GigabitEthernet 0/0/0]quit
[R-2]interface GigabitEthernet 0/0/1
[R-2-GigabitEthernet 0/0/1]ip address 10.0.0.9 255.255.255.252
[R-2-GigabitEthernet 0/0/1]quit
[R-2]interface GigabitEthernet 0/0/2
[R-2-GigabitEthernet 0/0/2]ip address 10.0.3.2 255.255.255.252
[R-2-GigabitEthernet 0/0/2]quit
[R-2]interface GigabitEthernet 0/0/3
[R-2-GigabitEthernet 0/0/3]ip address 10.0.4.2 255.255.255.252
[R-2-GigabitEthernet 0/0/3]quit
//配置 RIP
[R-2]rip 1

```
[R-2-rip-1]version 2
[R-2-rip-1]network 10.0.0.0
[R-2]quit
<R-2>save
```

（3）配置路由器 R-3。

```
<Huawei>system-view
Enter system view, return user view with Ctrl+Z.
[Huawei]undo info-center enable
Info: Information center is disabled.
[Huawei]sysname R-3
//配置路由器接口地址（即直连路由）
[R-3]interface GigabitEthernet 0/0/0
[R-3-GigabitEthernet 0/0/0]ip address 10.0.0.2 255.255.255.252
[R-3-GigabitEthernet 0/0/0]quit
[R-3]interface GigabitEthernet 0/0/1
[R-3-GigabitEthernet 0/0/1]ip address 10.0.0.5 255.255.255.252
[R-3-GigabitEthernet 0/0/1]quit
[R-3]interface GigabitEthernet 0/0/3
[R-3-GigabitEthernet 0/0/3]ip address 100.1.1.1 255.255.255.252
[R-3-GigabitEthernet 0/0/3]quit
//配置 RIP
[R-3]rip 1
[R-3-rip-1]version 2
[R-3-rip-1]network 10.0.0.0
[R-3]quit
<R-3>save
```

步骤 5：测试自治系统 AS100 内部网络的通信情况。

使用 Ping 命令测试自治系统 AS100 内部的通信情况，测试结果见表 8-2-1。

表 8-2-1　自治系统 AS100 内部通信测试结果

序号	源主机	目的主机	通信结果
1	Host-1	Host-2	通
2	Host-1	Host-3	通
3	Host-1	Host-4	通
4	Host-1	Host-5	通
5	Host-1	Host-6	通
6	Host-1	Host-7	通
7	Host-1	Host-8	通

任务三 配置自治系统 AS200 的内部网络

【任务介绍】

根据前面【网络规划】中的相关设计,配置自治系统 AS200 内部各个主机及网络设备,并配置 OSPF 路由协议,实现自治系统 AS200 内部各主机的互联互通。

【任务目标】

(1)完成自治系统 AS200 内部各主机 IP 地址的配置;

(2)完成自治系统 AS200 内部交换机、路由交换机、路由器的配置;

(3)完成 OSPF 路由协议的配置;

(4)完成自治系统 AS200 内部网络的通信测试。

【操作步骤】

步骤 1:配置主机 Host-9～Host-18 的 IP 地址。

根据前面【网络规划】中关于主机 IP 地址的规划,配置 Host-9～Host-18。

步骤 2:配置交换机 SW-5～SW-9。

根据前面【网络规划】中的设计对 SW-5～SW-9 进行配置,包括创建 VLAN、配置 Access 接口和 Trunk 接口。

(1)配置交换机 SW-5。

```
<Huawei>system-view
Enter system view, return user view with Ctrl+Z.
[Huawei]undo info-center enable
Info: Information center is disabled.
[Huawei]sysname SW-5
//创建 VLAN2、VLAN3
[SW-5]vlan batch 2 3
Info: This operation may take a few seconds. Please wait for a moment...done.
//将 Ethernet 0/0/1 和 Ethernet 0/0/2 接口设置为 Access 类型,分别划入 VLAN2 和 VLAN3
[SW-5]interface Ethernet 0/0/1
[SW-5-Ethernet 0/0/1]port link-type access
[SW-5-Ethernet 0/0/1]port default vlan 2
[SW-5-Ethernet 0/0/1]quit
[SW-5]interface Ethernet 0/0/2
[SW-5-Ethernet 0/0/2]port link-type access
[SW-5-Ethernet 0/0/2]port default vlan 3
[SW-5-Ethernet 0/0/2]quit
//将上联路由交换机 RS-5 的接口设为 Trunk 类型,并允许 VLAN2 和 VLAN3 的数据帧通过
```

```
[SW-5]interface GigabitEthernet 0/0/1
[SW-5-GigabitEthernet 0/0/1]port link-type trunk
[SW-5-GigabitEthernet 0/0/1]port trunk allow-pass vlan 2 3
[SW-5-GigabitEthernet 0/0/1]quit
[SW-5]quit
<SW-5>save
```

（2）配置交换机 SW-6。

```
<Huawei>system-view
Enter system view, return user view with Ctrl+Z.
[Huawei]undo info-center enable
Info: Information center is disabled.
[Huawei]sysname SW-6
//创建 VLAN4、VLAN5
[SW-6]vlan batch 4 5
Info: This operation may take a few seconds. Please wait for a moment...done.
//将连接主机的接口设置成 Access 类型，分别划入 VLAN4 和 VLAN5
[SW-6]interface Ethernet 0/0/1
[SW-6-Ethernet 0/0/1]port link-type access
[SW-6-Ethernet 0/0/1]port default vlan 4
[SW-6-Ethernet 0/0/1]quit
[SW-6]interface Ethernet 0/0/2
[SW-6-Ethernet 0/0/2]port link-type access
[SW-6-Ethernet 0/0/2]port default vlan 5
[SW-6-Ethernet 0/0/2]quit
//将上联路由交换机 RS-6 的接口设为 Trunk 类型，并允许 VLAN4 和 VLAN5 的数据帧通过
[SW-6]interface GigabitEthernet 0/0/1
[SW-6-GigabitEthernet 0/0/1]port link-type trunk
[SW-6-GigabitEthernet 0/0/1]port trunk allow-pass vlan 4 5
[SW-6-GigabitEthernet 0/0/1]quit
[SW-6]quit
<SW-6>save
```

（3）配置交换机 SW-7。

```
<Huawei>system-view
Enter system view, return user view with Ctrl+Z.
[Huawei]undo info-center enable
Info: Information center is disabled.
[Huawei]sysname SW-7
//创建 VLAN6、VLAN7
[SW-7]vlan batch 6 7
Info: This operation may take a few seconds. Please wait for a moment...done.
//将连接主机的接口设置为 Access 类型，分别划入 VLAN6 和 VLAN7
[SW-7]interface Ethernet 0/0/1
[SW-7-Ethernet 0/0/1]port link-type access
[SW-7-Ethernet 0/0/1]port default vlan 6
[SW-7-Ethernet 0/0/1]quit
```

[SW-7]interface Ethernet 0/0/2
[SW-7-Ethernet 0/0/2]port link-type access
[SW-7-Ethernet 0/0/2]port default vlan 7
[SW-7-Ethernet 0/0/2]quit
//将上联路由交换机的接口设为 Trunk 类型，并允许 VLAN6 和 VLAN7 的数据帧通过
[SW-7]interface GigabitEthernet 0/0/1
[SW-7-GigabitEthernet 0/0/1]port link-type trunk
[SW-7-GigabitEthernet 0/0/1]port trunk allow-pass vlan 6 7
[SW-7-GigabitEthernet 0/0/1]quit
[SW-7]quit
<SW-7>save

（4）配置交换机 SW-8。

<Huawei>system-view
Enter system view, return user view with Ctrl+Z.
[Huawei]undo info-center enable
Info: Information center is disabled.
[Huawei]sysname SW-8
//创建 VLAN8、VLAN9
[SW-8]vlan batch 8 9
Info: This operation may take a few seconds. Please wait for a moment...done.
//将连接主机的接口设置为 Access 类型，分别划入 VLAN8 和 VLAN9
[SW-8]interface Ethernet 0/0/1
[SW-8-Ethernet 0/0/1]port link-type access
[SW-8-Ethernet 0/0/1]port default vlan 8
[SW-8-Ethernet 0/0/1]quit
[SW-8]interface Ethernet 0/0/2
[SW-8-Ethernet 0/0/2]port link-type access
[SW-8-Ethernet 0/0/2]port default vlan 9
[SW-8-Ethernet 0/0/2]quit
//将上联路由交换机的接口设为 Trunk 类型，并允许 VLAN8 和 VLAN9 的数据帧通过
[SW-8]interface GigabitEthernet 0/0/1
[SW-8-GigabitEthernet 0/0/1]port link-type trunk
[SW-8-GigabitEthernet 0/0/1]port trunk allow-pass vlan 8 9
[SW-8-GigabitEthernet 0/0/1]quit
[SW-8]quit
<SW-8>save

（5）配置交换机 SW-9。

<Huawei>system-view
Enter system view, return user view with Ctrl+Z.
[Huawei]undo info-center enable
Info: Information center is disabled.
[Huawei]sysname SW-9
[SW-9]vlan batch 10 11
Info: This operation may take a few seconds. Please wait for a moment...done.
//将连接主机的接口设置为 Access 类型，分别划入 VLAN10 和 VLAN11

```
[SW-9]interface Ethernet 0/0/1
[SW-9-Ethernet 0/0/1]port link-type access
[SW-9-Ethernet 0/0/1]port default vlan 10
[SW-9-Ethernet 0/0/1]quit
[SW-9]interface Ethernet 0/0/2
[SW-9-Ethernet 0/0/2]port link-type access
[SW-9-Ethernet 0/0/2]port default vlan 11
[SW-9-Ethernet 0/0/2]quit
```
//将上联路由交换机的接口设为 Trunk 类型，并允许 VLAN10 和 VLAN11 的数据帧通过
```
[SW-9]interface GigabitEthernet 0/0/1
[SW-9-GigabitEthernet 0/0/1]port link-type trunk
[SW-9-GigabitEthernet 0/0/1]port trunk allow-pass vlan 10 11
[SW-9-GigabitEthernet 0/0/1]quit
[SW-9]quit
<SW-9>save
```

步骤 3：配置路由交换机 RS-5～RS-9。

根据前面【网络规划】中的设计，分别对路由交换机 RS-5～RS-9 进行配置。包括创建 VLAN、配置 VLAN 的接口地址、配置 Trunk 接口、配置上联路由器的接口地址等。

（1）配置 RS-5。

```
<Huawei>system-view
Enter system view, return user view with Ctrl+Z.
[Huawei]undo info-center enable
Info: Information center is disabled.
[Huawei]sysname RS-5
```
//建立 VLAN2、VLAN3、VLAN100
```
[RS-5]vlan batch 2 3 100
Info: This operation may take a few seconds. Please wait for a moment...done.
```
//将下联 SW-5 的接口 GE 0/0/1 设置为 Trunk 类型，并允许 VLAN2 和 VLAN3 的数据帧通过
```
[RS-5]interface GigabitEthernet 0/0/1
[RS-5-GigabitEthernet 0/0/1]port link-type trunk
[RS-5-GigabitEthernet 0/0/1]port trunk allow-pass vlan 2 3
[RS-5-GigabitEthernet 0/0/1]quit
```
//配置上联路由器的接口 GE 0/0/24，将其配置成 Access 类型，划入 VLAN100
```
[RS-5]interface GigabitEthernet 0/0/24
[RS-5-GigabitEthernet 0/0/24]port link-type access
[RS-5-GigabitEthernet 0/0/24]port default vlan 100
[RS-5-GigabitEthernet 0/0/24]quit
```
//配置 VLAN2、VLAN3、VLAN100 的接口地址
```
[RS-5]interface vlanif 2
[RS-5-Vlanif2]ip address 192.168.64.254 255.255.255.0
[RS-5-Vlanif2]quit
[RS-5]interface vlanif 3
[RS-5-Vlanif3]ip address 192.168.65.254 255.255.255.0
[RS-5-Vlanif3]quit
```

```
[RS-5]interface vlanif 100
[RS-5-Vlanif100]ip address 10.1.1.1 255.255.255.252
[RS-5-Vlanif100]quit
//创建 OSPF 进程 1
[RS-5]ospf 1
//创建非骨干区域 area 1
[RS-5-ospf-1]area 1
//在非骨干区域 area 1 中宣告 RS-5 的直连网段，注意子网掩码的写法
[RS-5-ospf-1-area-0.0.0.1]network 10.1.1.0 0.0.0.3
[RS-5-ospf-1-area-0.0.0.1]network 192.168.64.0 0.0.0.255
[RS-5-ospf-1-area-0.0.0.1]network 192.168.65.0 0.0.0.255
[RS-5-ospf-1-area-0.0.0.1]quit
[RS-5-ospf-1]quit
[RS-5]quit
<RS-5>save
```

 提醒　　此时用 Ping 命令测试 Host-9 和 Host-10 之间的通信，可以正常通信。

（2）配置 RS-6。

```
<Huawei>system-view
Enter system view, return user view with Ctrl+Z.
[Huawei]undo info-center enable
Info: Information center is disabled.
[Huawei]sysname RS-6
//建立 VLAN4、VLAN5、VLAN100
[RS-6]vlan batch 4 5 100
Info: This operation may take a few seconds. Please wait for a moment...done.
//将下联 SW-6 的接口设置为 Trunk 类型，并允许 VLAN4 和 VLAN5 的数据帧通过
[RS-6]interface GigabitEthernet 0/0/1
[RS-6-GigabitEthernet 0/0/1]port link-type trunk
[RS-6-GigabitEthernet 0/0/1]port trunk allow-pass vlan 4 5
[RS-6-GigabitEthernet 0/0/1]quit
//配置上联路由器的接口 GE 0/0/24，将其配置为 Access 类型，划入 VLAN100
[RS-6]interface GigabitEthernet 0/0/24
[RS-6-GigabitEthernet 0/0/24]port link-type access
[RS-6-GigabitEthernet 0/0/24]port default vlan 100
[RS-6-GigabitEthernet 0/0/24]quit
//配置 VLAN4、VLAN5、VLAN100 的接口地址
[RS-6]interface vlanif 4
[RS-6-Vlanif4]ip address 192.168.66.254 255.255.255.0
[RS-6-Vlanif4]quit
[RS-6]interface vlanif 5
[RS-6-Vlanif5]ip address 192.168.67.254 255.255.255.0
[RS-6-Vlanif5]quit
```

```
[RS-6]interface vlanif 100
[RS-6-Vlanif100]ip address 10.1.2.1 255.255.255.252
[RS-6-Vlanif100]quit
//创建 OSPF 进程 1
[RS-6]ospf 1
//创建非骨干区域 area 1
[RS-6-ospf-1]area 1
//在非骨干区域 area 1 中宣告 RS-6 的直连网段，注意子网掩码的写法
[RS-6-ospf-1-area-0.0.0.1]network 10.1.2.0 0.0.0.3
[RS-6-ospf-1-area-0.0.0.1]network 192.168.66.0 0.0.0.255
[RS-6-ospf-1-area-0.0.0.1]network 192.168.67.0 0.0.0.255
[RS-6-ospf-1-area-0.0.0.1]quit
[RS-6-ospf-1]quit
[RS-6]quit
<RS-6>save
```

 提醒　　此时用 Ping 命令测试 Host-11 和 Host-12 之间的通信，可以正常通信。

（3）配置 RS-7。

```
<Huawei>system-view
Enter system view, return user view with Ctrl+Z.
[Huawei]undo info-center enable
Info: Information center is disabled.
[Huawei]sysname RS-7
//建立 VLAN6、VLAN7、VLAN100
[RS-7]vlan batch 6 7 100
Info: This operation may take a few seconds. Please wait for a moment...done.
//将连接 SW-7 的接口设置为 Trunk 类型，并允许 VLAN6 和 VLAN7 的数据帧通过
[RS-7]interface GigabitEthernet 0/0/1
[RS-7-GigabitEthernet 0/0/1]port link-type trunk
[RS-7-GigabitEthernet 0/0/1]port trunk allow-pass vlan 6 7
[RS-7-GigabitEthernet 0/0/1]quit
//配置上联路由器的接口 GE 0/0/24，将其配置为 Access 类型，划入 VLAN100
[RS-7]interface GigabitEthernet 0/0/24
[RS-7-GigabitEthernet 0/0/24]port link-type access
[RS-7-GigabitEthernet 0/0/24]port default vlan 100
[RS-7-GigabitEthernet 0/0/24]quit
//配置 VLAN6、VLAN7、VLAN100 的接口地址
[RS-7]interface vlanif 6
[RS-7-Vlanif6]ip address 192.168.68.254 255.255.255.0
[RS-7-Vlanif6]quit
[RS-7]interface vlanif 7
[RS-7-Vlanif7]ip address 192.168.69.254 255.255.255.0
[RS-7-Vlanif7]quit
[RS-7]interface vlanif 100
```

```
[RS-7-Vlanif100]ip address 10.1.3.1 255.255.255.252
[RS-7-Vlanif100]quit
//创建 OSPF 进程 1
[RS-7]ospf 1
//创建非骨干区域 area 2
[RS-7-ospf-1]area 2
//在非骨干区域 area 2 中宣告 RS-7 的直连网段，注意子网掩码的写法
[RS-7-ospf-1-area-0.0.0.2]network 10.1.3.0 0.0.0.3
[RS-7-ospf-1-area-0.0.0.2]network 192.168.68.0 0.0.0.255
[RS-7-ospf-1-area-0.0.0.2]network 192.168.69.0 0.0.0.255
[RS-7-ospf-1-area-0.0.0.2]quit
[RS-7-ospf-1]quit
[RS-7]quit
<RS-7>save
```

 提醒　此时用 Ping 命令测试 Host-13 和 Host-14 之间的通信，可以正常通信。

（4）配置 RS-8。

```
<Huawei>system-view
Enter system view, return user view with Ctrl+Z.
[Huawei]undo info-center enable
Info: Information center is disabled.
[Huawei]sysname RS-8
//建立 VLAN8、VLAN9、VLAN100
[RS-8]vlan batch 8 9 100
Info: This operation may take a few seconds. Please wait for a moment...done.
//将接口 GE 0/0/1 设置为 Trunk 类型，并允许 VLAN8 和 VLAN9 的数据帧通过
[RS-8]interface GigabitEthernet 0/0/1
[RS-8-GigabitEthernet 0/0/1]port link-type trunk
[RS-8-GigabitEthernet 0/0/1]port trunk allow-pass vlan 8 9
[RS-8-GigabitEthernet 0/0/1]quit
//配置上联路由器的接口 GE 0/0/24，将其配置为 Access 类型，划入 VLAN100
[RS-8]interface GigabitEthernet 0/0/24
[RS-8-GigabitEthernet 0/0/24]port link-type access
[RS-8-GigabitEthernet 0/0/24]port default vlan 100
[RS-8-GigabitEthernet 0/0/24]quit
//配置 VLAN8、VLAN9、VLAN100 的接口地址
[RS-8]interface vlanif 8
[RS-8-Vlanif8]ip address 192.168.70.254 255.255.255.0
[RS-8-Vlanif8]quit
[RS-8]interface vlanif 9
[RS-8-Vlanif9]ip address 192.168.71.254 255.255.255.0
[RS-8-Vlanif9]quit
[RS-8]interface vlanif 100
[RS-8-Vlanif100]ip address 10.1.4.1 255.255.255.252
```

```
[RS-8-Vlanif100]quit
//创建 OSPF 进程 1
[RS-8]ospf 1
//创建非骨干区域 area 3
[RS-8-ospf-1]area 3
//在非骨干区域 area 3 中宣告 RS-8 的直连网段，注意子网掩码的写法
[RS-8-ospf-1-area-0.0.0.3]network 10.1.4.0 0.0.0.3
[RS-8-ospf-1-area-0.0.0.3]network 192.168.70.0 0.0.0.255
[RS-8-ospf-1-area-0.0.0.3]network 192.168.71.0 0.0.0.255
[RS-8-ospf-1-area-0.0.0.3]quit
[RS-8-ospf-1]quit
<RS-8>save
```

 提醒　　此时用 Ping 命令测试 Host-15 和 Host-16 之间的通信，可以正常通信。

（5）配置 RS-9。

```
<Huawei>system-view
Enter system view, return user view with Ctrl+Z.
[Huawei]undo info-center enable
Info: Information center is disabled.
[Huawei]sysname RS-9
//建立 VLAN10、VLAN11、VLAN100
[RS-9]vlan batch 10 11 100
Info: This operation may take a few seconds. Please wait for a moment...done.
//将接口 GE 0/0/1 设置为 Trunk 类型，并允许 VLAN10 和 VLAN11 的数据帧通过
[RS-9]interface GigabitEthernet 0/0/1
[RS-9-GigabitEthernet 0/0/1]port link-type trunk
[RS-9-GigabitEthernet 0/0/1]port trunk allow-pass vlan 10 11
[RS-9-GigabitEthernet 0/0/1]quit
//配置上联路由器的接口 GE 0/0/24，将其配置成 Access 类型，划入 VLAN100
[RS-9]interface GigabitEthernet 0/0/24
[RS-9-GigabitEthernet 0/0/24]port link-type access
[RS-9-GigabitEthernet 0/0/24]port default vlan 100
[RS-9-GigabitEthernet 0/0/24]quit
//配置 VLAN10、VLAN11、VLAN100 的接口地址
[RS-9]interface vlanif 10
[RS-9-Vlanif10]ip address 192.168.72.254 255.255.255.0
[RS-9-Vlanif10]quit
[RS-9]interface vlanif 11
[RS-9-Vlanif11]ip address 192.168.73.254 255.255.255.0
[RS-9-Vlanif11]quit
[RS-9]interface vlanif 100
[RS-9-Vlanif100]ip address 10.1.5.1 255.255.255.252
[RS-9-Vlanif100]quit
//创建 OSPF 进程 1
```

```
[RS-9]ospf 1
//创建非骨干区域 area 3
[RS-9-ospf-1]area 3
//在非骨干区域 area 3 中宣告 RS-9 的直连网段，注意子网掩码的写法
[RS-9-ospf-1-area-0.0.0.3]network 10.1.5.0 0.0.0.3
[RS-9-ospf-1-area-0.0.0.3]network 192.168.72.0 0.0.0.255
[RS-9-ospf-1-area-0.0.0.3]network 192.168.73.0 0.0.0.255
[RS-9-ospf-1-area-0.0.0.3]quit
[RS-9-ospf-1]quit
<RS-9>save
```

 提醒　　　　此时用 Ping 命令测试 Host-17 和 Host-18 之间的通信，可以正常通信。

步骤 4：配置路由器 R-4～R-7。

根据前面【网络规划】中的设计，对路由器 R4、R5、R6、R7 进行配置，包括配置路由器接口 IP 地址（即直连路由）、配置 OSPF。

（1）配置路由器 R-4。

```
<Huawei>system-view
Enter system view, return user view with Ctrl+Z.
[Huawei]undo info-center enable
Info: Information center is disabled.
[Huawei]sysname R-4

//配置路由器接口地址（即直连路由）
[R-4]interface Ethernet 0/0/0
[R-4-Ethernet 0/0/0]ip address 10.1.0.1 255.255.255.252
[R-4-Ethernet 0/0/0]quit
[R-4]interface Ethernet 0/0/1
[R-4-Ethernet 0/0/1]ip address 10.1.0.18 255.255.255.252
[R-4-Ethernet 0/0/1]quit
[R-4]interface GigabitEthernet 0/0/0
[R-4-GigabitEthernet 0/0/0]ip address 10.1.0.10 255.255.255.252
[R-4-GigabitEthernet 0/0/0]quit
[R-4]interface GigabitEthernet 0/0/3
[R-4-GigabitEthernet 0/0/3]ip address 100.1.1.2 255.255.255.252
[R-4-GigabitEthernet 0/0/3]quit

//创建 OSPF 进程 1
[R-4]ospf 1
//创建骨干区域 area 0
[R-4-ospf-1]area 0
//在骨干区域 area 0 中宣告直连网段
[R-4-ospf-1-area-0.0.0.0]network 10.1.0.0 0.0.0.3
[R-4-ospf-1-area-0.0.0.0]network 10.1.0.8 0.0.0.3
```

```
[R-4-ospf-1-area-0.0.0.0]network 10.1.0.16 0.0.0.3
[R-4-ospf-1-area-0.0.0.0]quit
[R-4-ospf-1]quit
[R-4]quit
<R-4>save
```

（2）配置路由器 R-5。

```
<Huawei>system-view
Enter system view, return user view with Ctrl+Z.
[Huawei]undo info-center enable
Info: Information center is disabled.
[Huawei]sysname R-5
//以下配置路由器接口地址（即直连路由）
[R-5]interface Ethernet 0/0/0
[R-5-Ethernet 0/0/0]ip address 10.1.0.2 255.255.255.252
[R-5-Ethernet 0/0/0]quit
[R-5]interface Ethernet 0/0/1
[R-5-Ethernet 0/0/1]ip address 10.1.0.5 255.255.255.252
[R-5-Ethernet 0/0/1]quit
[R-5]interface GigabitEthernet 0/0/1
[R-5-GigabitEthernet 0/0/1]ip address 10.1.1.2 255.255.255.252
[R-5-GigabitEthernet 0/0/1]quit
[R-5]interface GigabitEthernet 0/0/2
[R-5-GigabitEthernet 0/0/2]ip address 10.1.2.2 255.255.255.252
[R-5-GigabitEthernet 0/0/2]quit
//创建 OSPF 进程 1
[R-5]ospf 1
//创建骨干区域 area 0
[R-5-ospf-1]area 0
//在骨干区域 area 0 中宣告直连网段，注意子网掩码的写法
[R-5-ospf-1-area-0.0.0.0]network 10.1.0.0 0.0.0.3
[R-5-ospf-1-area-0.0.0.0]network 10.1.0.4 0.0.0.3
[R-5-ospf-1-area-0.0.0.0]quit
//创建非骨干区域 area 1
[R-5-ospf-1]area 1
//在非骨干区域 area 1 中宣告直连网段，注意子网掩码的写法
[R-5-ospf-1-area-0.0.0.1]network 10.1.1.0 0.0.0.3
[R-5-ospf-1-area-0.0.0.1]network 10.1.2.0 0.0.0.3
[R-5-ospf-1-area-0.0.0.1]quit
[R-5-ospf-1]quit
[R-5]quit
<R-5>
```

 提醒   此时用 Ping 命令测试 Host-9～Host-12 之间的通信，可以正常通信。

（3）配置路由器 R-6。

```
<Huawei>system-view
Enter system view, return user view with Ctrl+Z.
[Huawei]undo info-center enable
Info: Information center is disabled.
[Huawei]sysname R-6
//配置路由器接口地址（即直连路由）
[R-6]interface Ethernet 0/0/0
[R-6-Ethernet 0/0/0]ip address 10.1.0.13 255.255.255.252
[R-6-Ethernet 0/0/0]quit
[R-6]interface Ethernet 0/0/1
[R-6-Ethernet 0/0/1]ip address 10.1.0.6 255.255.255.252
[R-6-Ethernet 0/0/1]quit
[R-6]interface GigabitEthernet 0/0/0
[R-6-GigabitEthernet 0/0/0]ip address 10.1.0.9 255.255.255.252
[R-6-GigabitEthernet 0/0/0]quit
[R-6]interface GigabitEthernet 0/0/1
[R-6-GigabitEthernet 0/0/1]ip address 10.1.3.2 255.255.255.252
[R-6-GigabitEthernet 0/0/1]quit
//配置 OSPF 协议
//创建 OSPF 进程 1
[R-6]ospf 1
//创建骨干区域 area 0
[R-6-ospf-1]area 0
//在骨干区域 area 0 中宣告直连网段
[R-6-ospf-1-area-0.0.0.0]network 10.1.0.4 0.0.0.3
[R-6-ospf-1-area-0.0.0.0]network 10.1.0.8 0.0.0.3
[R-6-ospf-1-area-0.0.0.0]network 10.1.0.12 0.0.0.3
[R-6-ospf-1-area-0.0.0.0]quit
//创建非骨干区域 area 2
[R-6-ospf-1]area 2
//在骨干区域 area 2 中宣告直连网段
[R-6-ospf-1-area-0.0.0.2]network 10.1.3.0 0.0.0.3
[R-6-ospf-1-area-0.0.0.2]quit
[R-6-ospf-1]quit
[R-6]quit
<R-6>save
```

 提醒　　此时用 Ping 命令测试 Host-9～Host-14 之间的通信，仍然可以正常通信。

（4）配置路由器 R-7。

```
<Huawei>system-view
Enter system view, return user view with Ctrl+Z.
[Huawei]undo info-center enable
Info: Information center is disabled.
```

```
[Huawei]sysname R-7
//以下配置路由器接口地址（即直连路由）
[R-7]interface Ethernet 0/0/0
[R-7-Ethernet 0/0/0]ip address 10.1.0.14 255.255.255.252
[R-7-Ethernet 0/0/0]quit
[R-7]interface Ethernet 0/0/1
[R-7-Ethernet 0/0/1]ip address 10.1.0.17 255.255.255.252
[R-7-Ethernet 0/0/1]quit
[R-7]interface GigabitEthernet 0/0/1
[R-7-GigabitEthernet 0/0/1]ip address 10.1.4.2 255.255.255.252
[R-7-GigabitEthernet 0/0/1]quit
[R-7]interface GigabitEthernet 0/0/2
[R-7-GigabitEthernet 0/0/2]ip address 10.1.5.2 255.255.255.252
[R-7-GigabitEthernet 0/0/2]quit
//创建 OSPF 进程 1
[R-7]ospf 1
//创建骨干区域 area 0
[R-7-ospf-1]area 0
//在骨干区域 area 0 中宣告直连网段
[R-7-ospf-1-area-0.0.0.0]network 10.1.0.12 0.0.0.3
[R-7-ospf-1-area-0.0.0.0]network 10.1.0.16 0.0.0.3
[R-7-ospf-1-area-0.0.0.0]quit
//创建非骨干区域 area 3
[R-7-ospf-1]area 3
//在非骨干区域 area 3 中宣告直连网段
[R-7-ospf-1-area-0.0.0.3]network 10.1.4.0 0.0.0.3
[R-7-ospf-1-area-0.0.0.3]network 10.1.5.0 0.0.0.3
[R-7-ospf-1-area-0.0.0.3]quit
[R-7-ospf-1]quit
[R-7]quit
<R-7>save
```

步骤 5：测试自治系统 AS200 内部网络的通信情况。

使用 Ping 命令测试自治系统 AS200 内部各个主机之间的通信情况，测试结果见表 8-3-1。

表 8-3-1　自治系统 AS200 内部通信测试结果

序号	源主机	目的主机	通信结果
1	Host-9	Host-10	通
2	Host-9	Host-11	通
3	Host-9	Host-12	通
4	Host-9	Host-13	通
5	Host-9	Host-14	通

续表

序号	源主机	目的主机	通信结果
6	Host-9	Host-15	通
7	Host-9	Host-16	通
8	Host-9	Host-17	通
9	Host-9	Host-18	通

任务四　通过 BGP 实现自治系统之间的通信

扫码看视频

【任务介绍】

在各个自治系统的边界路由器上配置 BGP 协议，实现自治系统 AS100 和 AS200 之间的通信。

【任务目标】

（1）完成在自治系统 AS100 的边界路由器上配置 BGP 协议；
（2）完成在自治系统 AS200 的边界路由器上配置 BGP 协议；
（3）完成自治系统之间的通信测试。

【操作步骤】

步骤 1：显示当前的路由表。

在配置 BGP 协议之前，首先显示自治系统边界路由器当前的路由表，用来和配置 BGP 协议之后的路由表进行对比。

（1）显示 R-3 当前的路由表。

```
[R-3]display ip routing-table
Route Flags: R - relay, D - download to fib
---------------------------------------------------------------------------------
Routing Tables: Public
              Destinations : 21          Routes : 22

Destination/Mask    Proto    Pre   Cost    Flags   NextHop      Interface

     10.0.0.0/30     Direct   0     0       D       10.0.0.2     GigabitEthernet 0/0/0
     10.0.0.2/32     Direct   0     0       D       127.0.0.1    GigabitEthernet 0/0/0
     ......          ......   ...... ......         ......       ......
   172.16.68.0/24    RIP      100   2       D       10.0.0.6     GigabitEthernet 0/0/1
   172.16.69.0/24    RIP      100   2       D       10.0.0.6     GigabitEthernet 0/0/1
   172.16.70.0/24    RIP      100   2       D       10.0.0.6     GigabitEthernet 0/0/1
   172.16.71.0/24    RIP      100   2       D       10.0.0.6     GigabitEthernet 0/0/1
[R-3]
```

可以看出，路由器 R-3 的路由表中，只有自治系统 AS100 内部的网络路由信息，即只包含直连路由和 RIP 协议获取的路由，不包含自治系统 AS200 的网络路由信息，这说明两个自治系统之间还无法交换路由信息，即无法相互通信。

 提醒　　　为了排版需要，上述路由表的格式做了细微调整。

（2）显示 R-4 当前的路由表。

```
[R-4]display ip routing-table
Route Flags: R - relay, D - download to fib
----------------------------------------------------------------------------------------
Routing Tables: Public
          Destinations : 27        Routes : 29

Destination/Mask    Proto    Pre   Cost    Flags    NextHop       Interface

    10.1.0.0/30     Direct   0     0       D        10.1.0.1      Ethernet 0/0/0
    10.1.0.1/32     Direct   0     0       D        127.0.0.1     Ethernet 0/0/0
    ......          ......   ......                 ......        ......
192.168.70.0/24     OSPF     10    3       D        10.1.0.17     Ethernet 0/0/1
192.168.71.0/24     OSPF     10    3       D        10.1.0.17     Ethernet 0/0/1
192.168.72.0/24     OSPF     10    3       D        10.1.0.17     Ethernet 0/0/1
192.168.73.0/24     OSPF     10    3       D        10.1.0.17     Ethernet 0/0/1
[R-4]
```

可以看出，路由器 R-4 的路由表中，只有自治系统 AS200 内部的网络路由信息，即只包含直连路由和 OSPF 协议获取的路由，不包含自治系统 AS100 的网络路由信息，这说明两个自治系统之间还无法交换路由信息，即无法相互通信。

步骤 2：在 AS100 的边界路由器 R-3 上配置 BGP 路由协议。

```
//使能 BGP，AS 号为 100
[R-3]bgp 100
//创建对等体，其 AS 编号为 200，对等体接口 IP 为 100.1.1.2
[R-3-bgp]peer 100.1.1.2 as-number 200
//进入 IPv4 地址组视图
[R-3-bgp]ipv4-family unicast
//在 BGP 中引入 RIP 1 的路由信息
[R-3-bgp-af-ipv4]import-route rip 1
[R-3-bgp-af-ipv4]quit
[R-3-bgp]quit
//下面将 R-3 通过 BGP 协议获得的路由信息（来自 AS200），引入到本 AS（即 AS100）的 RIP 1 中，从
而使得 AS100 中的其他路由器，可以通过 RIP 协议获取这些路由信息
[R-3]rip 1
[R-3-rip-1]import-route bgp
[R-3-rip-1]quit
```

[R-3]quit

<R-3>save

步骤 3：在 AS200 的边界路由器 R-4 上配置 BGP 路由协议。

//使能 BGP，AS 号为 200

[R-4]bgp 200

//创建对等体，其 AS 编号为 100，对等体接口 IP 地址为 100.1.1.1

[R-4-bgp]peer 100.1.1.1 as-number 100

//进入 IPv4 地址组视图

[R-4-bgp]ipv4-family unicast

//在 BGP 中引入 ospf 1 的路由信息，使得这些路由信息可以通过 BGP 传递到自治系统 AS100

[R-4-bgp-af-ipv4]import-route ospf 1

[R-4-bgp-af-ipv4]quit

[R-4-bgp]quit

//将 R-4 通过 BGP 协议获得的路由信息（来自 AS100），引入到本 AS（即 AS200）的 ospf 1 中，从而使得 AS200 中的其他路由器，可以通过 OSPF 协议获取这些路由信息

[R-4]ospf 1

[R-4-ospf-1]import-route bgp

[R-4-ospf-1]quit

[R-4]quit

<R-4>save

步骤 4：显示当前的路由表。

（1）显示 R-3 当前的路由表。

[R-3]display ip routing-table

Route Flags: R - relay, D - download to fib

Routing Tables: Public

　　　　　　　Destinations : 41　　　　　Routes : 42

Destination/Mask	Proto	Pre	Cost	Flags	NextHop	Interface
10.0.0.0/30	Direct	0	0	D	10.0.0.2	GigabitEthernet 0/0/0
10.0.0.2/32	Direct	0	0	D	127.0.0.1	GigabitEthernet 0/0/0
……	……	……			……	……
172.16.64.0/24	RIP	100	2	D	10.0.0.1	GigabitEthernet 0/0/0
172.16.65.0/24	RIP	100	2	D	10.0.0.1	GigabitEthernet 0/0/0
……	……	……			……	……
192.168.70.0/24	EBGP	255	3	D	100.1.1.2	GigabitEthernet 0/0/3
192.168.71.0/24	EBGP	255	3	D	100.1.1.2	GigabitEthernet 0/0/3
192.168.72.0/24	EBGP	255	3	D	100.1.1.2	GigabitEthernet 0/0/3
192.168.73.0/24	EBGP	255	3	D	100.1.1.2	GigabitEthernet 0/0/3

[R-3]

可以看出，路由器 R-3 的路由表中，包含从自治系统 AS200 获得的 192.168.0.0 网络的路由信息。

提醒   "EBGP"表示该路由信息是从另一个 AS 系统获取的。

（2）显示 R-4 当前的路由表。

```
[R-4]display ip routing-table
Route Flags: R - relay, D - download to fib
--------------------------------------------------------------------------------
Routing Tables: Public
         Destinations : 42          Routes : 44
Destination/Mask    Proto    Pre    Cost    Flags    NextHop      Interface

      10.1.0.0/30    Direct   0      0       D        10.1.0.1     Ethernet 0/0/0
      10.1.0.1/32    Direct   0      0       D        127.0.0.1    Ethernet 0/0/0
      ......         ......   ......                  ......       ......
   172.16.66.0/24    EBGP     255    2       D        100.1.1.1    GigabitEthernet 0/0/3
   172.16.67.0/24    EBGP     255    2       D        100.1.1.1    GigabitEthernet 0/0/3
   172.16.68.0/24    EBGP     255    2       D        100.1.1.1    GigabitEthernet 0/0/3
   172.16.69.0/24    EBGP     255    2       D        100.1.1.1    GigabitEthernet 0/0/3
      ......         ......   ......                  ......       ......
  192.168.70.0/24    OSPF     10     3       D        10.1.0.17    Ethernet 0/0/1
  192.168.71.0/24    OSPF     10     3       D        10.1.0.17    Ethernet 0/0/1
  192.168.72.0/24    OSPF     10     3       D        10.1.0.17    Ethernet 0/0/1
  192.168.73.0/24    OSPF     10     3       D        10.1.0.17    Ethernet 0/0/1

[R-4]
```

可以看出，路由器 R-4 的路由表中，包含从自治系统 AS100 获得的 172.16.0.0 网络的路由信息。

步骤 5：通信测试。

使用 Ping 命令测试自治系统 AS100 和 AS200 之间的通信情况，测试结果见表 8-4-1。

表 8-4-1　自治系统之间的通信测试结果

序号	源主机	目的主机	通信结果
1	Host-1	Host-9	通
2	Host-1	Host-10	通
3	Host-1	Host-11	通
4	Host-1	Host-12	通
5	Host-1	Host-13	通
6	Host-1	Host-14	通
7	Host-1	Host-15	通

续表

序号	源主机	目的主机	通信结果
8	Host-1	Host-16	通
9	Host-1	Host-17	通
10	Host-1	Host-18	通

任务五　对 BGP 发布的路由信息进行过滤

扫码看视频

【任务介绍】

对各自治系统边界路由器通过 BGP 协议发向对等体的路由信息进行过滤，从而禁止指定的路由信息发往其他自治系统。

【任务目标】

（1）完成对自治系统 AS100 边界路由器 R-3 的配置，禁止将 10.0.0.0/16 网段的路由信息发往自治系统 AS200；

（2）完成对自治系统 AS200 边界路由器 R-4 的配置，禁止将 10.1.0.0/16 网段的路由信息发往自治系统 AS100。

【操作步骤】

步骤 1： 在路由器 R-3 上配置路由过滤。

（1）配置过滤规则。对自治系统 AS100 的边界路由器 R-3 进行配置，禁止将 10.0.0.0/16 网段的路由信息发往自治系统 AS200。

```
//禁止 10.0.0.0/16 网段的路由，过滤规则命名为 prefix-r3，索引号为 10
[R-3]ip ip-prefix prefix-r3 index 10 deny 10.0.0.0 16 greater-equal 16 less-equal 32
//允许所有路由信息，过滤规则名为 prefix-r3，索引号为 12，在索引号 10 之后执行
[R-3]ip ip-prefix prefix-r3 index 12 permit 0.0.0.0 0 less-equal 32
```

（2）在 BGP 视图中应用过滤规则。

```
//进入 BGP 视图，应用过滤规则，export 表示应用到发布出去的路由信息
[R-3]bgp 100
[R-3-bgp]filter-policy ip-prefix prefix-r3 export
```

（3）查看 R-4 的路由表。此时查看 R-4 的路由表，除了 AS200 自身的路由信息外，可以看到从 AS100 发来的目的网络是 172.16.64.0/24～172.16.71.0/24 网段的路由，看不到从 AS100 发过来的目的网络是 10.0.0.0/16 的路由信息了。

```
<R-4>display ip routing-table
Route Flags: R - relay, D - download to fib
---------------------------------------------------------------------------------
Routing Tables: Public
         Destinations : 35        Routes : 37
```

Destination/Mask	Proto	Pre	Cost	Flags	NextHop	Interface
10.1.0.0/30	Direct	0	0	D	10.1.0.1	Ethernet 0/0/0
10.1.0.1/32	Direct	0	0	D	127.0.0.1	Ethernet 0/0/0
10.1.0.4/30	OSPF	10	2	D	10.1.0.2	Ethernet 0/0/0
	OSPF	10	2	D	10.1.0.9	GigabitEthernet 0/0/0
10.1.0.8/30	Direct	0	0	D	10.1.0.10	GigabitEthernet 0/0/0
……	……	……		……	……	……
172.16.64.0/24	EBGP	255	2	D	100.1.1.1	GigabitEthernet 0/0/3
172.16.65.0/24	EBGP	255	2	D	100.1.1.1	GigabitEthernet 0/0/3
172.16.66.0/24	EBGP	255	2	D	100.1.1.1	GigabitEthernet 0/0/3
172.16.67.0/24	EBGP	255	2	D	100.1.1.1	GigabitEthernet 0/0/3
172.16.68.0/24	EBGP	255	2	D	100.1.1.1	GigabitEthernet 0/0/3
172.16.69.0/24	EBGP	255	2	D	100.1.1.1	GigabitEthernet 0/0/3
172.16.70.0/24	EBGP	255	2	D	100.1.1.1	GigabitEthernet 0/0/3
172.16.71.0/24	EBGP	255	2	D	100.1.1.1	GigabitEthernet 0/0/3
……	……	……		……	……	……
192.168.70.0/24	OSPF	10	3	D	10.1.0.17	Ethernet 0/0/1
192.168.71.0/24	OSPF	10	3	D	10.1.0.17	Ethernet 0/0/1
192.168.72.0/24	OSPF	10	3	D	10.1.0.17	Ethernet 0/0/1
192.168.73.0/24	OSPF	10	3	D	10.1.0.17	Ethernet 0/0/1

```
<R-4>
```

步骤 2：在路由器 R-4 上配置路由过滤。

（1）配置过滤规则。对自治系统 AS200 的边界路由器 R-4 进行配置，禁止将 10.1.0.0/16 网段的路由信息发往自治系统 AS100。

```
//禁止 10.1.0.0/16 网段的路由信息，过滤规则命名为 prefix-r4，索引号为 10
[R-4]ip ip-prefix prefix-r4 index 10 deny 10.1.0.0 16 greater-equal 16 less-equal 32
//允许所有路由信息，本索引号为 12，在索引号 10 之后执行
[R-4]ip ip-prefix prefix-r4 index 12 permit 0.0.0.0 0 less-equal 32
```

（2）在 BGP 视图中应用过滤规则。

```
//进入 BGP 视图，应用过滤规则，export 表示应用到发布出去的路由信息
[R-4]bgp 200
[R-4-bgp]filter-policy ip-prefix prefix-r4 export
```

（3）查看 R-3 的路由表。此时查看 R-3 的路由表，除了 AS100 自身的路由信息外，可以看到从 AS200 发来的目的网络是 192.168.64.0/24～192.168.73.0/24 网段的路由，看不到从 AS200 发过来的目的网络是 10.1.0.0/16 的路由信息了。

看不到目的网络是 10.1.0.0/16 的路由信息了。

```
<R-3>display ip routing-table
Route Flags: R - relay, D - download to fib
----------------------------------------------------------------------------------------

Routing Tables: Public
          Destinations : 31          Routes : 32

Destination/Mask    Proto    Pre   Cost     Flags    NextHop        Interface

       10.0.0.0/30   Direct   0     0        D        10.0.0.2       GigabitEthernet 0/0/0
       10.0.0.2/32   Direct   0     0        D        127.0.0.1      GigabitEthernet 0/0/0
       10.0.0.4/30   Direct   0     0        D        10.0.0.5       GigabitEthernet 0/0/1
       ......        ......   ......                  ......         ......
    172.16.69.0/24   RIP      100   2        D        10.0.0.6       GigabitEthernet 0/0/1
    172.16.70.0/24   RIP      100   2        D        10.0.0.6       GigabitEthernet 0/0/1
    172.16.71.0/24   RIP      100   2        D        10.0.0.6       GigabitEthernet 0/0/1
   192.168.64.0/24   EBGP     255   3        D        100.1.1.2      GigabitEthernet 0/0/3
   192.168.65.0/24   EBGP     255   3        D        100.1.1.2      GigabitEthernet 0/0/3
   192.168.66.0/24   EBGP     255   3        D        100.1.1.2      GigabitEthernet 0/0/3
   192.168.67.0/24   EBGP     255   3        D        100.1.1.2      GigabitEthernet 0/0/3
   192.168.68.0/24   EBGP     255   3        D        100.1.1.2      GigabitEthernet 0/0/3
   192.168.69.0/24   EBGP     255   3        D        100.1.1.2      GigabitEthernet 0/0/3
   192.168.70.0/24   EBGP     255   3        D        100.1.1.2      GigabitEthernet 0/0/3
   192.168.71.0/24   EBGP     255   3        D        100.1.1.2      GigabitEthernet 0/0/3
   192.168.72.0/24   EBGP     255   3        D        100.1.1.2      GigabitEthernet 0/0/3
   192.168.73.0/24   EBGP     255   3        D        100.1.1.2      GigabitEthernet 0/0/3
<R-3>
```

任务六　配置 BGP 路由聚合

扫码看视频

【任务介绍】

对自治系统边界路由器通过 BGP 协议发向对等体的路由信息进行聚合，从而简化路由表。

【任务目标】

（1）完成自治系统 AS100 的边界路由器 R-3 中的路由聚合；

（2）完成自治系统 AS200 的边界路由器 R-4 中的路由聚合。

【操作步骤】

步骤 1： 对 R-3 中的路由进行聚合。

使用手动聚合的方式，对 R-3 中的 172.16.64.0 /24～172.16.71.0 /24 网段路由进行聚合。

```
<R-3>system-view
Enter system view, return user view with Ctrl+Z.
//进入 BGP 视图
[R-3]bgp 100
//进入 IPv4 单播地址族视图
[R-3-bgp]ipv4-family unicast
//聚合 172.16.64.0 /24～172.16.71.0 /24 网段，只发布聚合后的路由
[R-3-bgp-af-ipv4]aggregate 172.16.64.0 21 detail-suppressed
[R-3-bgp-af-ipv4]quit
[R-3-bgp]quit
[R-3]quit
<R-3>save
```

步骤 2：对 R-4 中的路由进行聚合。

使用手动聚合的方式，对 R-4 中的 192.168.64.0 /24～192.168.71.0 /24 网段、192.168.72.0 /24～192.168.73.0 /24 网段路由进行聚合。

```
<R-4>system-view
Enter system view, return user view with Ctrl+Z.
[R-4]bgp 200
[R-4-bgp]ipv4-family unicast
//聚合 192.168.64.0 /24～192.168.71.0 /24 网段，只发布聚合后的路由
[R-4-bgp-af-ipv4]aggregate 192.168.64.0 21 detail-suppressed
//聚合 192.168.72.0 /24～192.168.73.0 /24 网段，只发布聚合后的路由
[R-4-bgp-af-ipv4]aggregate 192.168.72.0 23 detail-suppressed
[R-4-bgp-af-ipv4]quit
[R-4-bgp]quit
[R-4]quit
<R-4>save
```

步骤 3：测试路由聚合结果。

（1）查看 R-3 的路由表。

```
<R-3>display ip routing-table
Route Flags: R - relay, D - download to fib
-----------------------------------------------------------------------------------------
Routing Tables: Public
         Destinations : 24        Routes : 25

Destination/Mask     Proto   Pre   Cost      Flags    NextHop       Interface

    10.0.0.0/30      Direct  0     0         D        10.0.0.2      GigabitEthernet 0/0/0
    10.0.0.2/32      Direct  0     0         D        127.0.0.1     GigabitEthernet 0/0/0
    ......           ......  ......          ......   ......        ......
   172.16.70.0/24    RIP     100   2         D        10.0.0.6      GigabitEthernet 0/0/1
   172.16.71.0/24    RIP     100   2         D        10.0.0.6      GigabitEthernet 0/0/1
  192.168.64.0/21    EBGP    255   0         D        100.1.1.2     GigabitEthernet 0/0/3
  192.168.72.0/23    EBGP    255   0         D        100.1.1.2     GigabitEthernet 0/0/3
<R-3>
```

　　可以看到，此时从 R-4 发过来的 BGP 路由信息中，192.168.64.0/24～192.168.73.0/24 这 10 个网段被聚合成 2 个网段，分别是 192.168.64.0/21 和 192.168.72.0/23。

　　（2）查看 R-4 的路由表。

```
<R-4>display ip routing-table
Route Flags: R - relay, D - download to fib
-------------------------------------------------------------------------------
Routing Tables: Public
           Destinations : 27        Routes : 27

Destination/Mask    Proto    Pre    Cost    Flags    NextHop      Interface

       10.1.0.0/30    Direct    0      0       D       10.1.0.1     Ethernet 0/0/0
       10.1.0.1/32    Direct    0      0       D       127.0.0.1    Ethernet 0/0/0
       ……          ……     ……                       ……          ……
   172.16.64.0/21    EBGP    255    0       D       100.1.1.1    GigabitEthernet 0/0/3
       ……          ……     ……                       ……          ……
 192.168.72.0/24     OSPF    10     3       D       10.1.0.17    Ethernet 0/0/1
 192.168.73.0/24     OSPF    10     3       D       10.1.0.17    Ethernet 0/0/1
<R-4>
```

　　可以看到，此时从 R-3 发过来的 BGP 路由信息中，172.16.64.0 /24～172.168.71.0 /24 这 8 个网段被聚合成 1 个网段 172.16.64.0 /21。

任务七　抓包分析 BGP 更新路由的方式

扫码看视频

【任务介绍】

　　在 eNSP 中启动抓包程序，通过抓包分析、验证"当自治系统 BGP 边界路由器所发布的路由信息变化时，BGP 只发送更新的路由"。

【任务目标】

　　（1）完成 BGP 通信的抓包；
　　（2）完成对所抓取数据包的对比分析，并验证 BGP 更新路由的方式。

【操作步骤】

　　步骤 1：设置抓包环境。
　　（1）整个网络中的设备正常运行，自治系统 AS100 和 AS200 之间能够正常通信。
　　（2）在 AS100 的 BGP 边界路由器 R-3 上，取消路由聚合操作。命令如下：

```
[R-3]bgp 100
[R-3-bgp]ipv4-family unicast
```

//取消对 172.16.64.0 /21 网段的聚合

[R-3-bgp-af-ipv4]undo aggregate 172.16.64.0 21 detail-suppressed

[R-3-bgp-af-ipv4]quit

[R-3-bgp]quit

[R-3]

步骤 2：启动抓包程序。

如图 8-7-1 所示，在路由器 R-3 的 GE 0/0/3 接口（即①）处启动抓包程序。

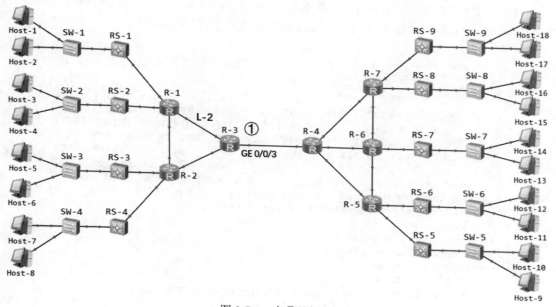

图 8-7-1　在①处抓包

步骤 3：查看①处抓取到的报文。

从图 8-7-2 可以看出，在 BGP 路由没有更新时，周期性地发送 KEEPALIVE Message 消息（例如 1 号、3 号报文），向对等体通告自己的存在，保持和对等体的关系。

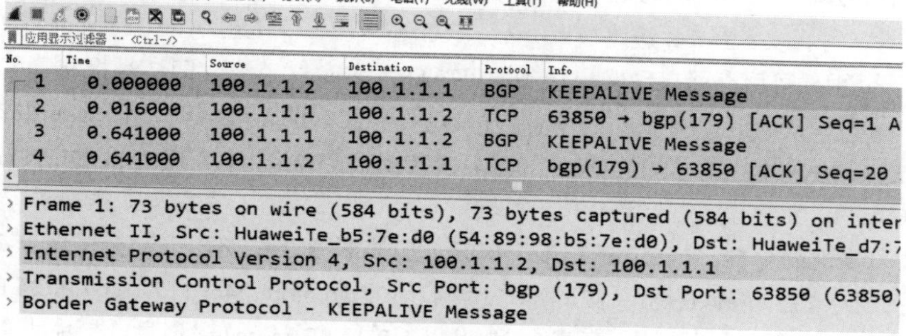

图 8-7-2　抓取到的 KEEPALIVE 消息报文

提醒　　　点击 Wireshark 的菜单栏【视图】→【解析名称】，将【解析网络地址】前面的勾选去掉，则报文列表中【Source】和【Destination】字段可显示 IP 地址信息。

步骤 4：删除 L2 链路。

删除 L2 链路（即 R-1 和 R-3 之间的连接），然后立即查看抓取到的报文。

步骤 5：再次查看①处抓取的报文。

（1）查看 5 号报文。可以看到，当删除了 L2 链路后，BGP 发出了一条 UPDATE Message 消息报文（即 5 号报文），如图 8-7-3 所示。UPDATE 报文用于更新路由条目。

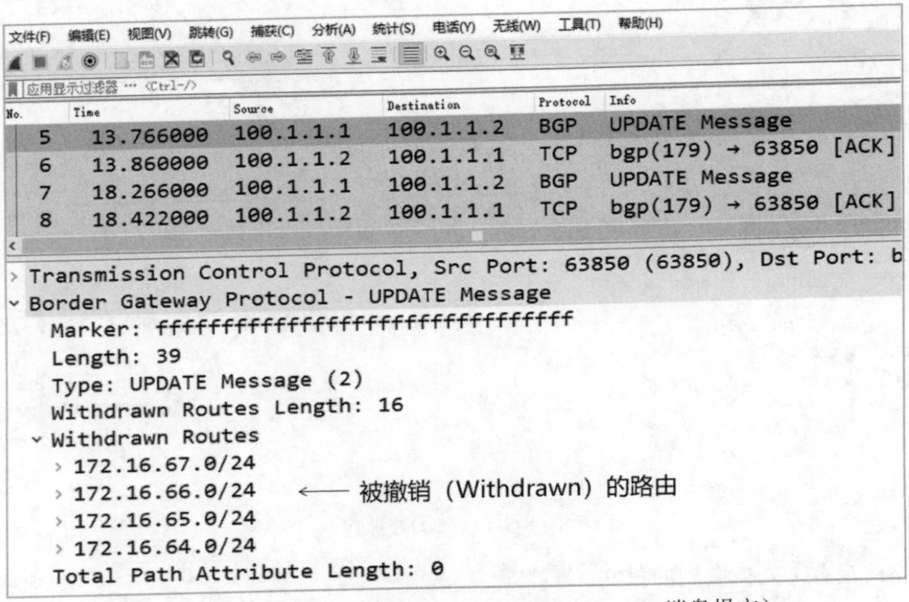

文件(F)　编辑(E)　视图(V)　跳转(G)　捕获(C)　分析(A)　统计(S)　电话(Y)　无线(W)　工具(T)　帮助(H)

应用显示过滤器 … <Ctrl-/>

No.	Time	Source	Destination	Protocol	Info
5	13.766000	100.1.1.1	100.1.1.2	BGP	UPDATE Message
6	13.860000	100.1.1.2	100.1.1.1	TCP	bgp(179) → 63850 [ACK]
7	18.266000	100.1.1.1	100.1.1.2	BGP	UPDATE Message
8	18.422000	100.1.1.2	100.1.1.1	TCP	bgp(179) → 63850 [ACK]

> Transmission Control Protocol, Src Port: 63850 (63850), Dst Port: b
∨ Border Gateway Protocol - UPDATE Message
　　Marker: ffffffffffffffffffffffffffffffff
　　Length: 39
　　Type: UPDATE Message (2)
　　Withdrawn Routes Length: 16
　∨ Withdrawn Routes
　　> 172.16.67.0/24
　　> 172.16.66.0/24　　←── 被撤销（Withdrawn）的路由
　　> 172.16.65.0/24
　　> 172.16.64.0/24
　　Total Path Attribute Length: 0

图 8-7-3　查看 5 号报文的内容（UPDATE Message 消息报文）

查看 5 号报文的内容，可以看到 BGP 的 UPDATE Message 报告：撤销的路由（Withdrawn Routes）包括 172.16.67.0/24、172.16.66.0/24、172.16.65.0/24、172.16.64.0/24。

（2）查看 7 号报文。当 L2 链路被断开后，R-3 在发出一条 UPDATE Message 消息（即 5 号报文）后，过了短暂时间后，又自动发出一条 UPDATE Message 消息，即 7 号报文。

如图 8-7-4 所示，查看 7 号报文的内容，可以看到 BGP 的 UPDATE Message 报告：网络层的可达性（Reachability）信息包括 172.16.67.0 /24、172.16.66.0 /24、172.16.65.0 /24、172.16.64.0 /24。

（3）分析。

1）对 5 号报文的分析：当 L2 链路断开时，此时查看 R-3 的路由表，会发现 R-3 的路由表发生改变，失去到达 172.16.64.0 /24、172.16.65.0 /24、172.16.65.0 /24、172.16.67.0 /24 的路由信息。

因为 R-3 的路由信息发生变化，所以 BGP 发出 UPDATE Message 消息，告诉对等体这一变化。

项目八

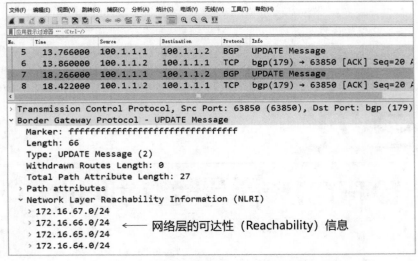

图 8-7-4　抓取到的 UPDATE Message 消息报文

2）对 7 号报文的分析：由于 RIP 协议定期进行路由更新，因此会有一小段时间，路由器 R-1 与 R-3 之间的通信是中断的，RIP 路由更新过后，新的路由形成，R-1 通过 R-2 到达 R-3，因此，R-3 中又出现了 172.16.64.0 /24、172.16.65.0 /24、172.16.66.0 /24、172.16.67.0 /24 的路由信息。此时，BGP 再次发出 UPDATE Message 消息，告诉对等体这一新变化。

 | 读者在进行抓包分析时，可配合查看 R-3 的路由表的变化。

项目九

使用 DHCP 管理 IP 地址

● 项目介绍

　　在前面的项目中，构建园区网使用的是静态 IP 地址。在网络规模较大时，手工配置 IP 地址需要很大的工作量，就需要使用 DHCP（Dynamic Host Configuration Protocol，动态主机配置协议）服务。本项目介绍如何使用 DHCP 为用户主机自动进行 IP 地址等网络配置。

● 项目目的

- 了解 DHCP 协议；
- 熟悉 DHCP 服务器的工作原理；
- 掌握 DHCP 服务器的部署方法；
- 掌握使用 DHCP 服务配置用户主机 IP 地址等信息的方法。

● 拓扑规划

　　1. 网络拓扑

　　拓扑规划结构如图 9-0-1 所示。

　　2. 拓扑说明

　　网络拓扑说明见表 9-0-1。

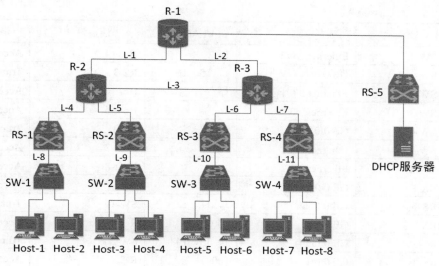

图 9-0-1　拓扑规划结构

表 9-0-1　网络拓扑说明

序号	设备线路	设备类型	规格型号
1	Host-1～Host-8	用户主机	PC
2	SW-1～SW-4	交换机	S3700
3	RS-1～RS-5	路由交换机	S5700
4	R1～R3	路由器	Router
5	DHCP	VirtualBox 虚拟机	CentOS 7 系统
6	L-1～L-12	双绞线	1000Base-T

网络规划

1. 交换机接口与 VLAN

交换机接口及 VLAN 规划表见表 9-0-2。

表 9-0-2　交换机接口及 VLAN 规划表

序号	交换机	接口	VLAN ID	连接设备	接口类型
1	SW-1	GE 0/0/1	1、11、12	RS-1	Trunk
2	SW-1	Ethernet 0/0/1	11	Host-1	Access
3	SW-1	Ethernet 0/0/2	12	Host-2	Access
4	SW-2	GE 0/0/1	1、13、14	RS-2	Trunk
5	SW-2	Ethernet 0/0/1	13	Host-3	Access

序号	交换机	接口	VLAN ID	连接设备	接口类型
6	SW-2	Ethernet 0/0/2	14	Host-4	Access
7	SW-3	GE 0/0/1	1、15、16	RS-3	Trunk
8	SW-3	Ethernet 0/0/1	15	Host-5	Access
9	SW-3	Ethernet 0/0/2	16	Host-6	Access
10	SW-4	GE 0/0/1	1、17、18	RS-4	Trunk
11	SW-4	Ethernet 0/0/1	17	Host-7	Access
12	SW-4	Ethernet 0/0/2	18	Host-8	Access
13	RS-1	GE 0/0/1	100	R-1	Access
14	RS-1	GE 0/0/24	1、11、12	SW-1	Trunk
15	RS-2	GE 0/0/1	100	R-1	Access
16	RS-2	GE 0/0/24	1、13、14	SW-2	Trunk
17	RS-3	GE 0/0/1	100	R-2	Access
18	RS-3	GE 0/0/24	1、15、16	SW-3	Trunk
19	RS-4	GE 0/0/1	100	R-2	Access
20	RS-4	GE 0/0/24	1、17、18	SW-4	Trunk
21	RS-5	GE 0/0/1	100	R-3	Access
22	RS-5	GE 0/0/24	1、10	DHCP 服务器	Access

2. 主机 IP 地址

主机 IP 地址规划表见表 9-0-3。

表 9-0-3　主机 IP 地址规划表

序号	设备名称	IP 地址 /子网掩码	默认网关	接入位置	VLAN ID
1	Host-1	192.168.64.10～20 /24	192.168.64.254	SW-1 Ethernet 0/0/1	11
2	Host-2	192.168.65.10～20 /24	192.168.65.254	SW-1 Ethernet 0/0/2	12
3	Host-3	192.168.66.10～20 /24	192.168.66.254	SW-2 Ethernet 0/0/1	13
4	Host-4	192.168.67.10～20 /24	192.168.67.254	SW-2 Ethernet 0/0/2	14
5	Host-5	192.168.68.10～20 /24	192.168.68.254	SW-3 Ethernet 0/0/1	15
6	Host-6	192.168.69.10～20 /24	192.168.69.254	SW-3 Ethernet 0/0/2	16
7	Host-7	192.168.70.10～20 /24	192.168.70.254	SW-4 Ethernet 0/0/1	17
8	Host-8	192.168.71.10～20 /24	192.168.71.254	SW-4 Ethernet 0/0/2	18
9	DHCP Server	192.168.100.200 /24	192.168.100.254	RS-5 GE 0/0/2	10

3. 路由接口

路由接口 IP 地址规划表见表 9-0-4。

项目九

表 9-0-4　路由接口 IP 地址规划表

序号	设备名称	接口名称	接口地址	备注
1	RS-1	Vlanif11	192.168.64.254 /24	VLAN11 的 SVI
2	RS-1	Vlanif12	192.168.65.254 /24	VLAN12 的 SVI
3	RS-1	Vlanif100	10.0.2.2 /30	RS-1 的 VLAN100 的 SVI
4	RS-2	Vlanif13	192.168.66.254 /24	VLAN13 的 SVI
5	RS-2	Vlanif14	192.168.67.254 /24	VLAN14 的 SVI
6	RS-2	Vlanif100	10.0.3.2 /30	RS-2 的 VLAN100 的 SVI
7	RS-3	Vlanif15	192.168.68.254 /24	VLAN15 的 SVI
8	RS-3	Vlanif16	192.168.69.254 /24	VLAN16 的 SVI
9	RS-3	Vlanif100	10.0.4.2 /30	RS-3 的 VLAN100 的 SVI
10	RS-4	Vlanif17	192.168.70.254 /24	VLAN17 的 SVI
11	RS-4	Vlanif18	192.168.71.254 /24	VLAN18 的 SVI
12	RS-4	Vlanif100	10.0.5.2 /30	RS-4 的 VLAN100 的 SVI
13	RS-5	Vlanif10	192.168.100.254 /24	VLAN10 的 SVI
14	RS-5	Vlanif100	10.0.1.2 /30	RS-5 的 VLAN100 的 SVI
15	R-1	GE 0/0/0	10.0.1.1 /30	
16	R-1	GE 0/0/1	10.0.0.1 /30	
17	R-1	GE 0/0/2	10.0.0.5 /30	
18	R-2	GE 0/0/0	10.0.0.9 /30	
19	R-2	GE 0/0/1	10.0.0.2 /30	--
20	R-2	GE 0/0/2	10.0.2.1 /30	--
21	R-2	GE 0/0/3	10.0.3.1 /30	--
22	R-3	GE 0/0/0	10.0.0.10 /30	--
23	R-3	GE 0/0/1	10.0.4.1 /30	--
24	R-3	GE 0/0/2	10.0.0.6 /30	--
25	R-3	GE 0/0/3	10.0.5.1 /30	--

4. 路由表规划

路由规划表见表 9-0-5。

表 9-0-5　路由规划表

序号	路由设备	路由协议
1	RS-1～RS-5	OSPF
2	R-1～R-3	OSPF

5. OSPF 的区域规划

本项目采用 OSPF 协议，所以对 OSPF 的区域规划如图 9-0-2 所示。

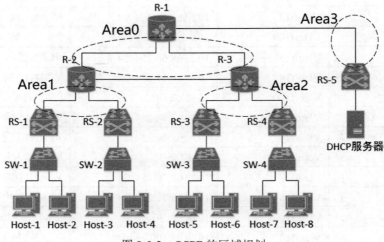

图 9-0-2　OSPF 的区域规划

◉ 项目讲堂

1. DHCP 概述

动态主机配置协议 DHCP（Dynamic Host Configuration Protocol）是一种分配动态 IP 地址以及其他网络配置信息的技术。通过 DHCP 协议对 IP 地址集中管理和自动分配，能够简化网络配置以及减少 IP 地址冲突。

2. DHCP 工作原理

DHCP 客户端动态获取 IP 地址时，在不同阶段与 DHCP 服务器之间交互的信息不同，通常有三种情况：DHCP 客户端获取 IP 地址、DHCP 客户端重用曾经分配的 IP 地址、DHCP 客户端更新租约。

（1）DHCP 客户端获取 IP 地址。DHCP 客户端动态获取 IP 地址的交互过程如图 9-0-3 所示，DHCP 客户端首次获取 IP 时，通过四个阶段与 DHCP 服务器建立联系。

图 9-0-3　DHCP 客户端动态获取 IP 交互过程

1）发现阶段：DHCP 客户端寻找 DHCP 服务器。在发现阶段，DHCP 客户端发出 DHCP Discover 报文（即发现报文）寻找 DHCP 服务器。由于 DHCP 服务器的 IP 地址对客户端来说是未知的，所以 DHCP 客户端以广播方式发送发现报文

DHCP Discover。

2）提供阶段：DHCP 服务器提供 IP 地址的阶段。接收到发现报文 DHCP Discover 的 DHCP 服务器从地址池选择一个合适的 IP 地址，连同 IP 地址租约期限、其他配置信息（如网关地址、域名服务器地址等）以及 DHCP 服务器自己的地址信息，通过提供报文 DHCP Offer 发送给 DHCP 客户端。

3）选择阶段：DHCP 客户端选择 IP 地址的阶段。若有多台 DHCP 服务器向 DHCP 客户端回应提供报文 DHCP Offer，则 DHCP 客户端只接收第一个收到的提供报文 DHCP Offer，然后以广播方式发送请求报文 DHCP Request。在 DHCP Request 报文中，包含了客户端所采用的 DHCP 服务器的地址信息。

4）确认阶段：DHCP 服务器发送确认报文 DHCP ACK。DHCP 服务器发送确认报文 DHCP ACK，确认自己准备把某 IP 地址提供给 DHCP 客户端。

经过发现、提供、请求、确认四个阶段后，DHCP 客户端才真正获得了 DHCP 服务器提供的 IP 地址等信息。

（2）DHCP 客户端重用曾经分配的 IP 地址。DHCP 客户端重用曾经分配的 IP 地址的交互过程，如图 9-0-4 所示。

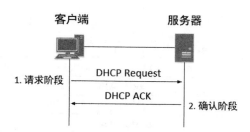

图 9-0-4　DHCP 重用曾分配 IP 地址交互过程

DHCP 客户端重新登录网络时与 DHCP 服务器建立联系：

1）重新登录网络是指客户端曾经分配到可用的 IP 地址，再次登录网络时，曾经分配的 IP 地址还在租期内，则 DHCP 客户端不再发送发现报文 DHCP Discover，而是直接发送请求报文 DHCP Request。

2）DHCP 服务器收到 DHCP Request 报文后，如果客户端申请的地址没有被分配，则返回确认报文 DHCP ACK，通知 DHCP 客户端继续使用原来的 IP 地址；如果此 IP 地址无法再分配给该 DHCP 客户端使用，DHCP 服务器将返回否认报文 DHCP NAK。

（3）DHCP 客户端更新租用期。DHCP 服务器分配给 DHCP 客户端的 IP 地址是临时的，因此 DHCP 客户只能在一段有限的时间内使用这个分配到的 IP 地址。DHCP 协议称这段时间为租用期。DHCP 客户端向服务器申请地址时可以携带期望租用期。服务器在分配租约时把客户端的期望租用期和地址池中租用期配置比较，分配其中一个较短的租用期给客户端。

当 DHCP 客户端获得 IP 地址时，会进入到绑定状态，客户端会设置 3 个定时器，分别用来控制租期更新、重绑定和判断是否已经到达租用期。DHCP 服务器为客户端分配 IP 地址时，可以为定时器指定确定的值。

DHCP 客户端更新租约的情景和时效如下：

1）租用期过了一半（T1 时间到），DHCP 客户端发送请求报文 DHCP Request 要求更新租用期。DHCP 服务器若同意，则返回确认报文 DHCP ACK，DHCP 客户端得到新的租用期，重新设置计时器；若不同意，则返回否认报文 DHCP NAK，DHCP 客户端重新发送 DHCP 发现报文 DHCP Discover 请求新的 IP 地址。

2）租用期限达到 87.5%（T2）时，如果仍未收到 DHCP 服务器的应答，DHCP 客户端会自动向 DHCP 服务器发送更新租约的广播报文。如果收到确认报文 DHCP ACK，则租约更新成功；如果收到否认报文 DHCP NAK，则重新发起申请过程。

（4）DHCP 客户端主动释放 IP 地址。DHCP 客户端不再使用分配的 IP 地址时，会主动向 DHCP 服务器发送释放报文 DHCP Release，通知 DHCP 服务器释放 IP 地址租约。

3. DHCP 报文结构

DHCP 协议是基于 UDP 的应用，DHCP 报文结构如图 9-0-5 所示。DHCP 报文结构每项的含义见表 9-0-6。

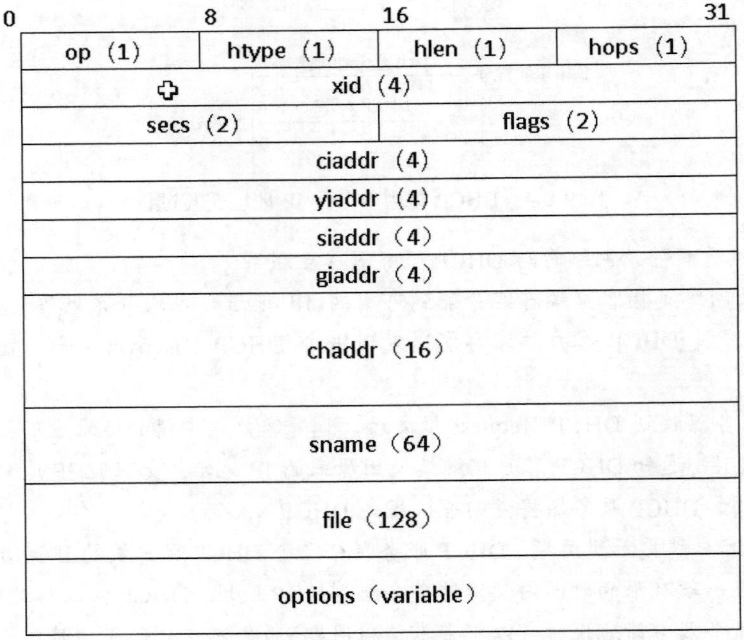

图 9-0-5　DHCP 报文结构

表 9-0-6　DHCP 报文结构的字段含义

序号	报文项	长度/字节	说明
1	op	1	报文的操作类型。1 为请求报文，2 为响应报文
2	htype	1	DHCP 客户端的硬件地址类型
3	hlen	1	DHCP 客户端的硬件地址长度。Ethernet 地址为 6
4	hops	1	DHCP 报文经过的 DHCP 中继的数目。初始为 0，报文每经过一个 DHCP 中继，该字段就会增加 1
5	xid	4	事务 ID 是个随机数，用于客户和服务器之间匹配请求和响应消息
6	secs	2	由客户端填充，自开始地址获取或更新进行后经过的时间
7	flags	2	DHCP 服务器响应报文是采用单播还是广播方式发送。只使用左边第 1 个比特位，0 表示采用单播方式，1 表示采用广播方式
8	ciaddr	4	DHCP 客户端的 IP 地址
9	yiaddr	4	DHCP 服务器分配给客户端的 IP 地址
10	siaddr	4	DHCP 客户端获取 IP 地址等信息的服务器 IP 地址
11	giaddr	4	DHCP 客户端发出请求报文后经过的第一个 DHCP 中继的 IP 地址
12	chaddr	16	客户端 MAC 地址
13	sname	64	DHCP 客户端获取 IP 地址等信息的服务器名称
14	file	128	DHCP 服务器为 DHCP 客户端指定的启动配置文件名称及路径信息
15	options	var	可选字段参数

4. IP 地址分配的优先级

DHCP 服务器按照以下优先级为客户端选择 IP 地址：

（1）DHCP 服务器的数据库中与客户端 MAC 地址静态绑定的 IP 地址。

（2）客户端曾经使用过的 IP 地址，即客户端发送的 DHCP Discover 报文中请求 IP 地址选项中的地址。

（3）在 DHCP 地址池中，顺序查找可供分配的 IP 地址，最先找到的 IP 地址。

（4）如果在 DHCP 地址池中未找到可供分配的 IP 地址，则依次查询超过租期、发生冲突的 IP 地址，找到则进行分配，否则报告错误。

5. DHCP Relay

由于 DHCP 客户端在获取 IP 地址时，是通过广播方式发送报文的，因此 DHCP 协议是一个局域网协议。但是网络管理者并不愿意在每一个网络内都部署一台 DHCP 服务器，因为这样会使 DHCP 服务器的数量太多，采用 DHCP Relay 可以解决这一问题。

　　DHCP Relay 即 DHCP 中继，为了使全网都能获得同一台 DHCP 服务器提供的服务，需要在每个子网络内配置一个 DHCP 中继（通常配置在路由交换机或路由器上）。DHCP 中继上配置有 DHCP 服务器的 IP 地址信息，从而实现不同网段内部的主机与同一台 DHCP 服务器的报文交互。

　　DHCP Relay 中继工作过程为：DHCP 客户端发出请求报文（以广播报文形式），DHCP 中继收到该报文并适当处理后，以单播形式发送给指定的位于其他网段上的 DHCP 服务器。服务器根据请求报文中提供的信息，以单播的形式将返回的报文发给 DHCP 中继，然后再通过 DHCP 中继将配置信息返回给客户端，完成对客户端的动态配置。

　　采用 DHCP 中继后的 DHCP 服务过程如图 9-0-6 所示。

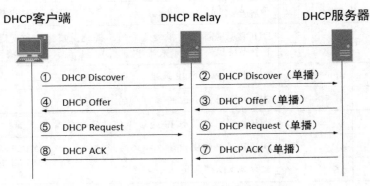

图 9-0-6　采用 DHCP 中继后的 DHCP 服务过程

　　（1）DHCP 中继接收到发现报文 DHCP Discover 或请求报文 DHCP Request 报文的处理方法。

- 为防止 DHCP 报文形成环路，丢弃报文中 hops 字段的值大于限定跳数的 DHCP 请求报文。否则，将 hops 字段增加 1，表明又经过一次 DHCP 中继。
- 检查 Relay Agent IP Address 字段。
- 将请求报文的 TTL 设置为 DHCP 中继的 TTL 缺省值，而不是原来请求报文的 TTL 减 1。
- DHCP 请求报文的目的地址修改为 DHCP 服务器或下一个 DHCP 中继的 IP 地址。

　　（2）DHCP 中继接收到 DHCP 提供报文或 DHCP 确认报文后的处理。

- DHCP 中继假设所有的应答报文都是发给直连的 DHCP 客户端。Relay Agent IP Address 字段用来识别与客户端连接的接口。如果 Relay Agent IP Address 字段不是本地接口的地址，DHCP 中继将丢弃应答报文。
- DHCP 中继检查报文的广播标志位。如果广播标志位为 1，则将 DHCP 应答报文广播发送给 DHCP 客户端；否则将 DHCP 应答报文单播发送给 DHCP 客户端，其目的地址为 Your (Client) IP Address 字段内容，链路层地址为 Client Hardware Address 字段内容。

扫码看视频

任务一　实现园区网

【任务介绍】

根据【拓扑规划】和【网络规划】，在 eNSP 中选取相应设备，完成园区网部署。

【任务目标】

在 eNSP 中完成整个网络部署。

【操作步骤】

步骤 1：创建与保存网络拓扑。

（1）启动 eNSP，点击【新建拓扑】按钮，打开一个空白的拓扑界面。

（2）根据【拓扑设计】中的网络拓扑及相关说明，在 eNSP 中选取相应的设备，将其拖动到空白拓扑中，并完成设备间的连线。

（3）eNSP 中的网络拓扑如图 9-1-1 所示。

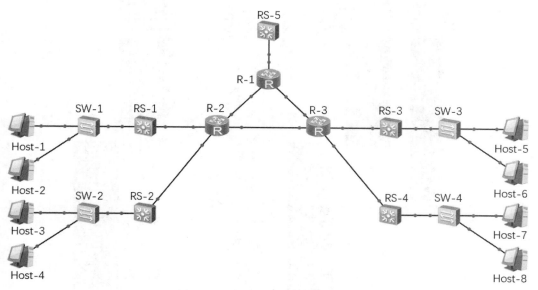

图 9-1-1　在 eNSP 中的网络拓扑图

（4）点击【保存】按钮，保存刚刚建立好的网络拓扑。

为方便读者配置网络，在图 9-1-1 的基础上增加了网络配置说明信息，如图 9-1-2 所示。

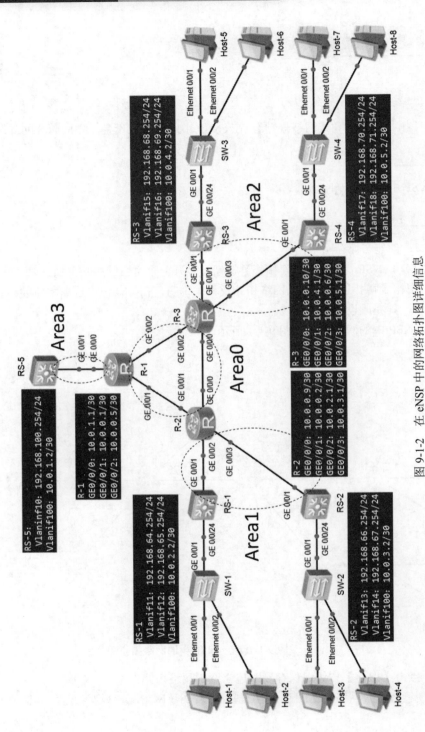

图 9-1-2　在 eNSP 中的网络拓扑图详细信息

步骤 2：配置交换机 SW-1。

按照网络规划配置交换机 SW-1。

```
//进入系统视图，修改名称
<Huawei>system-view
Enter system view, return user view with Ctrl+Z.
[Huawei]undo info-center enable
Info: Information center is disabled.
[Huawei]sysname SW-1
//创建 VLAN11、VLAN12
[SW-1]vlan batch 11 12
Info: This operation may take a few seconds. Please wait for a moment...done.
//将 Ethernet 0/0/1 和 Ethernet 0/0/2 设置为 Access 类型，分别划入 VLAN11 和 VLAN12
[SW-1]interface Ethernet 0/0/1
[SW-1-Ethernet 0/0/1]port link-type access
[SW-1-Ethernet 0/0/1]port default vlan 11
[SW-1-Ethernet 0/0/1]quit
[SW-1]interface Ethernet 0/0/2
[SW-1-Ethernet 0/0/2]port link-type access
[SW-1-Ethernet 0/0/2]port default vlan 12
//将上联 RS-1 的接口设为 Trunk 类型，并允许 VLAN11 和 VLAN12 的数据帧通过
[SW-1-Ethernet 0/0/2]interface GigabitEthernet 0/0/1
[SW-1-GigabitEthernet 0/0/1]port link-type trunk
[SW-1-GigabitEthernet 0/0/1]port trunk allow-pass vlan 11 12
[SW-1-GigabitEthernet 0/0/1]quit
[SW-1]quit
//保存配置
<SW-1>save
```

步骤 3：配置交换机 SW-2。

参考步骤 2 中 SW-1 的配置过程，按照【网络规划】配置交换机 SW-2，注意在 SW-2 上创建的 VLAN 是 VLAN13 和 VLAN14。

步骤 4：配置交换机 SW-3。

参考步骤 2 中 SW-1 的配置过程，按照【网络规划】配置交换机 SW-3，注意在 SW-3 上创建的 VLAN 是 VLAN15 和 VLAN16。

步骤 5：配置交换机 SW-4。

参考步骤 2 中 SW-1 的配置过程，按照【网络规划】配置交换机 SW-4，注意在 SW-4 上创建的 VLAN 是 VLAN17 和 VLAN18。

步骤 6：配置路由交换机 RS-1。

按照网络规划配置路由交换机 RS-1。

```
//进入系统视图，修改名称
<Huawei>system-view
Enter system view, return user view with Ctrl+Z.
```

```
[Huawei]undo info-center enable
Info: Information center is disabled.
[Huawei]sysname RS-1
//创建 VLAN11、VLAN12
[RS-1]vlan batch 11 12 100
Info: This operation may take a few seconds. Please wait for a moment...done.
//创建虚拟接口 Vlanif11 并给其配置 IP 地址
[RS-1]interface vlanif 11
[RS-1-Vlanif11]ip address 192.168.64.254 24
[RS-1-Vlanif11]quit
//创建虚拟接口 Vlanif12 并给其配置 IP 地址
[RS-1]interface vlanif 12
[RS-1-Vlanif12]ip address 192.168.65.254 24
[RS-1-Vlanif12]quit
//创建虚拟接口 Vlanif100 并给其配置 IP 地址
[RS-1]interface vlanif 100
[RS-1-Vlanif100]ip address 10.0.2.2 30
[RS-1-Vlanif100]quit
//配置上联路由器 R-2 的接口 GE 0/0/1
[RS-1]interface GigabitEthernet 0/0/1
[RS-1-GigabitEthernet 0/0/1]port link-type access
[RS-1-GigabitEthernet 0/0/1]port default vlan 100
[RS-1-GigabitEthernet 0/0/1]quit
//配置下联交换机 SW-1 的接口 GE 0/0/24
//进入接口 GigabitEthernet 0/0/24
[RS-1]interface GigabitEthernet 0/0/24
[RS-1-GigabitEthernet 0/0/24]port link-type trunk
[RS-1-GigabitEthernet 0/0/24]port trunk allow-pass vlan 11 12
[RS-1-GigabitEthernet 0/0/24]quit
//开启 OSPF 进程
[RS-1]ospf 1
//创建并进入 OSPF 区域，此处是区域 1
[RS-1-ospf-1]area 1
//宣告当前区域中的直连网络，注意需要配置子网掩码
[RS-1-ospf-1-area-0.0.0.1]network 192.168.64.0 0.0.0.255
[RS-1-ospf-1-area-0.0.0.1]network 192.168.65.0 0.0.0.255
[RS-1-ospf-1-area-0.0.0.1]network 10.0.2.0 0.0.0.3
[RS-1-ospf-1-area-0.0.0.1]quit
[RS-1-ospf-1]quit
[RS-1]quit
//保存配置
<RS-1>save
```

步骤 7： 配置路由交换机 RS-2。

按照【网络规划】配置路由交换机 RS-2，可参考步骤 6 中 RS-1 的配置方法，需要注意 VLAN

编号、IP 地址以及宣告网络的变化。

步骤 8：配置路由交换机 RS-3。

按照【网络规划】配置路由交换机 RS-3，可参考步骤 6 中 RS-1 的配置方法，需要注意 VLAN 编号、IP 地址以及宣告网络的变化。

步骤 9：配置路由交换机 RS-4。

按照【网络规划】配置路由交换机 RS-4，可参考步骤 6 中 RS-1 的配置方法，需要注意 VLAN 编号、IP 地址以及宣告网络的变化。

步骤 10：配置路由交换机 RS-5。

按照【网络规划】配置路由交换机 RS-5。

```
//进入系统视图，修改名称
<Huawei>system-view
Enter system view, return user view with Ctrl+Z.
[Huawei]undo info-center enable
Info: Information center is disabled.
[Huawei]sysname RS-5
//创建 VLAN100
[RS-5]vlan 100
//创建虚拟接口 Vlanif100 并配置其 IP 地址
[RS-5-vlan100]interface vlanif 100
[RS-5-Vlanif100]ip address 10.0.1.2 30
[RS-5-Vlanif100]quit
//创建 VLAN10
[RS-5]vlan 10
//创建虚拟接口 Vlanif10 并配置其 IP 地址
[RS-5-vlan10]interface vlanif 10
[RS-5-Vlanif10]ip address 192.168.100.254 24
[RS-5-Vlanif10]quit
//配置连接 DHCP 服务器的接口 GE 0/0/24
[RS-5]interface GigabitEthernet 0/0/24
[RS-5-GigabitEthernet 0/0/24]port link-type access
[RS-5-GigabitEthernet 0/0/24]port default vlan 10
[RS-5-GigabitEthernet 0/0/24]quit
//配置连接路由器 R-1 的接口 GE 0/0/1
[RS-5]interface GigabitEthernet 0/0/1
[RS-5-GigabitEthernet 0/0/1]port link-type access
[RS-5-GigabitEthernet 0/0/1]port default vlan 100
[RS-5-GigabitEthernet 0/0/1]quit
[RS-5]quit
//开启 OSPF 进程
[RS-5]ospf 1
```

//创建并进入 OSPF 区域，此处是区域 3

[RS-5-ospf-1]area 3

//宣告当前区域中的直连网络，注意需要配置子网掩码

[RS-5-ospf-1-area-0.0.0.3]network 10.0.1.0 0.0.0.3

[RS-5-ospf-1-area-0.0.0.3]network 192.168.100.0 0.0.0.255

[RS-5-ospf-1-area-0.0.0.3]quit

[RS-5-ospf-1]quit

<RS-5>save

步骤 11：配置路由器 R-1。

按照网络规划配置路由器 R-1。

//进入系统视图，修改名称

<Huawei>system-view

Enter system view, return user view with Ctrl+Z.

[Huawei]undo info-center enable

Info: Information center is disabled.

[Huawei]sysname R-1

//配置各接口的 IP 地址

[R-1]interface GigabitEthernet 0/0/0

[R-1-GigabitEthernet 0/0/0]ip address 10.0.1.1 30

[R-1-GigabitEthernet 0/0/0]quit

[R-1]interface GigabitEthernet 0/0/1

[R-1-GigabitEthernet 0/0/1]ip address 10.0.0.1 30

[R-1-GigabitEthernet 0/0/1]quit

[R-1]interface GigabitEthernet 0/0/2

[R-1-GigabitEthernet 0/0/2]ip address 10.0.0.5 30

[R-1-GigabitEthernet 0/0/2]quit

//开启 OSPF 进程

[R-1]ospf 1

//创建并进入 OSPF 区域，此处是区域 0

[R-1-ospf-1]area 0

//宣告当前区域中的直连网络，注意需要配置子网掩码

[R-1-ospf-1-area-0.0.0.0]network 10.0.0.0 0.0.0.3

[R-1-ospf-1-area-0.0.0.0]network 10.0.0.4 0.0.0.3

//创建并进入 OSPF 区域，此处是区域 3

[R-1-ospf-1-area-0.0.0.0]quit

[R-1-ospf-1]area 3

//宣告当前区域中的直连网络，注意需要配置子网掩码

[R-1-ospf-1-area-0.0.0.3]network 10.0.1.0 0.0.0.3

[R-1-ospf-1-area-0.0.0.3]quit

[R-1-ospf-1]quit

[R-1]quit

//保存配置

<R-1>save

步骤 12：配置路由器 R-2。

按照网络规划配置路由器 R-2，可参考步骤 11 中 R-1 的配置方法，需要注意 IP 地址以及宣告网络的变化。

步骤 13：配置路由器 R-3。

按照网络规划配置路由器 R-3，可参考步骤 11 中 R-1 的配置方法，需要注意 IP 地址以及宣告网络的变化。

步骤 14：配置主机启用 DHCP 服务。

（1）双击 Host-1，打开配置界面，单击【基础配置】选项卡，在"IPv4 配置"中选择"DHCP"，如图 9-1-3 所示。输入完成后，点击右下方的【应用】按钮完成配置。

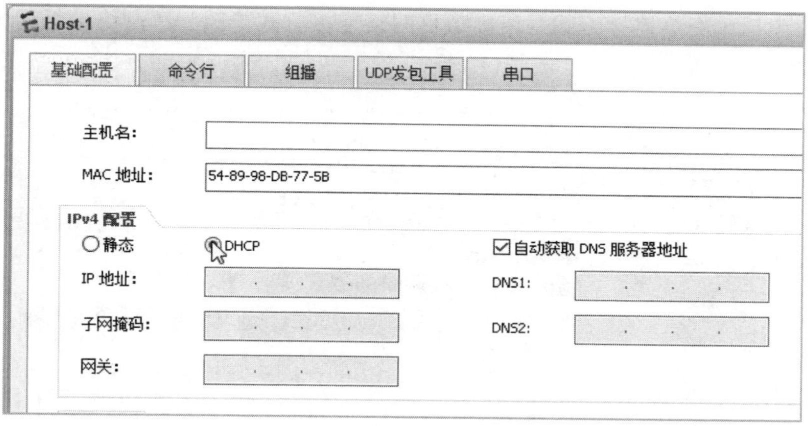

图 9-1-3　Host-1 网络配置

（2）参照 Host-1 的配置方法完成主机 Host-2～Host-8 的配置。

任务二　部署 DHCP 服务器

扫码看视频

【任务介绍】

在 VirtualBox 中创建一台虚拟机，安装 CentOS 操作系统并配置 DHCP 服务，依据【网络规划】中各网段主机所分配的 IP 地址，完成 DHCP 服务器的配置。

【任务目标】

（1）完成 VirtualBox 虚拟机的创建；

（2）完成 CentOS 操作系统的安装；

（3）完成 DHCP 服务器的搭建与配置。

【操作步骤】

步骤 1：在 VirtualBox 创建虚拟机。

参照本书【项目一】的【任务三】，在 VirtualBox 中新建虚拟机。

步骤 2：安装 CentOS 7 操作系统。

参照本书【项目一】的【任务三】，完成 CentOS 7 操作系统的安装。

步骤 3：安装 DHCP 服务。

 提醒　　由于此处要在 CentOS 操作系统中，在线安装 DHCP 服务，因此必须保证 VirtualBox 虚拟机能够联入互联网。

（1）修改虚拟机网络连接方式。将虚拟机网络连接方式更改为"网络地址转换(NAT)"后点击"OK"，如图 9-2-1 所示。

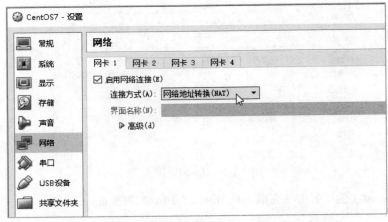

图 9-2-1　修改虚拟机网络连接方式

（2）登录操作系统，修改网络配置。启动 CentOS 虚拟机，使用 vi 命令编辑网卡配置文件（此处为 ifcfg-enp0s3），操作如下：

```
#vi /etc/sysconfig/network-scripts/ifcfg-enp0s3
TYPE=Ethernet
PROXY_METHOD=none
BROSWSET_ONLY=no
BOOTPROTO=dhcp
DEFROUTE=yes
IPV4_FAILURE_FATAL=no
IPV6INIT=yes
IPV6_AUTOCONF=yes
IPV6_DEFROUTE=yes
```

IPV6_FAILURE_FATAL=no
IPV6_ADDR_GEN_MODE=stable-privacy
NAME=enp0s3
UUID=bec9c070-c19f-49e4-aedd-bda667a8611a
DEVICE=enp0s3
//将 "ONBOOT" 的值改为 "yes"，表示将上述配置修改为开机启动时激活网卡
ONBOOT=yes
//编辑完成后，退出编辑状态并用 :wq 保存配置

配置文件修改后，使用 systemctl restart network 重启网络服务，使配置改生效，从而使 VirtualBox 虚拟机可以接入互联网。

#systemctl restart network

 提醒

（1）使用 vi 打开配置文件后，需按一下键盘上的字母 "I" 键，才能进入编辑状态。

（2）编辑完成后，需按一下键盘上的 Esc 键先退出编辑状态，然后输入:wq 并回车进行保存，输入:q 表示放弃存盘。

（3）编辑时注意区分大小写，例如 "IPADDR=" 不能写成 "ipaddr="。

（3）在线安装 DHCP 服务。使用 yum 工具在线安装 DHCP 服务。

#yum install dhcp

系统列出安装的软件，输入 "y"，按回车键继续安装，如图 9-2-2 所示。

```
---> Package dhclient.x86_64 12:4.2.5-77.el7.centos will be an update
--> Finished Dependency Resolution

Dependencies Resolved

================================================================================
 Package              Arch          Version                  Repository    Size
================================================================================
Installing:
 dhcp                 x86_64        12:4.2.5-77.el7.centos    base         514 k
Installing for dependencies:
 bind-export-libs     x86_64        32:9.11.4-9.P2.el7        base         1.1 M
Updating for dependencies:
 dhclient             x86_64        12:4.2.5-77.el7.centos    base         285 k
 dhcp-common          x86_64        12:4.2.5-77.el7.centos    base         176 k
 dhcp-libs            x86_64        12:4.2.5-77.el7.centos    base         133 k

Transaction Summary
================================================================================
Install  1 Package  (+1 Dependent package)
Upgrade            ( 3 Dependent packages)

Total download size: 2.2 M
Is this ok [y/d/N]: y_
```

图 9-2-2　安装 DHCP 服务

安装过程中出现提示信息，输入 "y"，按回车键继续安装，如图 9-2-3 所示。

```
Total download size: 2.2 M
Is this ok [y/d/N]: y
Downloading packages:
Delta RPMs disabled because /usr/bin/applydeltarpm not installed.
warning: /var/cache/yum/x86_64/7/base/packages/bind-export-libs-9.11.4-9.P2.el7.
x86_64.rpm: Header V3 RSA/SHA256 Signature, key ID f4a80eb5: NOKEY
Public key for bind-export-libs-9.11.4-9.P2.el7.x86_64.rpm is not installed
(1/5): bind-export-libs-9.11.4-9.P2.el7.x86_64.rpm          | 1.1 MB    00:00
(2/5): dhclient-4.2.5-77.el7.centos.x86_64.rpm             | 285 kB    00:00
(3/5): dhcp-common-4.2.5-77.el7.centos.x86_64.rpm          | 176 kB    00:00
(4/5): dhcp-4.2.5-77.el7.centos.x86_64.rpm                 | 514 kB    00:00
(5/5): dhcp-libs-4.2.5-77.el7.centos.x86_64.rpm            | 133 kB    00:00
-----------------------------------------------------------------------------
Total                                             2.6 MB/s | 2.2 MB   00:00
Retrieving key from file:///etc/pki/rpm-gpg/RPM-GPG-KEY-CentOS-7
Importing GPG key 0xF4A80EB5:
 Userid     : "CentOS-7 Key (CentOS 7 Official Signing Key) <security@centos.org
>"
 Fingerprint: 6341 ab27 53d7 8a78 a7c2 7bb1 24c6 a8a7 f4a8 0eb5
 Package    : centos-release-7-6.1810.2.el7.centos.x86_64 (@anaconda)
 From       : /etc/pki/rpm-gpg/RPM-GPG-KEY-CentOS-7
Is this ok [y/N]: y
```

图 9-2-3　继续安装 DHCP 服务

安装完成提示信息如图 9-2-4 所示。

```
Installed:
  dhcp.x86_64 12:4.2.5-77.el7.centos

Dependency Installed:
  bind-export-libs.x86_64 32:9.11.4-9.P2.el7

Dependency Updated:
  dhclient.x86_64 12:4.2.5-77.el7.centos
  dhcp-common.x86_64 12:4.2.5-77.el7.centos
  dhcp-libs.x86_64 12:4.2.5-77.el7.centos

Complete!
[root@localhost ~]# _
```

图 9-2-4　安装完成提示信息

步骤 4：重新修改网络将 IP 地址更改为静态 IP。

提醒

（1）在 VirtualBox 虚拟机上在线安装完 DHCP 服务以后，还需要将 DHCP 服务器的 IP 地址改为【网络规划】中指定的静态 IP 地址。

（2）本项目中，DHCP 服务器除了在安装 DHCP 服务时需要接入互联网，以便在线安装之外，在提供 DHCP 服务时，不需要接入互联网。

使用 vi 命令编辑网卡配置文件（此处为 ifcfg-enp0s3），配置方式如下：

```
#vi /etc/sysconfig/network-scripts/ifcfg-enp0s3
TYPE=Ethernet
PROXY_METHOD=none
BROSWSET_ONLY=no
//此处将 IP 地址的获得方式改为静态
```

```
BOOTPROTO=static
DEFROUTE=yes
IPV4_FAILURE_FATAL=no
IPV6INIT=yes
IPV6_AUTOCONF=yes
IPV6_DEFROUTE=yes
IPV6_FAILURE_FATAL=no
IPV6_ADDR_GEN_MODE=stable-privacy
NAME=enp0s3
UUID=bec9c070-c19f-49e4-aedd-bda667a8611a
DEVICE=enp0s3
//将 "ONBOOT" 的值改为 "yes"，表示将上述配置修改为开机启动时激活网卡
ONBOOT=yes
//增加该语句，用 "IPADDR=" 来配置静态 IP 地址
IPADDR=192.168.100.200
//增加该语句，用 "NETMASK" 来配置子网掩码
NETMASK=255.255.255.0
//增加该语句，用 "GATEWAY=" 来配置本机的默认网关
GATEWAY=192.168.100.254
ONBOOT=yes
//编辑完成后，退出编辑状态并用 :wq 保存配置
```

配置文件修改后，使用 systemctl restart network 重启网络服务，使配置的静态 IP 地址生效。

```
#systemctl restart network
```

步骤 5：配置 DHCP 服务。

接下来，针对每一个 VLAN（即网段），在 DHCP 服务器上配置其对应的作用域（即 IP 地址池）。

（1）通过 DHCP 配置文件增加地址池。修改/etc/dhcp/dhcpd.conf 文件，在文件中加入以下内容：

```
//配置默认租赁时间（秒）
default-lease-time 600;
//配置最大租赁时间（秒）
max-lease-time 7200;
//配置 192.168.100.0 /24 网络分配的地址范围和默认网关
subnet 192.168.100.0 netmask 255.255.255.0 {
        range 192.168.100.10 192.168.100.20;
        option routers 192.168.100.254;
}
//配置 192.168.64.0 /24 网络分配的地址范围和默认网关
subnet 192.168.64.0 netmask 255.255.255.0 {
        range 192.168.64.10 192.168.64.20;
        option routers 192.168.64.254;
}
```

```
//配置 192.168.65.0 /24 网络分配的地址范围和默认网关
subnet 192.168.65.0 netmask 255.255.255.0 {
        range 192.168.65.10 192.168.65.20;
        option routers 192.168.65.254;
}
//配置 192.168.66.0 /24 网络分配的地址范围和默认网关
subnet 192.168.66.0 netmask 255.255.255.0 {
        range 192.168.66.10 192.168.66.20;
        option routers 192.168.66.254;
}
//配置 192.168.67.0 /24 网络分配的地址范围和默认网关
subnet 192.168.67.0 netmask 255.255.255.0 {
        range 192.168.67.10 192.168.67.20;
        option routers 192.168.67.254;
}
//配置 192.168.68.0 /24 网络分配的地址范围和默认网关
subnet 192.168.68.0 netmask 255.255.255.0 {
        range 192.168.68.10 192.168.68.20;
        option routers 192.168.68.254;
}
//配置 192.168.69.0 /24 网络分配的地址范围和默认网关
subnet 192.168.69.0 netmask 255.255.255.0 {
        range 192.168.69.10 192.168.69.20;
        option routers 192.168.69.254;
}
//配置 192.168.70.0 /24 网络分配的地址范围和默认网关
subnet 192.168.70.0 netmask 255.255.255.0 {
        range 192.168.70.10 192.168.70.20;
        option routers 192.168.70.254;
}
//配置 192.168.71.0 /24 网络分配的地址范围和默认网关
subnet 192.168.71.0 netmask 255.255.255.0 {
        range 192.168.71.10 192.168.71.20;
        option routers 192.168.71.254;
}
```

 提醒

（1）在配置文件中缺少 192.168.100.0 /24 这个网段（DHCP 服务器 IP 地址所在的网段）的配置内容时，会造成 DHCP 服务启动失败。

（2）每一行必须以半角分号 ";" 结尾。

（3）全局参数对全局生效，当全局配置与局部配置冲突时，局部参数将覆盖全局参数。

（2）配置 DHCP 服务开机自启动。使 DHCP 服务随着系统启动能够自动启动。

```
#systemctl enable dhcpd
```

（3）启动 DHCP 服务。

```
#systemctl start dhcpd
```

任务三　在园区网中实现 DHCP 服务

【任务介绍】

将 DHCP 服务器部署至 eNSP 中的园区网,在路由交换机 RS-1～RS-4 上配置 DHCP 中继服务,通过 DHCP 服务器给主机自动分配地址并进行测试通信。

【任务目标】

（1）将 VirtualBox 中的 DHCP 服务器部署至 eNSP 园区网中;

（2）完成路由交换机 DHCP 中继的配置;

（3）实现主机自动获取 IP 地址。

【操作步骤】

步骤 1：在园区网中部署 DHCP 服务器。

（1）修改虚拟机网络。将 VirtualBox 中创建的 DHCP 服务器虚拟机的网络连接方式更改为"仅主机（Host-Only）网络"，如图 9-3-1 所示，然后点击"OK"。

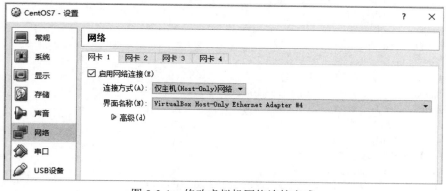

图 9-3-1　修改虚拟机网络连接方式

（2）配置 Cloud 设备。向拓扑图中拖入一个云设备，将其命名为 Cloud-1，然后参照【项目一】中【任务三】完成 Cloud-1 的配置，配置结果如图 9-3-2 所示。

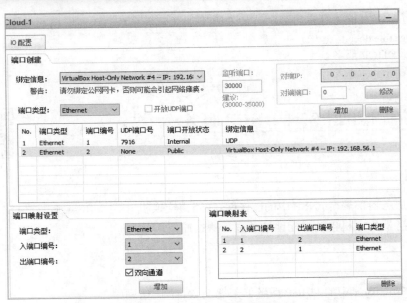

图 9-3-2　Cloud 设备配置

（3）连接 Cloud-1 与 RS-5。将 Cloud-1 的 Ethernet 0/0/1 接口与 RS-5 GE 0/0/2 接口连接，完成 DHCP 服务器接入园区网。

步骤 2：配置路由交换机 RS-1。

按照【网络规划】配置路由交换机 RS-1，并开启 DHCP Relay 功能。

```
<RS-1>system-view
//开启 DHCP 功能，DHCP Relay 功能在开启 DHCP 功能后才会生效
[RS-1]dhcp enable
Info: The operation may take a few seconds. Please wait for a moment.done.
//进入 VLAN11 的 SVI 接口
[RS-1]interface vlanif 11
//配置开启 DHCP Relay 功能
[RS-1-Vlanif11]dhcp select relay
//配置 DHCP 中继所代理的 DHCP 服务器地址为 192.168.100.200
[RS-1-Vlanif11]dhcp relay server-ip 192.168.100.200
[RS-1-Vlanif11]quit
//进入 VLAN12 的 SVI 接口
[RS-1]interface vlanif 12
//配置开启 DHCP Relay 功能
[RS-1-Vlanif12]dhcp select relay
//配置 DHCP 中继所代理的 DHCP 服务器地址为 192.168.100.200
[RS-1-Vlanif12]dhcp relay server-ip 192.168.100.200
[RS-1-Vlanif12]quit
[RS-1]quit
<RS-1>save
```

步骤 3： 配置路由交换机 RS-2。

按照【网络规划】配置路由交换机 RS-2，并开启 DHCP Relay 功能。

```
<RS-2>system-view
[RS-2]dhcp enable
Info: The operation may take a few seconds. Please wait for a moment.done.
[RS-2]interface vlanif 13
[RS-2-Vlanif13]dhcp select relay
[RS-2-Vlanif13]dhcp relay server-ip 192.168.100.200
[RS-2-Vlanif13]quit
[RS-2]interface vlanif 14
[RS-2-Vlanif14]dhcp select relay
[RS-2-Vlanif14]dhcp relay server-ip 192.168.100.200
[RS-2-Vlanif14]quit
[RS-2]quit
<RS-2>save
```

步骤 4： 配置路由交换机 RS-3。

按照【网络规划】配置路由交换机 RS-3，并开启 DHCP Relay 功能。

```
<RS-3>system-view
[RS-3]dhcp enable
Info: The operation may take a few seconds. Please wait for a moment.done.
[RS-3]interface vlanif 15
[RS-3-Vlanif15]dhcp select relay
[RS-3-Vlanif15]dhcp relay server-ip 192.168.100.200
[RS-3-Vlanif15]quit
[RS-3]interface vlanif 16
[RS-3-Vlanif16]dhcp select relay
[RS-3-Vlanif16]dhcp relay server-ip 192.168.100.200
[RS-3-Vlanif16]quit
[RS-3]quit
<RS-3>save
```

步骤 5： 配置路由交换机 RS-4。

按照【网络规划】配置路由交换机 RS-4，并开启 DHCP Relay 功能。

```
<RS-4>system-view
[RS-4]dhcp enable
Info: The operation may take a few seconds. Please wait for a moment.done.
[RS-4]interface vlanif 17
[RS-4-Vlanif17]dhcp select relay
[RS-4-Vlanif17]dhcp relay server-ip 192.168.100.200
[RS-4-Vlanif17]quit
[RS-4]interface vlanif 18
[RS-4-Vlanif18]dhcp select relay
[RS-4-Vlanif18]dhcp relay server-ip 192.168.100.200
[RS-4-Vlanif18]quit
[RS-4]quit
<RS-4>save
```

项目九

步骤 6：查看主机地址。

（1）双击 Host-1，打开配置界面，单击【命令行】标签，输入"ipconfig"查看主机 IP 地址，可以看到，Host-1 已经从 DHCP 服务器获取到了 IP 地址 192.168.64.10/24，如图 9-3-3 所示。

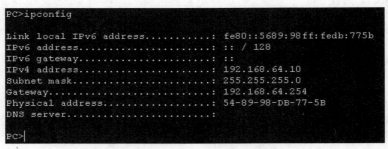

```
PC>ipconfig

Link local IPv6 address...........: fe80::5689:98ff:fedb:775b
IPv6 address.....................: :: / 128
IPv6 gateway.....................: ::
IPv4 address.....................: 192.168.64.10
Subnet mask......................: 255.255.255.0
Gateway..........................: 192.168.64.254
Physical address.................: 54-89-98-DB-77-5B
DNS server.......................:

PC>
```

图 9-3-3　Host-1 的 IP 地址

（2）参照 Host-1 的查看方法，可以查看主机 Host-2～Host-8 的 IP 地址。

步骤 7：通信测试。

通信测试结果见表 9-3-1。

表 9-3-1　Ping 测试主机通信结果

序号	源主机	目的主机	通信结果
1	Host-1	Host-2	通
2	Host-1	Host-3	通
3	Host-1	Host-4	通
4	Host-1	Host-5	通
5	Host-1	Host-6	通
6	Host-1	Host-7	通

任务四　管理 DHCP 服务器

扫码看视频

【任务介绍】

通过 DHCP 服务器的 dhcpd.conf 配置文件实现 DHCP 服务器的配置管理，通过 dhcpd.lease 文件查看 DHCP 服务器已分配的 IP 地址。

【任务目标】

（1）完成 DHCP 服务器分配地址的查看；

（2）完成 DHCP 服务器的更多配置。

【操作步骤】

步骤 1： 查看已分配 IP 地址信息。

登录 DHCP 服务器，使用 vi 命令查看文件/var/lib/dhcpd/dhcpd.leases 中的内容，文件中包含了所有已经分配的 IP 地址以及已释放的 IP 地址，查看结束后按 Esc 键，然后输入 ":q!" 退出查看。

由于文件内容多，此处以分配的 192.168.64.10 地址为例进行说明。

```
#vi /var/lib/dhcpd/dhcpd.leases
······
//DHCP 服务器分配的 IP 地址
  192.168.64.10 {
//租约开始时间，2 代表周二（此处取值为 0~6，0 代表周日，1~6 为周一至周六）
  starts 2 2019/12/24 08:41:46;
//租约结束时间，2 代表周二（此处取值为 0~6，0 代表周日，1~6 为周一至周六）
  ends 2 2019/12/24 08:51:46;
//客户端的最后汇报时间
  cltt 2 2019/12/24 08:41:46;
//绑定状态，当前为激活状态
  binding state active;
//当前状态过期时，下一个租约的状态
  next binding state free;
//如果发生故障，dhcp 服务器将租约回滚到最近传输到的状态
  rewind binding state free;
//主机网卡的 MAC 地址
  hardware ethernet 54:89:98:db:77:5b;
//主机的 UID 标识
  uid "\001T\211\230\333w[";
}
······
```

步骤 2： 为主机 Host-3 分配固定 IP 地址。

通常情况下，DHCP 服务分配的 IP 地址是动态的。但是，有时由于业务或管理需求，需要给某主机固定分配某一 IP 地址，可通过修改 DHCP 服务配置文件，将主机 MAC 地址与 IP 地址绑定，实现这一需求。

（1）编辑 DHCP 服务器配置文件。使用 vi 命令编辑/etc/dhcp/dhcpd.conf 配置文件，配置 Host-3 固定分配 IP 地址 192.168.66.19，在文件末尾增加如下配置：

```
//此处 fantasia 为自定义的名称，可以进行修改
host fantasia {
//主机 Host-3 的 MAC 地址
  hardware ethernet 54:89:98:1C:0F:54;
//配置 DHCP 服务器分配给主机 Host-3 的固定 IP 地址
```

```
        fixed-address 192.168.66.19;
    }
```

（2）重启服务使配置生效。重启 DHCP 服务器，使配置生效。

```
#systemctl restart dhcpd
```

（3）重新获取 Host-3 的 IP 地址。在 Host-3 的 CLI 界面中，输入 ipconfig /renew 命令，使其重新获取 IP 地址，可看到 Host-3 获取到的 IP 地址为 192.168.66.19，如图 9-4-1 所示。

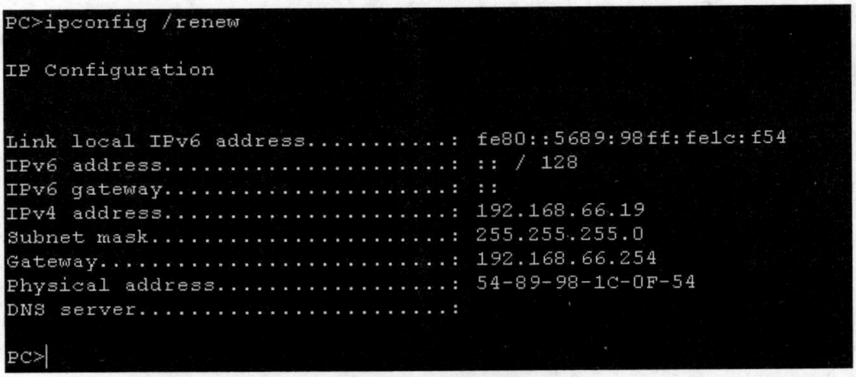

```
PC>ipconfig /renew

IP Configuration

Link local IPv6 address...........: fe80::5689:98ff:fe1c:f54
IPv6 address......................: :: / 128
IPv6 gateway......................: ::
IPv4 address......................: 192.168.66.19
Subnet mask.......................: 255.255.255.0
Gateway...........................: 192.168.66.254
Physical address..................: 54-89-98-1C-0F-54
DNS server........................:

PC>
```

图 9-4-1　Host-3 重新获取的 IP 地址

步骤 3：DHCP 配置更多选项。

在 DHCP 服务器的/etc/dhcp/dhcpd.conf 配置文件中，以 option 作为选项关键字，可以用于为主机指定广播地址、域名、本地 DNS 服务器地址等参数。

（1）指定广播地址。使用 broadcast-address 选项为客户端设定广播地址，网络广播会被路由，并会发送到专门网络上的每台主机。例如：

```
subnet 192.168.64.0 netmask 255.255.255.0 {
    range 192.168.64.10 192.168.64.20;
    option routers 192.168.64.254;
    option broadcast-address 192.168.64.255;
}
```

（2）指定域名。使用 domain-name 选项为主机指定域名，作用是为客户机指定解析主机名时的默认搜索域。

```
option domain-name "test.com";
```

（3）指定 DNS 服务器。使用 domain-name-servers 选项为主机指定 DNS 服务器，作用是指定解析域名时使用的 DNS 服务器地址。

```
option domain-name-servers 8.8.8.8;
```

（4）指定主机名。使用 host-name 选项为主机名称，在查找主机时可通过主机名查找。

```
option host-name Host-1;
```

（5）指定时间服务器。使用 ntp-servers 选项为主机指定时间服务器地址，用于时间同步。

option ntp-servers time.windows.com;

任务五　DHCP 报文分析

扫码看视频

【任务介绍】

在 eNSP 中启动抓包程序抓取 DHCP 报文，通过对抓取的 DHCP 报文分析，验证 DHCP 客户端获取 IP 地址的过程，理解 DHCP 服务器是如何实现给不同地址段分配不同 IP 地址的。

【任务目标】

（1）完成 DHCP 报文的抓取，验证并理解 DHCP 通信原理；

（2）完成 DHCP 报文分析，理解 DHCP 如何实现不同地址段的 IP 分配。

【操作步骤】

步骤 1：设置抓包位置。

如图 9-5-1 所示，在 eNSP 中，分别在 SW-1 Ethernet 0/0/1（即①）处、RS-1 GE 0/0/1（即②）处启动抓包程序。

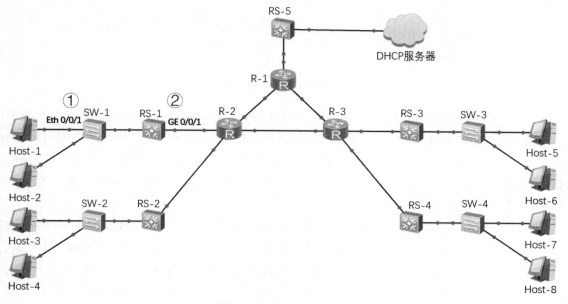

图 9-5-1　选取抓包位置

步骤 2：设置 Host-1 重新获取 IP 地址。

为了抓取 DHCP 客户端获取 IP 地址的过程报文，需要让客户端先释放已经获得的 IP 地址，然后再重新获取。双击 Host-1，在 CLI 界面中执行 "ipconfig /release" 释放 IP，然后再执行 "ipconfig /renew" 命令重新获取 IP 地址。

步骤 3：验证 DHCP 客户端获取 IP 地址的过程。

 提醒 在查看报文时，可在 Wireshark 的过滤栏中输入 dhcp，即只查看 DHCP 报文。

（1）查看①处抓取的报文。可以看出，主机 Host-1 释放 IP 地址时，发送出 DHCP Release 报文；重新获取 IP 地址的过程包含 4 个报文，分别是 DHCP Discover、DHCP Offer、DHCP Request、DHCP ACK，如图 9-5-2 所示。

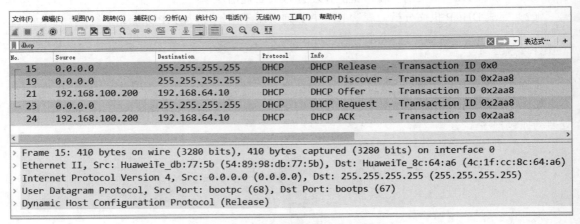

图 9-5-2　在①处抓取到的 DHCP 报文

（2）分析 19 号报文。这是主机 Host-1 发出的 DHCP 发现报文 DHCP Discover。由于此时 DHCP 客户端（即 Host-1）还没有 IP 地址，并且也不知道 DHCP 服务器的 IP 地址，所以在 DHCP Discover 报文的首部，源 IP 地址是 0.0.0.0，目的 IP 地址是广播地址（255.255.255.255）。在 DHCP Discover 报文的数据部分，包含了 Host-1 的 MAC 地址（54-89-98-DB-77-5B），表明这是 Host-1 发出的 DHCP Discover 报文，如图 9-5-3 所示。

（3）分析 21 号报文。这是 DHCP 服务器发出的 DHCP Offer 报文。在该报文的数据部分，包含了 DHCP 服务器准备分配给 DHCP 客户端的 IP 地址（192.168.64.10）；包含了 DHCP 客户端的 MAC 地址（54-89-98-DB-77-5B），从 MAC 地址可以看出，这里的 DHCP 客户端是 Host-1；包含了 DHCP 服务器的 IP 地址（192.168.100.200），表明这是从哪个 DHCP 服务器发来的报文，如图 9-5-4 所示。

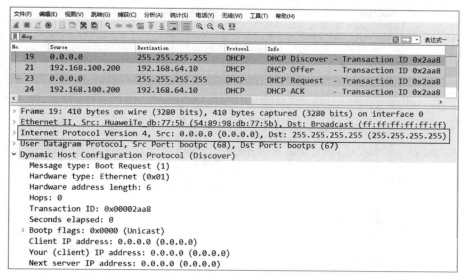

图 9-5-3　查看 19 号报文的内容（DHCP 发现报文）

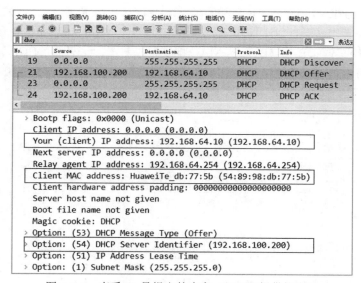

图 9-5-4　查看 21 号报文的内容（DHCP 提供报文）

（4）分析 23 号报文。这是主机 Host-1 发出的 DHCP 请求报文 DHCP Request。注意，此时 DHCP Request 报文的首部，源 IP 地址是 0.0.0.0，目的 IP 地址是广播地址（255.255.255.255）。在 DHCP Request 报文的数据部分，指明了 DHCP 客户端（即 Host-1）的 MAC 地址（54-89-98-DB-77-5B）；指明了 DHCP 服务器的 IP 地址（192.168.100.200），表明 DHCP 客户端选择的是哪个 DHCP 服务器；指明了 DHCP 客户端所请求的 IP 地址（192.168.64.10），如图 9-5-5 所示。

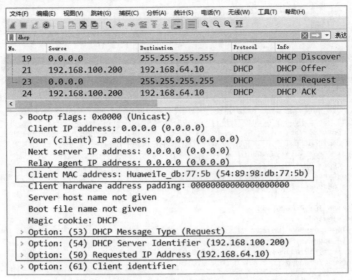

图 9-5-5　查看 23 号报文的内容（DHCP 请求报文）

（5）分析 24 号报文。这是 DHCP 服务器发出的 DHCP ACK 报文。在该报文的数据部分，包含了 DHCP 服务器准备分配给 DHCP 客户端的 IP 地址（192.168.64.10）；包含了 DHCP 客户端的 MAC 地址（54-89-98-DB-77-5B），从 MAC 地址可以看出，这里的 DHCP 客户端是 Host-1；包含了 DHCP 服务器的 IP 地址（192.168.100.200），表明这是从哪个 DHCP 服务器发来的报文，如图 9-5-6 所示。

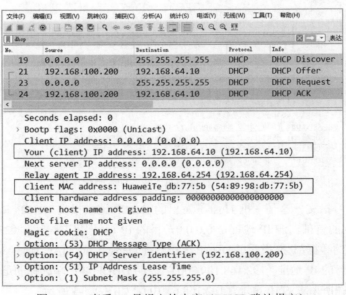

图 9-5-6　查看 24 号报文的内容（DHCP 确认报文）

步骤 4： DHCP Relay 的工作过程。

（1）查看②处抓取的报文。可以看出，在②处也抓取到了主机 Host-1 释放 IP 地址时，发送出 DHCP Release 报文，还抓取到了 Host-1 重新获取 IP 地址过程中的 4 个报文，分别是 DHCP Discover、DHCP Offer、DHCP Request、DHCP ACK，如图 9-5-7 所示。

No.	Source	Destination	Protocol	Info
16	192.168.64.254	192.168.100.200	DHCP	DHCP Release - Transaction ID 0x0
19	192.168.64.254	192.168.100.200	DHCP	DHCP Discover - Transaction ID 0x2aa8
21	192.168.100.200	192.168.64.254	DHCP	DHCP Offer - Transaction ID 0x2aa8
23	192.168.64.254	192.168.100.200	DHCP	DHCP Request - Transaction ID 0x2aa8
24	192.168.100.200	192.168.64.254	DHCP	DHCP ACK - Transaction ID 0x2aa8

```
> Frame 16: 410 bytes on wire (3280 bits), 410 bytes captured (3280 bits) on interface 0
> Ethernet II, Src: HuaweiTe_8c:64:a6 (4c:1f:cc:8c:64:a6), Dst: HuaweiTe_13:79:01 (54:89:98:13:79:01)
> Internet Protocol Version 4, Src: 192.168.64.254 (192.168.64.254), Dst: 192.168.100.200 (192.168.100.200)
> User Datagram Protocol, Src Port: bootps (67), Dst Port: bootps (67)
> Dynamic Host Configuration Protocol (Release)

0040  00 00 c0 a8 40 fe 54 89  98 db 77 5b 00 00 00 00   ····@·T·  ··w[····
0050  00 00 00 00 00 00 00 00  00 00 00 00 00 00 00 00   ········  ········
0060  00 00 00 00 00 00 00 00  00 00 00 00 00 00 00 00   ········  ········
```

图 9-5-7　在②抓取到的 DHCP 报文

（2）分析。从图 9-5-7 可以看出，与①处所抓取报文不同的是，此处各报文首部的地址都是单播地址。

这说明当 DHCP Relay（此处是路由交换机 RS-1）收到 DHCP 客户端（即 Host-1）发出的广播报文（DHCP Discover 和 DHCP Request 报文）后，将报文内容重新封装，把自己的地址设置为源地址，DHCP 服务器的地址设置为目的地址，然后以单播的方式转发给 DHCP 服务器（如图 9-5-7 中的 19 号、23 号报文）。

DHCP 服务器收到报文后，将响应的报文（DHCP Offer 和 DHCP ACK 报文）以单播的形式发给 DHCP Relay（如图 9-5-7 中的 21 号、24 号报文）。DHCP Relay 收到 DHCP 服务器发来的报文后，再转发给 DHCP 客户端。

提醒

（1）查看图 9-5-7 中 19、21、23、24 号报文的内容，可以看到，每个报文的数据部分中都包含有 DHCP 客户端(此处指 Host-1)的 MAC 地址,从而保证 DHCP Relay 能将 DHCP 服务器响应的报文转发给指定的 DHCP 客户端。

（2）图 9-5-8～图 9-5-11 显示了 19、21、23、24 号报文的数据部分内容。

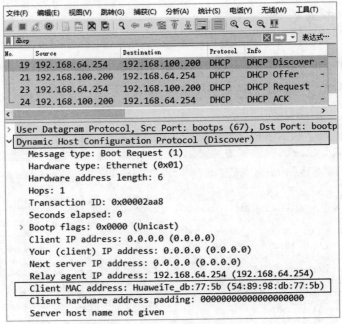

图 9-5-8　19 号报文数据部分的内容

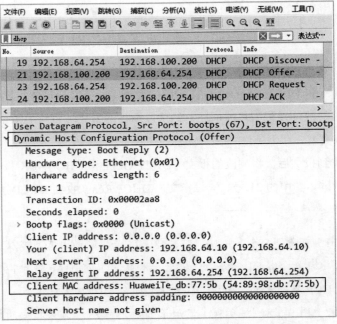

图 9-5-9　21 号报文数据部分的内容（DHCP Offer 报文）

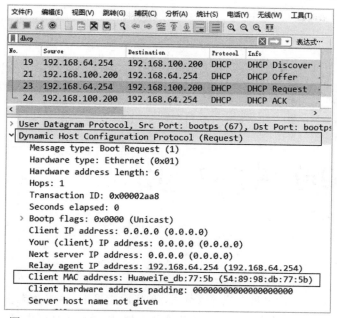

图 9-5-10   23 号报文数据部分的内容（DHCP Request 报文）

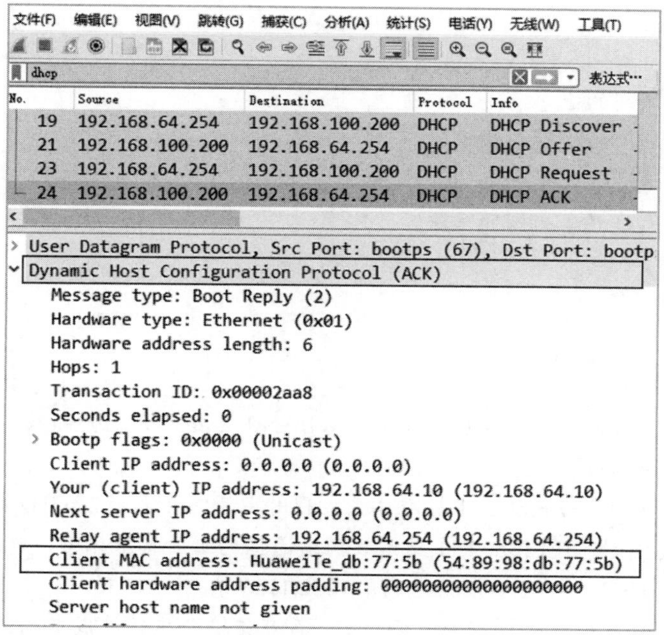

图 9-5-11   24 号报文数据部分的内容（DHCP ACK 报文）

项目十

无线局域网的应用

⊙ 项目介绍

前面项目建设的园区网均采用有线接入方式，但实际应用中，存在着大量移动终端设备需要通过无线方式接入网络。本项目就来介绍如何构建无线局域网，并在园区网中实现无线网络接入服务。

⊙ 项目目的

- 了解无线局域网的概念；
- 熟悉无线局域网的规划与构建过程；
- 掌握无线局域网的配置方法；
- 掌握有线、无线混合组网的方法。

⊙ 项目讲堂

1. 无线局域网简介

无线局域网（Wireless Local Area Network，WLAN）是指部分或全部采用无线电波、激光、红外线等作为传输介质的局域网。

本项目介绍的是基于 IEEE 802.11 标准体系，利用高频信号（如 2.4GHz 频段、5GHz 频段）作为传输介质的无线局域网。IEEE 802.11 是无线网络通信的工业标准体系，包括 802.11、802.11a、802.11b、802.11e、802.11g、802.11i、802.11n、802.11ac 等。

有线局域网以有线电缆或光纤作为传输介质，存在传输介质铺设成本高、接入位置固定、可移动性差的问题，不能满足人们对网络日益增强的便携性和移动性需求。无线局域网技术可以让用户摆脱有线网络的束缚，方便地接入到局域网并在无线网络覆盖区域内自由移动。

2. WLAN 的基本概念

2.1　工作站 STA

工作站 STA（Station）是支持 802.11 标准的终端设备，例如带无线网卡的电脑、支持 WLAN 的手机等。

2.2　接入点 AP

AP（Access Point），即无线接入点，为 STA 提供基于 IEEE 802.11 标准的无线接入服务，起到有线网络和无线网络的桥接作用，是 WLAN 网络中的重要组成部分。AP 的工作机制类似有线网络中的集线器（HUB），无线终端可以通过 AP 进行终端之间的数据传输，也可以通过 AP 与有线网络互通。

按照工作原理和功能，可以将无线 AP 分为胖 AP（FAT AP）和瘦 AP（FIT AP）两类。

（1）胖 AP。胖 AP 通常有自带的完整操作系统，除了前面提到的无线接入功能外，一般还同时具备 WAN 端口、LAN 端口，是可以独立工作、实现自我管理的网络设备。胖 AP 可以独立提供 SSID、认证、DHCP 功能，可以给绑定到该 AP 的主机提供 IP 地址等上网参数，实现 802.11（无线接口）协议与 802.3（有线接口）协议转换，可以通过 console 接口实现本地管理或 SSH 实现远程管理。

胖 AP 普遍应用于家庭网络或小型无线局域网，有线网络入户后，可以部署胖 AP 进行室内覆盖，室内无线终端可以通过胖 AP 访问 Internet。

（2）瘦 AP。瘦 AP（FIT AP）可以理解为胖 AP 的瘦身，去掉路由、DNS、DHCP 服务器等诸多加载的功能，仅保留无线接入的部分。我们常说的 AP 就是指这类瘦 AP，它相当于无线交换机或者集线器，仅提供一个有线/无线信号转换和无线信号接收/发射的功能。瘦 AP 作为无线局域网的一个部件，是不能独立工作的，必须配合 AC 的管理才能成为一个完整的系统。

FIT AP 只能充当一个被管理者的角色，首先通过 DHCP 动态获得 IP 地址等参数，然后通过广播、组播、单播等方式发现无线控制器 AC（Access Controller），发现之后，自动从 AC 下载配置文件，完成自我配置。

2.3　无线控制器 AC

无线控制器 AC 用于集中式网络架构，对无线局域网中的所有 AP 进行控制和管理。如果没有 AC，对于需要部署成百上千的 AP 的场景，每个设备都需要手工配置，工作量将非常巨大，而通过 AC 的集中管理配置，可以快速便捷地完成任务。

2.4　无线接入点控制与规范 CAPWAP

无线接入点控制与规范 CAPWAP（Control And Provisioning of Wireless Access Points）实现 AP 和 AC 之间互通的一个通用封装和传输机制。

2.5　虚拟接入点 VAP

虚拟接入点 VAP（Virtual Access Point）是 AP 设备上虚拟出来的业务功能实体。用户可以在一个 AP 上创建不同的 VAP 来为不同的用户群体提供无线接入服务。

2.6　射频信号

射频信号是提供基于 802.11 标准的 WLAN 技术传输介质，具有远距离传输能力的高频电磁波。本项目中射频信号指 2.4GHz 频段或 5GHz 频段的电磁波。

2.7　服务集标识符 SSID

服务集标识符 SSID（Service Set Identifier）表示无线网络的标识，用来区分不同的无线网络。例如，我们在笔记本电脑或手机上搜索可接入无线网络所得到网络名称就是 SSID。

2.8　基本服务集 BSS

基本服务集 BSS（Basic Service Set）是一个 AP 所覆盖的范围。在一个 BSS 的服务区域范围内的 STA（工作站）可以相互通信。

2.9　扩展服务集 ESS

扩展服务集 ESS（Extend Service Set）是由多个使用相同 SSID 的 BSS 组成的集合。

3.　WLAN 网络架构

WLAN 网络架构分有线侧和无线侧两部分。有线侧是指接入点 AP 上行到 Internet 的网络，使用以太网协议；无线侧是指 STA（工作站）到 AP 之间的网络，使用 802.11 协议。

无线侧接入的 WLAN 网络架构分为自治式网络架构和集中式架构两种。

（1）自治式网络架构。自治式网络架构又称胖接入点（FAT AP）架构，用 AP 实现所有无线接入功能，不需要 AC（无线控制器）设备。

（2）集中式架构。集中式架构又分为瘦接入点（FIT AP）架构和敏捷分布 Wi-Fi 方案架构。

- 瘦接入点架构下，AC 集中管理和控制多个 AP。
- 敏捷分布 Wi-Fi 方案架构下，通过 AC 集中管理和控制多个中心 AP，每个中心 AP 集中管理和控制多个 RU。

4.　WLAN 中的报文与 VLAN 划分

（1）WLAN 中的报文。WLAN 网络中的报文包括管理报文和业务数据报文。管理报文用来传送 AC 与 AP 之间的管理数据，存在于 AC 和 AP 之间。业务数据报文主要是传送 WLAN 客户端上网时的数据，存在于 STA 和上层网络之间。

管理报文必须采用 CAPWAP 隧道进行转发，而业务数据报文除了可以采用 CAPWAP 隧道转发之外，还可以采用直接转发方式和 Soft-GRE 转发方式。

在 WLAN 网络中，STA 和 AP 间的报文为 802.11 协议报文，AP 和有线网络间的报文为 802.3 协议报文，AP 作为 STA 和有线网络间的桥梁，将 802.11 协议报文终结并转换为 802.3 报文，然后转发到有线网络。

（2）WLAN 中的 VLAN 划分。在 WLAN 网络中，通常划分管理 VLAN 和业务 VLAN。

1）管理 VLAN：主要用来传送 AC 与 AP 之间的管理报文，如 AP 的 CAPWAP 报文、AP 的 ARP 报文、AP 的 DHCP 报文。

2）业务 VLAN：主要用来传递 WLAN 客户端上网时的数据报文，从同一 VAP 的 SSID 接入的 WLAN 客户端属于同一业务 VLAN。

5. AP 的管理

5.1　AP 发现 AC

AP 发现 AC 的过程如图 10-0-1 所示。如果 AP 上预配置了 AC 的静态 IP，则 AP 直接连接指定 AC；否则，AP 通过 DHCP、DNS 服务器获取 AC 的 IP 列表，然后选择 AC 进行连接。可见 AP 发现 AC 有静态发现和动态发现两种方式。

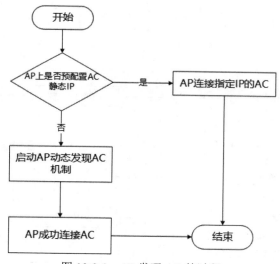

图 10-0-1　AP 发现 AC 的过程

（1）静态发现。AP 静态配置了 AC 的 IP 地址列表，AP 首先会向列表中 AC 单播发送"发现请求"报文，然后根据 AC 的回复，选择优先级最高的 AC 待连接。当出现多个 AC 优先级相同时，比较 AC 的负载，选择负载小的 AC 来连接。如果多个 AC 优先级、负载均相同，则选择 IP 地址小的 AC 连接。

（2）动态发现。当 AP 上没有配置 AC 的 IP 地址时，AP 采用 DHCP 方式、DNS 方式和广播方式发现 AC。

● DHCP 方式：AP 查看获取 IP 地址阶段中 DHCP 服务器回复的 ACK 报文的 option43 字段是否存在 AC 的 IP 地址，若存在，则向该地址单播发送"发现请求"报文。若 AC 和网络正常，AP 会收到回应报文，AC 的发现过程结束。

● DNS 方式：AP 查看获取 IP 地址阶段中 DHCP 服务器回复的 ACK 报文的 option15 字段

是否存在 AC 的域名。若存在，AP 先获取域名，通过 DNS 解析获得 AC 的 IP 地址，然后向 AC 单播发送"发现请求"报文。若 AC 和网络正常，AP 会收到回应报文，AC 的发现过程结束。

● 广播方式：当 AP 上没有静态 AC 地址、DHCP 的 ACK 报文中不存在 AC 信息、或 AP 向 AC 单播发送的报文无响应时，AP 通过广播报文发现 AC，和 AP 在同一网段的 AC 会响应该请求。与静态发现相同，AP 按照优先级、负载、IP 地址大小选择待连接的 AC。

5.2　AP 接入控制

AP 接入控制是指 AP 上电后，AC 判断确定是否允许该 AP 上线的过程，如图 10-0-2 所示。AP 发现 AC 后，向 AC 发送上线请求，AC 收到 AP 的上线请求后，判断是否允许 AP 接入，然后对 AP 进行回应。

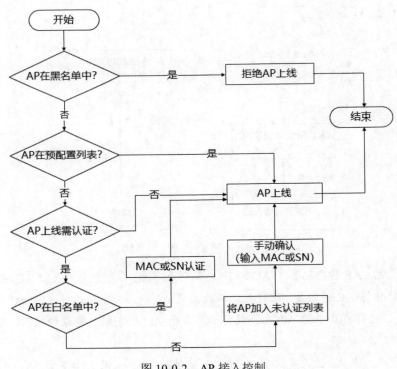

图 10-0-2　AP 接入控制

6. WLAN 业务配置流程

6.1　WLAN 基本业务配置流程

WLAN 基本业务配置流程包括 3 个部分：配置网络互通、配置 AC 系统参数、通过 AC 配置 WLAN 业务参数，并下发给 AP，如图 10-0-3 所示。

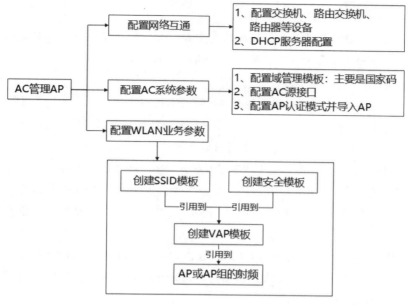

图 10-0-3　WLAN 基本业务配置流程

（1）DHCP 服务器配置。DHCP 服务的常用工作模式有中继模式、接口地址池模式和全局地址池模式。

- 中继模式：DHCP 中继位于 DHCP 客户端与 DHCP 服务器之间，进行 DHCP 报文的转发，可接收来自 DHCP 客户端的请求报文，并转发给 DHCP 服务器；接收 DHCP 服务器返回的报文，并转发给 DHCP 客户端。DHCP 中继通常配置于路由交换机或路由器上，需配置 DHCP 服务器地址，使处于不同网络的 DHCP 客户端共用一台 DHCP 服务器。

- 接口地址池模式：以接口地址所属地址范围为地址池，为 DHCP 客户端分配 IP 地址。

- 全局地址池模式：DHCP 服务器的全局地址池包含多个地址池，DHCP 服务器将全局地址池中的地址分配给 DHCP 客户端。对来自 DHCP 中继的 DHCP 请求，DHCP 服务器选择和 DHCP 中继在同一网段的地址池为 DHCP 客户端分配地址。

（2）AC 系统参数配置。配置 AC 源接口，用于 AC 与 AP 之间建立隧道通信。

AP 认证模式有三种，分别为不认证（no-auth）、MAC 地址认证（mac-auth）和 SN 认证（sn-auth），本项目采用 MAC 地址认证模式。

（3）WLAN 业务参数配置。WLAN 业务参数配置包括安全模板配置、SSID 模板配置和 VAP 模板配置，各模板主要配置内容如下：

- 安全模板：配置安全策略，本项目配置为 WPA/WPA2-PSK 的安全策略，接入密码为 "abcd1111"。

- SSID 模板：主要配置 SSID 名称。

- VAP 模板：主要设置业务数据报文转发方式、业务 VLAN，引用 SSID 模板、引用安全模板。本项目报文转发方式为直接转发（direct-forward）。

6.2 WLAN 模板

（1）域管理模板。域管理模板用来进行 AP 的国家码、调优信道集合和调优带宽的配置。

国家码是 AP 射频所在国家的标识，规定了 AP 射频特性，包括 AP 的发送功率、支持的信道等。国家码的配置使 AP 的射频特性符合不同国家或区域的法律法规要求。

（2）安全模板。安全模板用来配置 WLAN 安全策略，对无线终端接入进行身份验证，对用户报文进行加密，为 WLAN 网络和用户提供安全保障。WLAN 安全策略包括开放认证、WEP、WPA/WPA2-PSK、WPA/WPA2-802.1X、WAPI-PSK 和 WAPI-证书，配置安全模板时可选择其中一种。

（3）SSID 模板。SSID 模板主要用来配置 SSID 名称，同时还支持以下功能：

- 隐藏 SSID 名称：为保护无线网络安全，用户可以隐藏 SSID 名称，使得只有知道 SSID 的用户才能连接该无线网络。

- 单个 VAP 最大接入用户数限制：为了保证用户的上网体验，可以根据网络实际状况配置合理的最大接入用户数。

- 接入用户数达到上限隐藏 SSID：接入用户数达到上限隐藏 SSID，可有效减少新用户连接。

- STA 连接过期时间：当 AP 持续未收到 STA 的数据报文，达到过期时间时，AP 断开该 STA 的连接。

（4）VAP 模板。在 VAP 模板中配置各项参数、引用模板，然后引用到 AP 或 AP 组，AP 上就会创建 VAP，为 STA 提供无线接入服务。通过 VAP 模板中的各项参数配置可以实现 AP 的管理。例如：可以在 VAP 模板中设置业务数据报文转发方式、业务 VLAN，引用 SSID 模板、安全模板。

任务一　实现简单无线局域网

扫码看视频

【任务介绍】

使用二层交换机、AC 控制器和 AP 构建简单无线局域网，实现无线接入服务。

【任务目标】

（1）完成网络部署；
（2）完成 AC 控制器的配置；

（3）完成移动终端接入 AP。

【拓扑规划】

1. 网络拓扑

拓扑规划结构如图 10-1-1 所示。

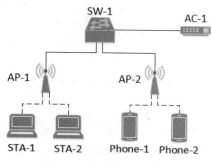

图 10-1-1 拓扑规划结构

2. 拓扑说明

网络拓扑说明见表 10-1-1。

表 10-1-1 网络拓扑说明

序号	设备线路	设备类型	规格型号
1	STA-1、STA-2	笔记本	STA
2	Phone-1、Phone-2	手机	Cellphone
3	AP-1、AP-2	无线接入点	AP3030
4	AC-1	无线控制器	AC6605
5	SW-1	交换机	S3700

【网络规划】

1. 交换机接口与 VLAN

交换机接口及 VLAN 规划表见表 10-1-2。

表 10-1-2 交换机接口及 VLAN 规划表

序号	交换机	接口	VLAN ID	连接设备	接口类型
1	SW-1	Ethernet 0/0/1	1（默认）	AP-1	默认
2	SW-1	Ethernet 0/0/2	1（默认）	AP-2	默认
3	SW-1	GE 0/0/1	1（默认）	AC-1	默认

2. 主机 IP 地址

客户端 IP 地址规划表见表 10-1-3。

表 10-1-3　客户端 IP 地址规划表

序号	设备名称	IP 地址 /子网掩码	接入位置	VLAN ID
1	STA-1	10.0.10.0 /24	AP-1 wifi-2.4G	1（默认）
2	STA-2	10.0.10.0 /24	AP-1 wifi-5G	1（默认）
3	Phone-1	10.0.10.0 /24	AP-2 wifi-2.4G	1（默认）
4	Phone-2	10.0.10.0 /24	AP-2 wifi-5G	1（默认）

3. 路由接口

路由接口 IP 地址规划表见表 10-1-4。

表 10-1-4　路由接口 IP 地址规划表

设备名称	接口名称	接口地址	备注
AC-1	Vlanif1	10.0.10.254 /24	VLAN1 的 SVI

4. WLAN 规划

WLAN 规划表见表 10-1-5。

表 10-1-5　WLAN 规划表

序号	VAP 模板	AP	SSID 模板	射频	业务 VLAN	安全模板
1	vap-cfg-1	AP-1	ssid-cfg-1	0	1（默认）	sec-cfg-1
2	vap-cfg-2	AP-1	ssid-cfg-2	1	1（默认）	sec-cfg-1
3	vap-cfg-1	AP-2	ssid-cfg-1	0	1（默认）	sec-cfg-1
4	vap-cfg-2	AP-2	ssid-cfg-2	1	1（默认）	sec-cfg-1

 说明

（1）射频 0 为 2.4GHz 频段，射频 1 为 5GHz 频段。

（2）此处定义的 vap-cfg-1 模板、ssid-cfg-1 模板对应 2.4GHz 频段信号，vap-cfg-2 模板、ssid-cfg-2 模板对应 5GHz 频段信号。

（3）此处定义一个安全模板，命名为 sec-cfg-1，即 vap-cfg-1 和 vap-cfg-2 模板引用相同的安全模板。

5. SSID 与密码规划

SSID 与密码规划见表 10-1-6。

表 10-1-6　SSID 与密码规划

序号	AP	SSID	连接密码
1	AP-1	wifi-2.4G	abcd1111
2	AP-1	wifi-5G	abcd1111
3	AP-2	wifi-2.4G	abcd1111
4	AP-2	wifi-5G	abcd1111

 说明　　此处规划 AP-1 和 AP-2 的 SSID 相同，接入密码也相同，形成扩展服务集 ESS，从而保证移动终端在不同 AP 间漫游时可以正常通信。

【操作步骤】

步骤 1：配置概览与预期效果。

AP（包含 AP-1 和 AP-2）通过射频 0（2.4GHz 频段）发射 SSID 为 wifi-2.4G 的信号，通过射频 1（5GHz 频段）发射 SSID 为 wifi-5G 的信号。STA（包含 STA-1 和 STA-2）和 Phone（包含 Phone-1 和 Phone-2）通过 wifi-2.4G 信号或 wifi-5G 信号连接 WLAN。AC 提供 DHCP 服务，为 AP、STA、Phone 分配地址，STA 与 Phone 可以相互通信。

步骤 2：部署网络。

eNSP 中的网络拓扑如图 10-1-2 所示。点击【保存】按钮，保存刚刚建立好的网络拓扑。

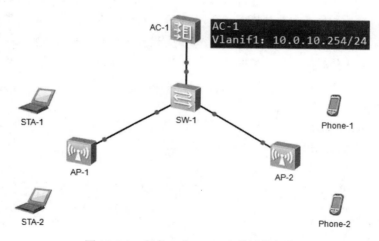

图 10-1-2　任务一在 eNSP 中的网络拓扑

步骤 3：配置无线控制器 AC-1 的基础参数。

（1）VLAN 配置。

```
//进入系统视图，关闭信息中心，修改设备名称为 AC-1
<AC6605>system-view
```

```
Enter system view, return user view with Ctrl+Z.
[AC6605]undo info-center enable
Info: Information center is disabled.
[AC6605]sysname AC-1

//配置管理 AP 的 VLAN，此处直接使用缺省 VLAN1，为缺省 VLAN1 创建 SVI，并配置地址
[AC-1]interface vlanif 1
[AC-1-Vlanif1]ip address 10.0.10.254 24
[AC-1-Vlanif1]quit
```

（2）DHCP 服务配置。在 AC-1 上开启 DHCP 服务，并将 AC-1 的 VLAN1 的 SVI 接口设置为 DHCP 源接口，配置为接口地址池模式，当 AC-1 接收到 DHCP 客户端发来的 DHCP 报文时，从 AC-1 的 VLAN1 接口所在的地址池选取 IP 地址分配给客户端。

```
//开启 DHCP 服务
[AC-1]dhcp enable
Info: The operation may take a few seconds. Please wait for a moment.done.
//为 DHCP 选择源接口，此处是 VLAN1 的 SVI（即将 Vlanif1 设置为接口地址池模式）
[AC-1]interface vlanif 1
[AC-1-Vlanif1]dhcp select interface
//DHCP 服务分配地址不含 10.0.10.254，该地址是管理 VLAN 的接口地址
[AC-1-Vlanif1]dhcp server excluded-ip-address 10.0.10.254
[AC-1-Vlanif1]quit
```

说明

（1）此处 AC-1 的 Vlanif1 接口配置为接口地址池模式，默认的地址池范围是以该接口地址所在的地址块（10.0.10.0 /24）为地址池，提供 DHCP 服务。

（2）由于 10.0.10.254 已被 Vlanif1 接口使用，此处配置从地址池的可分配地址中过滤了该地址，即可分配地址为 10.0.10.1～10.0.10.253。

（3）为 capwap 隧道绑定 VLAN。为 capwap 隧道绑定 VLAN，此处是 VLAN1（即配置 AC 的源接口为 Vlanif1）

```
[AC-1]capwap source interface vlanif 1
```

步骤 4：通过配置无线控制器 AC-1 实现 AP 上线。

（1）配置 AP 认证模式。

```
//进入 AC-1 的无线配置视图（即 wlan 视图），在 wlan 视图下设置 AP 认证模式为 MAC 认证
[AC-1]wlan
[AC-1-wlan-view]ap auth-mode mac-auth
```

（2）在 AC-1 中导入 AP-1 的参数。

```
//在 AC-1 的 wlan 视图下，配置第 1 个 AP（ap-id 值是 1），并通过 MAC 地址导入第 1 个 AP
[AC-1-wlan-view]ap-id 1 ap-mac 00E0-FC03-1240
//将第 1 个 AP 命名为 AP-1，并回退至 wlan 视图
[AC-1-wlan-ap-1]ap-name AP-1
[AC-1-wlan-ap-1]quit
```

项目十

（3）在 AC-1 中导入 AP-2 的参数。

//在 AC-1 的 wlan 视图下，配置第 2 个 AP（ap-id 值是 2），并通过 MAC 地址导入第 2 个 AP
[AC-1-wlan-view]ap-id **2** ap-mac **00E0-FC03-3050**
//将第 2 个 AP 命名为 AP-2，并回退至系统视图
[AC-1-wlan-ap-2]ap-name **AP-2**
[AC-1-wlan-ap-2]quit
[AC-1-wlan-view]quit
[AC-1]

 提醒
（1）此处在 AC 中导入 AP 参数时，AP 尚未启动，即处于离线状态。
（2）在 eNSP 中，右击 AP 设备图标→【设置】→【配置】标签，可查看到该 AP 设备的 MAC 地址等信息。

（4）查看 AP 上线情况。启动 AP-1 和 AP-2，然后在 AC-1 中查看 AP 上线情况，操作如下。

[AC-1]display ap all
Info: This operation may take a few seconds. Please wait for a moment.done.
Total AP information:
nor   : normal   [2]

ID   MAC   Name   Group   IP   Type   State STA Uptime
----
1   00e0-fc03-1240   AP-1   default   10.0.10.227 AP3030DN   nor   0   32S
2   00e0-fca6-3050   AP-2   default   10.0.10.65   AP3030DN   nor   0   24S

Total: 2
[AC-1]

 提醒
（1）从上述 AP 列表中，可以看到 AP-1 和 AP-2 已经获得了 IP 地址；
（2）当 AP 列表中的 State 字段为 nor 时，表示 AP 正常上线。

步骤 5：通过无线控制器 AC-1 配置 WLAN 业务参数。

（1）创建安全模板。

//进入 AC-1 的 wlan 视图
[AC-1]wlan
//创建安全模板，名称为 sec-cfg-1
[AC-1-wlan-view]security-profile name **sec-cfg-1**
//配置 WPA/WPA2-PSK 安全策略，并设置 wlan 接入密码为 abcd1111
[AC-1-wlan-sec-prof-sec-cfg-1]security wpa-wpa2 psk pass-phrase **abcd1111** aes
[AC-1-wlan-sec-prof-sec-cfg-1]quit

 提醒
（1）此处配置 WPA/WPA2-PSK 的安全策略，读者可根据实际情况配置安全策略。
（2）根据本任务【网络规划】，此处 WLAN 接入密码为 "abcd1111"

（2）创建 SSID 模板。根据本任务【网络规划】，分别创建对应 2.4GHz 频段的 SSID 模板和对应 5GHz 频段的 SSID 模板。

//在 wlan 视图下，创建名称为 ssid-cfg-1 的 SSID 模板，对应 2.4GHz 频段的射频信号（即射频 0）
[AC-1-wlan-view]ssid-profile name **ssid-cfg-1**
//在 ssid-cfg-1 模板中，设置 SSID 名称为 wifi-2.4G
[AC-1-wlan-ssid-prof-ssid-cfg-1]ssid **wifi-2.4G**
Info: This operation may take a few seconds, please wait.done.
//退回到 wlan 视图
[AC-1-wlan-ssid-prof-ssid-cfg-1]quit

//在 wlan 视图下，创建名称为 ssid-cfg-2 的 SSID 模板，对应 5GHz 频段的射频信号（即射频 1）
[AC-1-wlan-view]ssid-profile name **ssid-cfg-2**
//在 ssid-cfg-2 模板中，设置 SSID 名称为 wifi-5G
[AC-1-wlan-ssid-prof-ssid-cfg-2]ssid **wifi-5G**
Info: This operation may take a few seconds, please wait.done.
[AC-1-wlan-ssid-prof-ssid-cfg-2]quit
[AC-1-wlan-view]

（3）创建 VAP 模板。根据本任务【网络规划】，分别创建对应 2.4GHz 频段的 VAP 模板和对应 5GHz 频段的 VAP 模板，并分别在两个 VAP 模板视图下，配置业务数据转发模式、引用安全模板（策略）、引用 SSID 模板。

//在 wlan 视图下，创建名称为 vap-cfg-1 的 VAP 模板，对应 2.4GHz 频段的射频信号（即射频 0）
[AC-1-wlan-view]vap-profile name **vap-cfg-1**
//在 VAP 模板视图下，设置业务数据转发模式为 direct-forward（即直接转发）
[AC-1-wlan-vap-prof-vap-cfg-1]forward-mode direct-forward
//引用安全模板
[AC-1-wlan-vap-prof-vap-cfg-1]security-profile **sec-cfg-1**
Info: This operation may take a few seconds, please wait.done.
//引用对应 2.4GHz 频段的 SSID 模板 ssid-cfg-1
[AC-1-wlan-vap-prof-vap-cfg-1]ssid-profile **ssid-cfg-1**
Info: This operation may take a few seconds, please wait.done.
[AC-1-wlan-vap-prof-vap-cfg-1]quit
[AC-1-wlan-view]

//在 wlan 视图下，创建名称为 vap-cfg-2 的 VAP 模板，对应 5GHz 频段的射频信号（即射频 1）
[AC-1-wlan-view]vap-profile name **vap-cfg-2**
//在 VAP 模板视图下，设置业务数据转发模式为 direct-forward（即直接转发）
[AC-1-wlan-vap-prof-vap-cfg-2]forward-mode direct-forward
//引用安全模板 sec-cfg-1
[AC-1-wlan-vap-prof-vap-cfg-2]security-profile **sec-cfg-1**
Info: This operation may take a few seconds, please wait.done.
//引用对应 5GHz 频段的 SSID 模板 ssid-cfg-2
[AC-1-wlan-vap-prof-vap-cfg-2]ssid-profile **ssid-cfg-2**
Info: This operation may take a few seconds, please wait.done.

[AC-1-wlan-vap-prof-vap-cfg-2]quit

[AC-1-wlan-view]

（4）配置 AP-1 和 AP-2 的射频参数。通过无线控制器 AC-1，分别配置 AP-1 和 AP-2，配置射频 0 引用 vap-cfg-1 模板，射频 1 引用 vap-cfg-2 模板。

```
//进入 AP-1 视图
[AC-1-wlan-view]ap-name AP-1
//配置射频 0，引用 vap-cfg-1 模板，射频 0 对应 2.4GHz 频段的射频信号
[AC-1-wlan-ap-1]vap-profile vap-cfg-1 wlan 1 radio 0
//配置射频 1，引用 vap-cfg-2 模板，射频 1 对应 5GHz 频段的射频信号
[AC-1-wlan-ap-1]vap-profile vap-cfg-2 wlan 1 radio 1
[AC-1-wlan-ap-1]quit

//进入 AP-2 视图
[AC-1-wlan-view]ap-name AP-2
//配置射频 0，引用 vap-cfg-1 模板，射频 0 对应 2.4GHz 频段的射频信号
[AC-1-wlan-ap-2]vap-profile vap-cfg-1 wlan 1 radio 0
//配置射频 1，引用 vap-cfg-2 模板，射频 1 对应 5GHz 频段的射频信号
[AC-1-wlan-ap-2]vap-profile vap-cfg-2 wlan 1 radio 1
[AC-1-wlan-ap-2]quit
```

 提醒　　wlan 参数用来设置 VAP 号，每个射频（0 或 1）可配置多个 VAP，VAP 号取值为整数 1～N，不同设备的射频（0 或 1）支持的 VAP 数不同，本项目中，由于射频 0 和射频 1 都是只引用了一个 VAP 模板，因此 VAP 号取值均为 1。

此时 AP-1 和 AP-2 上出现圆环状信号范围，如图 10-1-3 所示。

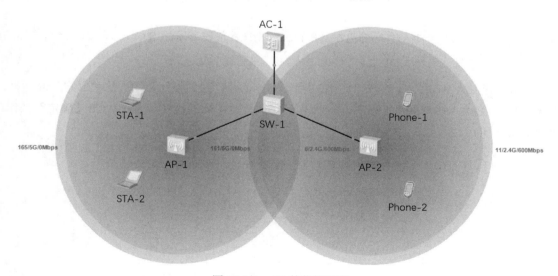

图 10-1-3　AP 的信号范围

步骤 6：将移动终端接入无线局域网。

（1）将 STA-1 接入无线网络。启动 STA-1，然后双击 STA-1 打开设备管理窗口。在【Vap 列表】选项卡的下方，可以看到此时 STA-1 已经发现了 AP-1 上的名为 wifi-2.4G 和 wifi-5G 的 SSID，如图 10-1-4 所示。

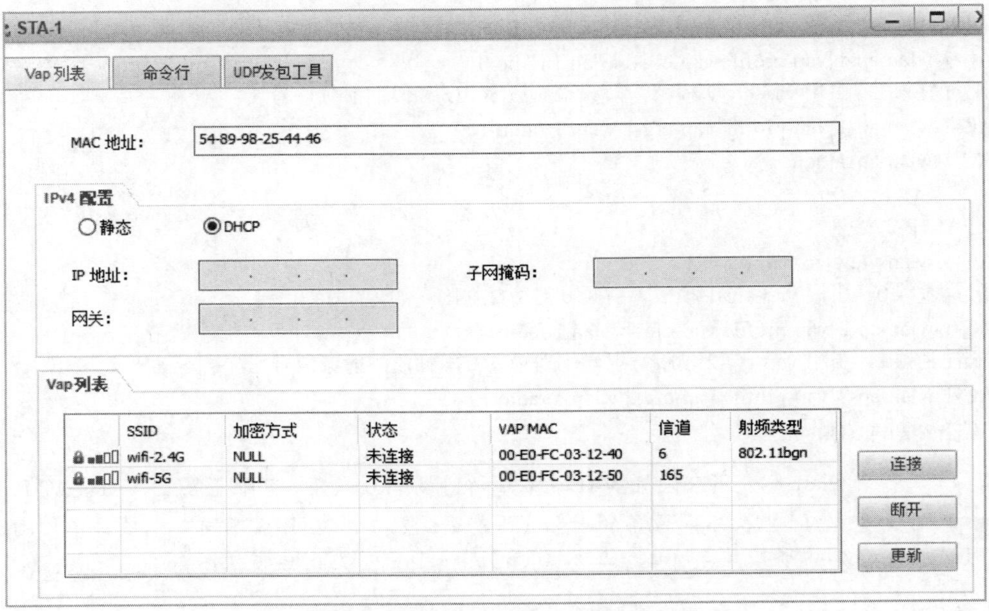

图 10-1-4   STA-1 发来无线设备接入无线网络

提醒   由于 STA-1 目前处在 AP-1 的信号覆盖范围，因此 STA-1 只能发现 AP-1 上的 SSID，并通过 AP-1 接入无线网络。

单击选择名为 wifi-2.4G 的 SSID，然后点击右侧的【连接】按钮，则弹出"账户"对话框，输入 AP-1 中名为 wifi-2.4G 的 SSID 的接入密码，此处是"abcd1111"，然后点击【确定】按钮，如图 10-1-5 所示。

图 10-1-5   输入 AP-1 中名为 wifi-2.4G 的 SSID 的接入密码

可以看到，STA-1 已经接入 AP-1 上，如图 10-1-6 所示。

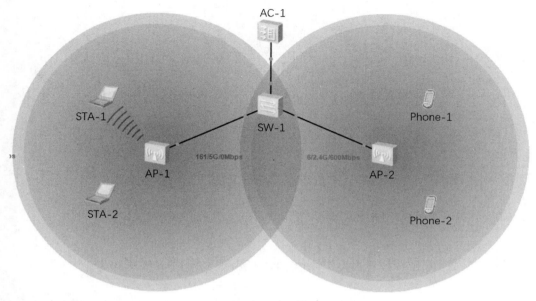

图 10-1-6　STA-1 接入 AP-1

（2）将其他移动终端设备接入无线网络。根据本任务【网络规划】，参照 STA-1 的接入操作，将 STA-2、Phone-1、Phone-2 接入无线局域网。注意，Phone-1 和 Phone-2 是通过 AP-2 接入无线局域网的。

步骤 7：连通性测试。

使用 Ping 命令测试 STA 与 Phone 的通信情况，测试结果见表 10-1-7。

表 10-1-7　无线设备连通性测试

序号	源设备	目的设备	通信结果
1	STA-1	STA-2	通
2	STA-1	Phone-1	通
3	STA-1	Phone-2	通

步骤 8：漫游通信测试。

（1）执行 STA-1 与 STA-2 通信。在 STA-1 的 CLI 界面中，对 STA-2 持续进行 Ping 通信测试。此处 STA-2 获取的 IP 地址为 10.0.10.63，即执行命令 ping 10.0.10.63 -T。

（2）将 STA-1 移动至 AP-2 的信号范围内。待通信稳定后，将 STA-1 从 AP-1 的信号范围移出，并移动到 AP-2 的信号范围内，可以看到 STA-1 自动接入 AP-2，如图 10-1-7 所示。

AC-1
SW-1
Phone-1
161/5G/0Mbps
6/2.4G/600Mbps
AP-1
AP-2
STA-2
STA-1
Phone-2

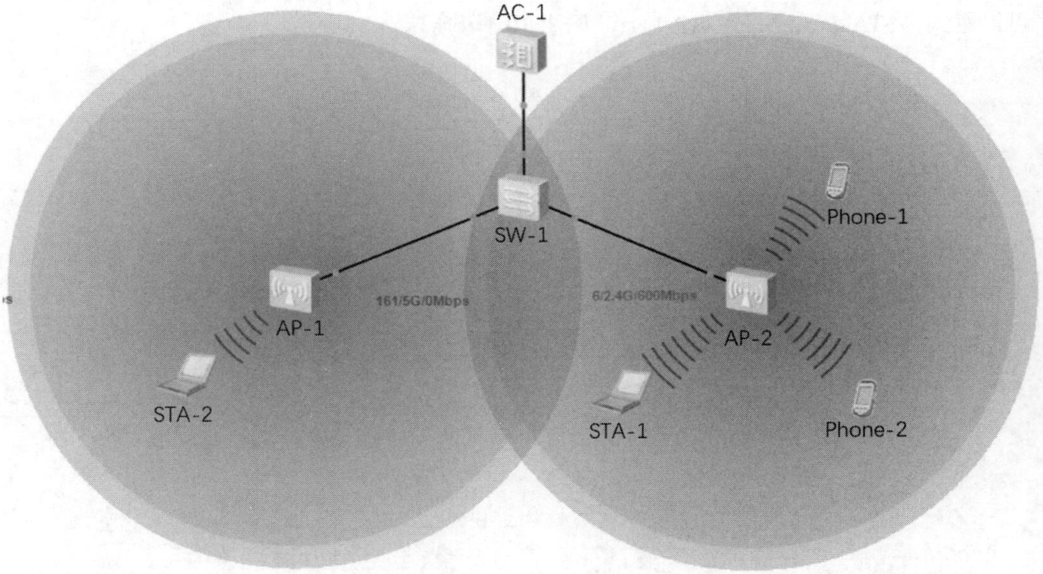

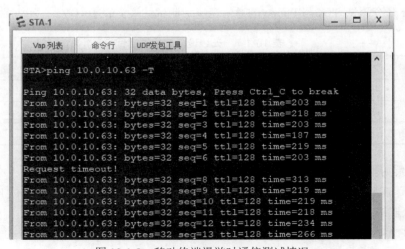

图 10-1-7　将 STA-1 移动到 AP-2 范围后，STA-1 自动接入 AP-2

提醒　由于 AP-1 和 AP-2 的 SSID 配置相同，接入密码也相同，因此当 STA-1 脱离 AP-1 的范围，移动到 AP-2 的范围时，会自动接入 AP-2，实现漫游通信。

（3）查看 STA-1 与 STA-2 通信的情况。查看 STA-1 与 STA-2 通信的情况，可以看到，当 STA-1 漫游至 AP-2 的范围时，通信会暂时中断，如图 10-1-8 所示，这是因为 STA-1 先断开与 AP-1 的连接，然后又自动接入 AP-2。

STA-1
Vap 列表
命令行
UDP发包工具
STA>ping 10.0.10.63 -T
Ping 10.0.10.63: 32 data bytes, Press Ctrl_C to break
From 10.0.10.63: bytes=32 seq=1 ttl=128 time=203 ms
From 10.0.10.63: bytes=32 seq=2 ttl=128 time=218 ms
From 10.0.10.63: bytes=32 seq=3 ttl=128 time=203 ms
From 10.0.10.63: bytes=32 seq=4 ttl=128 time=187 ms
From 10.0.10.63: bytes=32 seq=5 ttl=128 time=219 ms
From 10.0.10.63: bytes=32 seq=6 ttl=128 time=203 ms
Request timeout!
From 10.0.10.63: bytes=32 seq=8 ttl=128 time=313 ms
From 10.0.10.63: bytes=32 seq=9 ttl=128 time=219 ms
From 10.0.10.63: bytes=32 seq=10 ttl=128 time=219 ms
From 10.0.10.63: bytes=32 seq=11 ttl=128 time=218 ms
From 10.0.10.63: bytes=32 seq=12 ttl=128 time=234 ms
From 10.0.10.63: bytes=32 seq=13 ttl=128 time=266 ms

图 10-1-8　移动终端漫游时通信测试情况

任务二　实现无线局域网

【任务介绍】

使用路由交换机、交换机、AC 和 AP 构建无线局域网，实现无线接入服务。

【任务目标】

（1）完成网络部署；

（2）完成交换机、路由交换机和 AC 控制器的配置；

（3）完成无线局域网的 VLAN 划分及移动终端接入 WLAN。

【拓扑规划】

1. 网络拓扑

拓扑规划结构如图 10-2-1 所示。

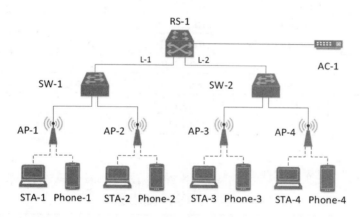

图 10-2-1　拓扑规划

2. 拓扑说明

网络拓扑说明见表 10-2-1。

表 10-2-1　网络拓扑说明

序号	设备线路	设备类型	规格型号
1	STA-1～STA-4	笔记本	STA
2	Phone-1～Phone-4	手机	Cellphone
3	AP-1～AP-4	无线接入点	AP3030

项目十

序号	设备线路	设备类型	规格型号
4	AC-1	无线控制点	AC6605
5	SW-1～SW-2	交换机	S3700
6	RS-1	路由交换机	S5700
7	L-1～L-2	双绞线	1000Base-T

【网络规划】

1. 交换机接口与 VLAN

交换机接口及 VLAN 规划表见表 10-2-2。

表 10-2-2　交换机接口及 VLAN 规划表

序号	交换机	接口	VLAN ID	连接设备	接口类型
1	SW-1	Ethernet 0/0/1	10,11,12	AP-1	Trunk
2	SW-1	Ethernet 0/0/2	10,11,12	AP-2	Trunk
3	SW-1	GE 0/0/1	1, 10,11,12	RS-1	Trunk
4	SW-2	Ethernet 0/0/1	10,11,12	AP-3	Trunk
5	SW-2	Ethernet 0/0/2	10,11,12	AP-4	Trunk
6	SW-2	GE 0/0/1	1, 10,11,12	RS-1	Trunk
7	RS-1	GE 0/0/1	100	AC-1	Access
8	RS-1	GE 0/0/2	1, 10,11,12	SW-1	Trunk
9	RS-1	GE 0/0/3	1, 10,11,12	SW-2	Trunk

2. 主机 IP 地址

主机 IP 地址规划表见表 10-2-3。

表 10-2-3　主机 IP 地址规划表

序号	设备名称	IP 地址 /子网掩码	默认网关	接入位置	VLAN ID
1	STA-1	192.168.64.0 /24	192.168.64.254	AP-1 wifi-1	11
2	Phone-1	192.168.65.0 /24	192.168.65.254	AP-1 wifi-2	12
3	STA-2	192.168.64.0 /24	192.168.64.254	AP-2 wifi-1	11
4	Phone-2	192.168.65.0 /24	192.168.65.254	AP-2 wifi-2	12
5	STA-3	192.168.64.0 /24	192.168.64.254	AP-3 wifi-1	11
6	Phone-3	192.168.65.0 /24	192.168.65.254	AP-3 wifi-2	12
7	STA-4	192.168.64.0 /24	192.168.64.254	AP-4 wifi-1	11
8	Phone-4	192.168.65. 0 /24	192.168.65.254	AP-4 wifi-2	12

3. 路由接口

路由接口 IP 地址规划表见表 10-2-4。

表 10-2-4　路由接口 IP 地址规划表

序号	设备名称	接口名称	接口地址	备注
1	RS-1	Vlanif10	192.168.100.254 /24	VLAN10 的 SVI
2	RS-1	Vlanif11	192.168.64.254 /24	VLAN11 的 SVI
3	RS-1	Vlanif12	192.168.65.254 /24	VLAN12 的 SVI
4	RS-1	Vlanif100	10.0.0.1 /30	VLAN100 的 SVI
5	AC-1	Vlanif100	10.0.0.2 /30	VLAN100 的 SVI

4. WLAN 规划

WLAN 规划表见表 10-2-5。

表 10-2-5　WLAN 规划表

序号	VAP 模板	AP	SSID 模板	射频	业务 VLAN	AP 分组	域管理模板	安全模板
1	vap-cfg-1	AP-1	ssid-cfg-1	0	11	ap-group-cfg-1	domain-cfg-1	sec-cfg-1
2	vap-cfg-2	AP-1	ssid-cfg-2	1	12	ap-group-cfg-1	domain-cfg-1	sec-cfg-1
3	vap-cfg-1	AP-2	ssid-cfg-1	0	11	ap-group-cfg-1	domain-cfg-1	sec-cfg-1
4	vap-cfg-2	AP-2	ssid-cfg-2	1	12	ap-group-cfg-1	domain-cfg-1	sec-cfg-1
5	vap-cfg-1	AP-3	ssid-cfg-1	0	11	ap-group-cfg-1	domain-cfg-1	sec-cfg-1
6	vap-cfg-2	AP-3	ssid-cfg-2	1	12	ap-group-cfg-1	domain-cfg-1	sec-cfg-1
7	vap-cfg-1	AP-4	ssid-cfg-1	0	11	ap-group-cfg-1	domain-cfg-1	sec-cfg-1
8	vap-cfg-2	AP-4	ssid-cfg-2	1	12	ap-group-cfg-1	domain-cfg-1	sec-cfg-1

 说明

（1）射频 0 为 2.4GHz 频段，射频 1 为 5GHz 频段。

（2）此处定义的 vap-cfg-1 模板、ssid-cfg-1 模板对应 2.4GHz 频段信号，vap-cfg-2 模板、ssid-cfg-2 模板对应 5GHz 频段信号。

（3）此处定义一个安全模板，命名为 sec-cfg-1，即 vap-cfg-1 和 vap-cfg-2 模板引用相同的安全模板。

（4）此处规划 2 个业务 VLAN，VLAN11 对应射频 0（即 2.4GHz 频段），VLAN12 对应射频 1（即 5GHz 频段）。

（5）由于本任务中 4 个 AP 的 WLAN 参数配置相同，此处规划了 1 个名称为 ap-group-cfg-1 的 AP 组，以便统一配置 4 个 AP。

5. SSID 与密码规划

SSID 与密码规划见表 10-2-6。

表 10-2-6　SSID 与密码规划

序号	AP	SSID	连接密码
1	AP-1	wifi-1	abcd1111
2	AP-1	wifi-2	abcd1111
3	AP-2	wifi-1	abcd1111
4	AP-2	wifi-2	abcd1111
5	AP-3	wifi-1	abcd1111
6	AP-3	wifi-2	abcd1111
7	AP-4	wifi-1	abcd1111
8	AP-4	wifi-2	abcd1111

【操作步骤】

步骤 1：配置概览与预期效果。

管理 VLAN：VLAN10，用来传输 AC-1 与 AP（AP-1～AP-4）之间的管理数据。

VLAN10 地址：10.0.0.0 /30。

业务 VLAN：VLAN11、VLAN12，用来传输移动终端（STA-1～STA-4，Phone-1～Phone-4）上网时的数据。

VLAN11 地址：192.168.64.0 /24。

VLAN12 地址：192.168.65.0 /24。

AP（包含 AP-1～AP-4）通过射频 0（2.4GHz 频段）发射 SSID 为 wifi-1 的信号，通过射频 1（即 5GHz 频段）发射 SSID 为 wifi-2 的信号，STA（包括 STA-1～STA-4）通过 wifi-1 接入无线局域网，被划分到 VLAN11，Phone（包含 Phone-1～Phone-2）通过 wifi-2 接入无线局域网，被划分到 VLAN12。

AC-1 提供 DHCP 服务，RS-1 提供 DHCP 中继服务，AP 通过 RS-1 中 Vlanif10 提供的 DHCP 中继获取 192.168.100.0 /24 中的地址，STA 通过 RS-1 中 Vlanif11 的 DHCP 中继获取 192.168.64.0 /24 中的地址，Phone 通过 RS-1 中 Vlanif12 的 DHCP 中继获取 192.168.65.0 /24 中的地址，STA 与 Phone 可以相互通信。

步骤 2：部署网络。

启动 eNSP，点击【新建拓扑】按钮，打开一个空白的拓扑界面，根据本任务的【拓扑规划】和【网络规划】，在 eNSP 中选取相应的的设备，完成网络部署。

eNSP 中的网络拓扑如图 10-2-2 所示。点击【保存】按钮，保存刚刚建立好的网络拓扑。

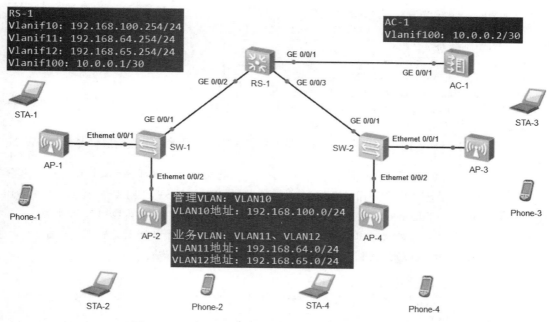

RS-1
Vlanif10: 192.168.100.254/24
Vlanif11: 192.168.64.254/24
Vlanif12: 192.168.65.254/24
Vlanif100: 10.0.0.1/30

AC-1
Vlanif100: 10.0.0.2/30

管理VLAN: VLAN10
VLAN10地址: 192.168.100.0/24
业务VLAN: VLAN11、VLAN12
VLAN11地址: 192.168.64.0/24
VLAN12地址: 192.168.65.0/24

图 10-2-2   在 eNSP 中的网络拓扑（含接口地址说明）

步骤 3：配置交换机 SW-1。

```
//进入系统视图，关闭信息中心，修改设备名称
<Huawei>system-view
Enter system view, return user view with Ctrl+Z.
[Huawei]undo info-center enable
Info: Information center is disabled.
[Huawei]sysname SW-1

//创建管理 VLAN10，业务 VLAN11、VLAN12，用于 STA、Phone 通信
[SW-1]vlan batch 10 11 12
Info: This operation may take a few seconds. Please wait for a moment...done.

//配置下联 AP 的接口（即 Ethernet 0/0/1 和 Ethernet 0/0/2）为 trunk 模式，缺省 VLAN ID 设为 10，并允
许业务 VLAN11、VLAN12 和管理 VLAN10 的数据帧通过
[SW-1]interface Ethernet 0/0/1
[SW-1-Ethernet 0/0/1]port link-type trunk
[SW-1-Ethernet 0/0/1]port trunk pvid vlan 10
[SW-1-Ethernet 0/0/1]port trunk allow-pass vlan 10 to 12
[SW-1-Ethernet 0/0/1]quit
[SW-1]interface Ethernet 0/0/2
[SW-1-Ethernet 0/0/2]port link-type trunk
[SW-1-Ethernet 0/0/2]port trunk pvid vlan 10
[SW-1-Ethernet 0/0/2]port trunk allow-pass vlan 10 to 12
```

[SW-1-Ethernet 0/0/2]quit
//配置上联路由交换机的接口（即 GigabitEthernet 0/0/1）为 Trunk 模式，并允许业务 VLAN11、VLAN12 和管理 VLAN10 的数据帧通过
[SW-1]interface GigabitEthernet 0/0/1
[SW-1-GigabitEthernet 0/0/1]port link-type trunk
[SW-1-GigabitEthernet 0/0/1]port trunk allow-pass vlan 10 to 12
[SW-1-GigabitEthernet 0/0/1]quit

步骤 4：配置交换机 SW-2。

交换机 SW-2 与 SW-1 配置相同，参照步骤 3 完成 SW-2 的配置，注意交换机名称为 SW-2。

说明 　（1）由于 AP（AP-1～AP-4）发送给交换机的数据帧有管理数据帧，也有业务数据帧，且它们属于不同的 VLAN，此处交换机（SW-1 和 SW-2）下联 AP 的接口（Ethernet 0/0/1 和 Ethernet 0/0/2）设置为 Trunk 类型，使多个 VLAN 的数据帧可以通过。

　（2）此处交换机下联 AP 的接口，缺省 VLAN 设为 10，交换机对来自 AP 的管理数据帧转发时打上 VLAN10 的标记。

步骤 5：配置路由交换机 RS-1。

//进入系统视图，关闭信息中心，修改设备名称
<Huawei>system-view
Enter system view, return user view with Ctrl+Z.
[Huawei]undo info-center enable
Info: Information center is disabled.
[Huawei]sysname RS-1

//创建 VLAN10 用于管理数据报文通信，创建 VLAN11、VLAN12 用于业务数据报文通信，创建 VLAN100 用于与 AC-1 通信
[RS-1]vlan batch 10 to 12 100
Info: This operation may take a few seconds. Please wait for a moment...done.

//将下联交换机的接口（即 GigabitEthernet 0/0/2 和 GigabitEthernet 0/0/3）设置为 Trunk 类型，并允许 VLAN10、VLAN11、VLAN12 的数据帧通过
[RS-1]interface GigabitEthernet 0/0/2
[RS-1-GigabitEthernet 0/0/2]port link-type trunk
[RS-1-GigabitEthernet 0/0/2]port trunk allow-pass vlan 10 11 12
[RS-1-GigabitEthernet 0/0/2]quit
[RS-1]interface GigabitEthernet 0/0/3
[RS-1-GigabitEthernet 0/0/3]port link-type trunk
[RS-1-GigabitEthernet 0/0/3]port trunk allow-pass vlan 10 11 12
[RS-1-GigabitEthernet 0/0/3]quit

//将连接 AC-1 的接口设置为 Access 类型，缺省 VLAN 设为 100
[RS-1]interface GigabitEthernet 0/0/1
[RS-1-GigabitEthernet 0/0/1]port link-type access
[RS-1-GigabitEthernet 0/0/1]port default vlan 100

[RS-1-GigabitEthernet 0/0/1]quit

//开启 DHCP 服务
[RS-1]dhcp enable
Info: The operation may take a few seconds. Please wait for a moment.done.

//创建 VLAN10 的 SVI，并设置地址
[RS-1]interface vlanif 10
[RS-1-Vlanif10]ip address 192.168.100.254 24
//开启 DHCP 中继功能，它代理的 DHCP 服务器地址为 AC-1 的 Vlanif100 接口地址
[RS-1-Vlanif10]dhcp select relay
[RS-1-Vlanif10]dhcp relay server-ip 10.0.0.2
[RS-1-Vlanif10]quit
//创建 VLAN11 的 SVI，并设置地址
[RS-1]interface vlanif 11
[RS-1-Vlanif11]ip address 192.168.64.254 24
//开启 DHCP 中继功能，它代理的 DHCP 服务器地址为 AC-1 的 Vlanif100 接口地址
[RS-1-Vlanif11]dhcp select relay
[RS-1-Vlanif11]dhcp relay server-ip 10.0.0.2
[RS-1-Vlanif11]quit
//创建 VLAN12 的 SVI，并设置地址
[RS-1]interface vlanif 12
[RS-1-Vlanif12]ip address 192.168.65.254 24
//开启 DHCP 中继功能，它代理的 DHCP 服务器地址为 AC-1 的 Vlanif100 接口地址
[RS-1-Vlanif12]dhcp select relay
[RS-1-Vlanif12]dhcp relay server-ip 10.0.0.2
[RS-1-Vlanif12]quit

步骤 6： 配置无线控制器 AC-1 的基础参数。

（1）VLAN 配置。

//进入系统视图，关闭信息中心，修改设备名称为 AC-1
<AC6605>system-view
Enter system view, return user view with Ctrl+Z.
[AC6605]undo info-center enable
Info: Information center is disabled.
[AC6605]sysname AC-1

//创建 VLAN100
[AC-1]vlan 100
Info: This operation may take a few seconds. Please wait for a moment...done.
[AC-1-vlan100]quit

//将上联路由交换机的接口 GE 0/0/1 设置为 Access 类型，缺省 VLAN 设为 100
[AC-1]interface GigabitEthernet 0/0/1
[AC-1-GigabitEthernet 0/0/1]port link-type access

[AC-1-GigabitEthernet 0/0/1]port default vlan 100
[AC-1-GigabitEthernet 0/0/1]quit

//为 VLAN100 创建 SVI，并配置地址
[AC-1]interface vlanif 100
[AC-1-Vlanif10]ip address 10.0.0.2 30
[AC-1-Vlanif10]quit
[AC-1]

（2）DHCP 服务配置。在 AC-1 上开启 DHCP 服务，并将 AC-1 的 Vlanif100 接口设置为全局地址池模式。当 AC-1 通过 Vlanif100 接口接收到客户端（AP、STA 和 Phone）发来的 DHCP 请求报文时，从 AC-1 上全局地址池查找合适的地址分配给客户端。

//开启 DHCP 服务
[AC-1]dhcp enable
Info: The operation may take a few seconds. Please wait for a moment.done.
//为 DHCP 选择源接口，此处使 VLAN100 的 SVI（即将 Vlanif100 设置为全局地址池模式）
[AC-1]interface vlanif 100
[AC-1-Vlanif100]dhcp select global
[AC-1-Vlanif100]quit

（3）创建地址池。
//创建地址池 pool-vlan-10，用于为 VLAN10 下的 AP 分配地址
[AC-1]ip pool pool-vlan-10
Info: It is successful to create an IP address pool.
//为地址池配置地址块
[AC-1-ip-pool-pool-vlan-10]network 192.168.100.0 mask 24
//设置网关地址为 Vlanif10 的地址
[AC-1-ip-pool-pool-vlan-10]gateway-list 192.168.100.254
//通过华为自定义选项 option 43 为 AP 指定 AC 地址
[AC-1-ip-pool-pool-vlan-10]option 43 sub-option 3 ascii 10.0.0.2
[AC-1-ip-pool-pool-vlan-10]quit

//创建地址池 pool-vlan-11，用于为 VLAN11 下的 STA 分配地址
[AC-1]ip pool pool-vlan-11
Info: It is successful to create an IP address pool.
//为地址池配置地址块
[AC-1-ip-pool-pool-vlan-11]network 192.168.64.0 mask 24
//设置网关地址为 Vlanif11 的地址
[AC-1-ip-pool-pool-vlan-11]gateway-list 192.168.64.254
[AC-1-ip-pool-pool-vlan-11]quit

//创建地址池 pool-vlan-12，用于为 VLAN12 下的 STA 分配地址
[AC-1]ip pool pool-vlan-12
Info: It is successful to create an IP address pool.
//为地址池配置地址块

项目十

[AC-1-ip-pool-pool-vlan-12]network 192.168.65.0 mask 24
//设置网关地址为 Vlanif12 的地址
[AC-1-ip-pool-pool-vlan-12]gateway-list 192.168.65.254
[AC-1-ip-pool-pool-vlan-12]quit

 说明

（1）此处 AC-1 的 Vlanif100 接口配置为全局地址池模式，并面向 VLAN10、VLAN11 和 VLAN12 分别创建了对应地址池。

（2）当 AC-1 的 Vlanif100 接口收到来自 RS-1 上不同 VLAN 的 DHCP 中继的请求报文时，根据来源地址（即 SVI 接口地址），选择与来源地址在同一网段的地址池，并取相应地址池中的地址返回给 RS-1，例如：RS-1 上 Vlanif10 接口（地址为 192.168.100.254）的 DHCP 中继请求获取到 AC-1 上 pool-vlan-10 地址池中的地址（192.168.100.0 /24），这样保证了 DHCP 客户端能够与网关正常通信。

（4）配置静态路由。用于 AC 和分布在不同网段中 AP、STA 和 Phone 通信。

//面向管理 VLAN（VLAN10）配置静态路由，下一跳地址为 RS-1 上 Vlanif100 的地址
[AC-1]ip route-static 192.168.100.0 24 10.0.0.1
//面向业务 VLAN（VLAN11、VLAN12）配置静态路由，下一跳地址为 RS-1 上 Vlanif100 的地址，此处 VLAN11 地址块（192.168.64.0 /24）与 VLAN12 地址块（192.168.65.0 /24）可以聚合为 192.168.64.0 /23
[AC-1]ip route-static 192.168.64.0 23 10.0.0.1

（5）为 capwap 隧道绑定 VLAN。为 capwap 隧道绑定 VLAN，此处是 VLAN100（即配置 AC 的源接口为 Vlanif100）。

[AC-1]capwap source interface vlanif 100

步骤 7：通过无线控制器 AC-1 实现 AP 上线。

（1）创建域管理模板。

//进入 wlan 视图，创建名称为 domain-cfg-1 的域管理模板，配置国家码为 cn
[AC-1]wlan
[AC-1-wlan-view]regulatory-domain-profile name domain-cfg-1
[AC-1-wlan-regulate-domain-default]country-code cn
Info: The current country code is same with the input country code.
[AC-1-wlan-regulate-domain-default]quit
[AC-1-wlan-view]

（2）创建 AP 组。

//创建名称为 ap-group-cfg-1 的 AP 组，并引用域管理模板 domain-cfg-1，用于对多个 AP 进行批量配置
[AC-1-wlan-view]ap-group name ap-group-cfg-1
[AC-1-wlan-ap-group-ap_group1]regulatory-domain-profile domain-cfg-1
Warning: Modifying the country code will clear channel, power and antenna gain c
onfigurations of the radio and reset the AP. Continue?[Y/N]:y
[AC-1-wlan-ap-group-ap_group1]quit
[AC-1-wlan-view]quit

（3）配置 AP 认证模式。

//进入 AC-1 的无线配置视图（即 wlan 视图），在 wlan 视图下设置 AP 认证模式为 MAC 认证
[AC-1]wlan

[AC-1-wlan-view]ap auth-mode mac-auth

（4）在 AC-1 中离线导入 AP。

//在 AC-1 的 wlan 视图下，配置第 1 个 AP（ap-id 值是 1），通过 MAC 地址导入第 1 个 AP，并命名为 AP-1，加入分组 ap-group-cfg-1

[AC-1-wlan-view]ap-id 1 ap-mac **00E0-FC0E-2DC0**

[AC-1-wlan-ap-1]ap-name **AP-1**

[AC-1-wlan-ap-1]ap-group **ap-group-cfg-1**

//警告：该操作会造成 AP 重置，如果国家码改变，射频的配置信息会清空，是否继续？这里需继续，输入 y，按 enter 键即可

Warning: This operation may cause AP reset. If the country code changes, it will

clear channel, power and antenna gain configurations of the radio, Whether to c

ontinue? [Y/N]:y

Info: This operation may take a few seconds. Please wait for a moment.. done.

[AC-1-wlan-ap-1]quit

按照本任务【网络规划】AP 与 AP 组的对应关系，参照离线导入 AP-1 的操作，离线导入 AP-2～AP-4。

（5）查看 AP 上线情况。启动 AP-1～AP-4，然后在 AC-1 中查看 AP 上线情况，操作如下。

[AC-1-wlan-view]display ap all

Info: This operation may take a few seconds. Please wait for a moment.done.

Total AP information:

nor　: normal　　　　　　[4]

ID	MAC	Name	Group	IP	Type	State	STA	Uptime
1	00e0-fc0e-2dc0	AP-1	ap_group1	192.168.100.251	AP3030DN	nor	0	2M:28S
2	00e0-fce8-4930	AP-2	ap_group1	192.168.100.174	AP3030DN	nor	0	2M:28S
3	00e0-fc57-0f90	AP-3	ap_group1	192.168.100.119	AP3030DN	nor	0	2M:13S
4	00e0-fc29-0270	AP-4	ap_group1	192.168.100.101	AP3030DN	nor	0	2M:26S

Total: 4

[AC-1-wlan-view]

其中 State 字段为 nor 时，表示 AP 正常上线。

提醒　　　　（1）从上述 AP 列表中，可以看到 AP-1～AP-4 已经获得了 IP 地址。

　　　　（2）当 AP 列表中的 State 字段为 nor 时，表示 AP 正常上线。

步骤 8：通过无线控制器 AC-1 配置 WLAN 业务参数。

（1）创建安全模板。

//在 AC-1 的 wlan 视图下，创建名称为 sec-cfg-1 的安全模板

[AC-1-wlan-view]security-profile name sec-cfg-1

//配置 WPA/WPA2-PSK 安全策略，并设置 wlan 接入密码为 abcd1111

项目十

[AC-1-wlan-sec-prof-sec-cfg-1]security wpa-wpa2 psk pass-phrase abcd1111 aes
[AC-1-wlan-sec-prof-sec-cfg-1]quit

 提醒　　此处配置 WPA/WPA2-PSK 的安全策略，密码为"abcd11111"，读者可根据实际情况配置安全策略。

（2）创建 SSID 模板。根据【网络规划】，分别创建对应 2.4GHz 频段和对应 5GHz 频段的 SSID 模板。

//在 wlan 视图下，创建名称为 ssid-cfg-1 的 SSID 模板，对应 2.4GHz 频段的射频信号（即射频 0）
[AC-1-wlan-view]ssid-profile name **ssid-cfg-1**
//在 ssid-cfg-1 模板中，设置 SSID 名称为 wifi-1
[AC-1-wlan-ssid-prof-ssid-cfg-1]ssid **wifi-1**
Info: This operation may take a few seconds, please wait.done.
[AC-1-wlan-ssid-prof-ssid-cfg-1]quit
//在 wlan 视图下，创建名称为 ssid-cfg-2 的 SSID 模板，对应 5GHz 频段的射频信号（即射频 1）
[AC-1-wlan-view]ssid-profile name **ssid-cfg-2**
//在 ssid-cfg-2 中，设置 SSID 名称为 wifi-2
[AC-1-wlan-ssid-prof-ssid-cfg-2]ssid **wifi-2**
Info: This operation may take a few seconds, please wait.done.
[AC-1-wlan-ssid-prof-ssid-cfg-2]quit
[AC-1-wlan-view]

（3）创建 VAP 模板。根据【网络规划】，分别创建对应 2.4GHz 频段的 VAP 模板和对应 5GHz 频段的 VAP 模板，并分别在两个 VAP 模板视图下，配置业务数据转发模式、引用安全模板（策略）、指定业务 VLAN、引用 SSID 模板。

//在 wlan 视图下，创建名称为 vap-cfg-1 的 VAP 模板，对应 2.4GHz 频段的射频信号（即射频 0）
[AC-1-wlan-view]vap-profile name **vap-cfg-1**
//在 VAP 模板视图下，设置业务数据转发模式为 direct-forward（即直接转发）
[AC-1-wlan-vap-prof-vap-cfg-1]forward-mode direct-forward
//设置业务 VLAN 为 VLAN11
[AC-1-wlan-vap-prof-vap-cfg-1]service-vlan vlan-id **11**
Info: This operation may take a few seconds, please wait.done.
//引用安全模板
[AC-1-wlan-vap-prof-vap-cfg-1]security-profile **sec-cfg-1**
Info: This operation may take a few seconds, please wait.done.
//引用 SSID 模板
[AC-1-wlan-vap-prof-vap-cfg-1]ssid-profile **ssid-cfg-1**
Info: This operation may take a few seconds, please wait.done.
[AC-1-wlan-vap-prof-vap-cfg-1]quit
[AC-1-wlan-view]

//在 wlan 视图下，创建名称为 vap-cfg-2 的 VAP 模板，对应 5GHz 频段的射频信号（即射频 0）
[AC-1-wlan-view]vap-profile name **vap-cfg-2**
//在 VAP 模板视图下，设置业务数据转发模式为 direct-forward（即直接转发）

[AC-1-wlan-vap-prof-vap-cfg-2]forward-mode direct-forward
//设置业务 VLAN 为 VLAN12
[AC-1-wlan-vap-prof-vap-cfg-2]service-vlan vlan-id **12**
Info: This operation may take a few seconds, please wait.done.
//引用安全模板
[AC-1-wlan-vap-prof-vap-cfg-2]security-profile **sec-cfg-1**
Info: This operation may take a few seconds, please wait.done.
//引用 SSID 模板
[AC-1-wlan-vap-prof-vap-cfg-2]ssid-profile **ssid-cfg-2**
Info: This operation may take a few seconds, please wait.done.
[AC-1-wlan-vap-prof-vap-cfg-2]quit
[AC-1-wlan-view]

（4）配置 AP 的射频参数。在无线控制器 AC-1 上，通过 AP 组 ap-group-cfg-1 配置组中 AP（AP-1～AP-4），配置射频 0 引用 vap-cfg-1 模板，射频 1 引用 vap-cfg-2 模板。

[AC-1-wlan-view]ap-group name **ap-group-cfg-1**
[AC-1-wlan-ap-group-ap-group-cfg-1]vap-profile **vap-cfg-1** wlan **1** radio **0**
Info: This operation may take a few seconds, please wait...done.
[AC-1-wlan-ap-group-ap-group-cfg-1]vap-profile **vap-cfg-2** wlan **1** radio **1**
Info: This operation may take a few seconds, please wait...done.
[AC-1-wlan-ap-group-ap-group-cfg-1]quit
[AC-1-wlan-view]

此时 AP 上出现圆环状信号范围，如图 10-2-3 所示。

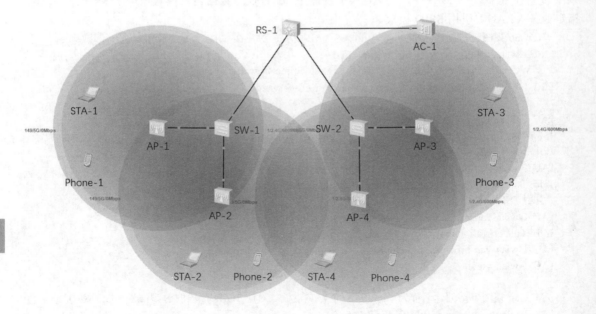

图 10-2-3　AP 的信号范围

步骤9：将移动终端接入无线网络。

（1）将 STA-1 接入无线网络。启动 STA-1，然后双击 STA-1 打开设备管理窗口，在【Vap 列表】选项卡中可以看到此时 STA-1 已经发现了 AP-1 上名称为 wifi-1 和 wifi-2 的 SSID，如图 10-2-4 所示。

图 10-2-4　STA-1 发现的 SSID

　　　由于 STA-1 目前处在 AP-1 的信号覆盖范围，因此 STA-1 只能发现 AP-1 上的 SSID，并通过 AP-1 接入无线网络。

单击选择名为 wifi-1 的 SSID，然后点击右侧的【连接】按钮，则弹出"账户"对话框，输入 AP-1 中名为 wifi-1 的 SSID 的接入密码，此处是"abcd1111"，然后点击【确定】按钮，如图 10-2-5 所示。

图 10-2-5　输入 AP-1 中名为 wifi-1 的 SSID 的接入密码

可以看到，STA-1 已经接入 AP-1，如图 10-2-6 所示。

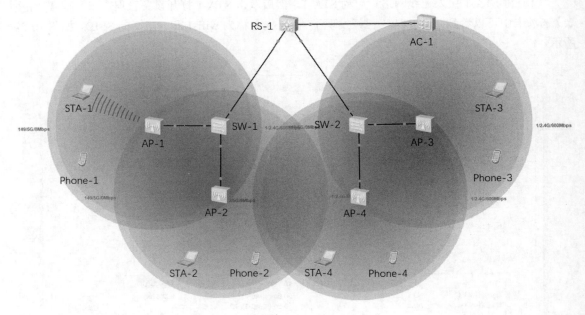

图 10-2-6　STA-1 接入 AP-1

（2）将其他移动终端设备接入无线网络。根据【网络规划】，参照 STA-1 的接入操作，将 STA-2～STA-4、Phone-1～Phone-4 接入无线网络。注意 STA 通过所属 AP 上的 wifi-1 接入无线网络，Phone 通过所属 AP 上 wifi-2 接入网络。

　　步骤 10：连通性测试。

　　使用 Ping 命令测试 STA 与 Phone 的通信情况，测试结果见表 10-2-7。

表 10-2-7　无线设备连通性测试

序号	源设备	目的设备	通信结果
1	STA-1	Phone-1	通
2	STA-1	STA-2	通
3	STA-1	Phone-2	通
4	STA-1	STA-3	通
5	STA-1	Phone-3	通
6	STA-1	STA-4	通
7	STA-1	Phone-4	通

任务三　在园区网中实现无线接入服务

【任务介绍】

在项目九中园区网和 DHCP 服务器的基础上，使用 AC 控制器和 AP 接入点进行无线网扩展，实现无线接入服务。

【任务目标】

（1）使用 AC 控制器和 AP 接入点扩展园区网；

（2）完成交换机、路由交换机和 AC 控制器的配置；

（3）完成连通性测试。

【拓扑规划】

1. 网络拓扑

网络拓扑结构如图 10-3-1 所示。

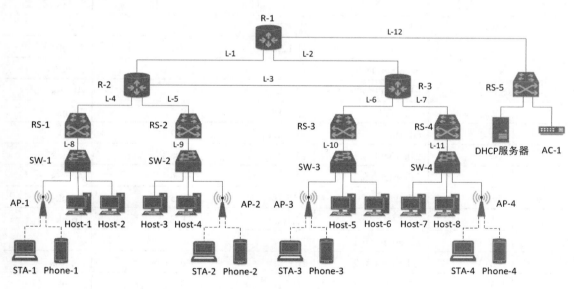

图 10-3-1　网络拓扑结构

2. 拓扑说明

网络拓扑说明见表 10-3-1。

项目十

表 10-3-1　网络拓扑说明

序号	设备线路	设备类型	规格型号
1	Host-1～Host-8	用户主机	PC
2	STA-1～STA-4	笔记本	STA
3	Phone-1～Phone-4	手机	Cellphone
4	AP-1～AP-4	无线接入点	AP3030
5	AC-1	无线控制器	AC6605
6	SW-1～SW4	交换机	S3700
7	RS-1～RS-5	路由交换机	S5700
8	L-1～L-12	双绞线	1000Base-T

【网络规划】

1.　交换机接口与 VLAN

交换机接口及 VLAN 规划表见表 10-3-2。

表 10-3-2　交换机接口及 VLAN 规划表

序号	交换机	接口	VLAN ID	连接设备	接口类型
1	SW-1	GE 0/0/1	1,11,12	RS-1	Trunk
2	SW-1	GE 0/0/2	11,12,200	AP-1	Trunk
3	SW-1	Ethernet 0/0/1	11	Host-1	Access
4	SW-1	Ethernet 0/0/2	12	Host-2	Access
5	SW-2	GE 0/0/1	1,13,14	RS-2	Trunk
6	SW-2	GE 0/0/2	13,14,200	AP-2	Trunk
7	SW-2	Ethernet 0/0/1	13	Host-3	Access
8	SW-2	Ethernet 0/0/2	14	Host-4	Access
9	SW-3	GE 0/0/1	1,15,16	RS-3	Trunk
10	SW-3	GE 0/0/2	15,16,200	AP-3	Trunk
11	SW-3	Ethernet 0/0/1	15	Host-5	Access
12	SW-3	Ethernet 0/0/2	16	Host-6	Access
13	SW-4	GE 0/0/1	1,17,18	RS-4	Trunk
14	SW-4	GE 0/0/2	17,18,200	AP-4	Trunk
15	SW-4	Ethernet 0/0/1	17	Host-7	Access
16	SW-4	Ethernet 0/0/2	18	Host-8	Access

续表

序号	交换机	接口	VLAN ID	连接设备	接口类型
17	RS-1	GE 0/0/1	100	R-1	Access
18	RS-1	GE 0/0/24	1,11,12	SW-1	Trunk
19	RS-2	GE 0/0/1	100	R-1	Access
20	RS-2	GE 0/0/24	1,13,14	SW-2	Trunk
21	RS-3	GE 0/0/1	100	R-2	Access
22	RS-3	GE 0/0/24	1,15,16	SW-3	Trunk
23	RS-4	GE 0/0/1	100	R-2	Access
24	RS-4	GE 0/0/24	1,17,18	SW-4	Trunk
25	RS-5	GE 0/0/1	100	R-3	Access
26	RS-5	GE 0/0/2	1,10	DHCP 服务器	Access
27	RS-5	GE 0/0/3	200	AC-1	Access
28	RS-5	GE 0/0/4～24	1,10	--	Access

2. 主机 IP 地址

主机 IP 地址规划表见表 10-3-3。

表 10-3-3　主机 IP 地址规划表

序号	设备名称	IP 地址 /子网掩码	默认网关	接入位置	VLAN ID
1	Host-1	192.168.64.10～20 /24	192.168.64.254	SW-1 Ethernet 0/0/1	11
2	Host-2	192.168.65.10～20 /24	192.168.65.254	SW-1 Ethernet 0/0/2	12
3	Host-3	192.168.66.10～20 /24	192.168.66.254	SW-2 Ethernet 0/0/1	13
4	Host-4	192.168.67.10～20 /24	192.168.67.254	SW-2 Ethernet 0/0/2	14
5	Hos-5	192.168.68.10～20 /24	192.168.68.254	SW-3 Ethernet 0/0/1	15
6	Host-6	192.168.69.10～20 /24	192.168.69.254	SW-3 Ethernet 0/0/2	16
7	Host-7	192.168.70.10～20 /24	192.168.70.254	SW-4 Ethernet 0/0/1	17
8	Host-8	192.168.71.10～20 /24	192.168.71.254	SW-4 Ethernet 0/0/2	18
9	STA-1	192.168.64.10～20 /24	192.168.64.254	AP-1 Wifi-1	11
10	Phone-1	192.168.65.10～20 /24	192.168.65.254	AP-1 Wifi-2	12
11	STA-2	192.168.66.10～20 /24	192.168.66.254	AP-2 Wifi-1	13
12	Phone-2	192.168.67.10～20 /24	192.168.67.254	AP-2 Wifi-2	14
13	STA-3	192.168.68.10～20 /24	192.168.68.254	AP-3 Wifi-1	15
14	Phone-3	192.168.69.10～20 /24	192.168.69.254	AP-3 Wifi-2	16
15	STA-4	192.168.70.10～20 /24	192.168.70.254	AP-4 Wifi-1	17
16	Phone-4	192.168.71.10～20 /24	192.168.71.254	AP-4 Wifi-2	18

3. 路由接口

路由接口 IP 地址规划表见表 10-3-4。

表 10-3-4　路由接口 IP 地址规划表

序号	设备名称	接口名称	接口地址	备注
1	RS-1	Vlanif11	192.168.64.254 /24	VLAN11 的 SVI
2	RS-1	Vlanif12	192.168.65.254 /24	VLAN12 的 SVI
3	RS-1	Vlanif100	10.0.2.2 /30	VLAN100 的 SVI
4	RS-1	Vlanif200	10.0.10.14 /28	VLAN200 的 SVI
5	RS-2	Vlanif13	192.168.66.254 /24	VLAN13 的 SVI
6	RS-2	Vlanif14	192.168.67.254 /24	VLAN14 的 SVI
7	RS-2	Vlanif100	10.0.3.2 /30	VLAN100 的 SVI
8	RS-2	Vlanif200	10.0.10.30 /28	VLAN200 的 SVI
9	RS-3	Vlanif15	192.168.68.254 /24	VLAN15 的 SVI
10	RS-3	Vlanif16	192.168.69.254 /24	VLAN16 的 SVI
11	RS-3	Vlanif100	10.0.4.2 /30	VLAN100 的 SVI
12	RS-3	Vlanif200	10.0.10.46 /28	VLAN200 的 SVI
13	RS-4	Vlanif17	192.168.70.254 /24	VLAN17 的 SVI
14	RS-4	Vlanif18	192.168.71.254 /24	VLAN18 的 SVI
15	RS-4	Vlanif100	10.0.5.2 /30	VLAN100 的 SVI
16	RS-4	Vlanif200	10.0.10.62 /28	VLAN200 的 SVI
17	RS-5	Vlanif10	192.168.100.254 /24	VLAN10 的 SVI
18	RS-5	Vlanif100	10.0.1.2 /30	VLAN100 的 SVI
19	RS-5	Vlanif200	10.0.10.254 /30	VLAN200 的 SVI
20	R-1	GE 0/0/0	10.0.1.1 /30	
21	R-1	GE 0/0/1	10.0.0.1 /30	
22	R-1	GE 0/0/2	10.0.0.5 /30	
23	R-2	GE 0/0/0	10.0.0.9 /30	
24	R-2	GE 0/0/1	10.0.0.2 /30	--
25	R-2	GE 0/0/2	10.0.2.1 /30	--
26	R-2	GE 0/0/3	10.0.3.1 /30	--
27	R-3	GE 0/0/0	10.0.0.10 /30	--
28	R-3	GE 0/0/1	10.0.4.1 /30	

续表

序号	设备名称	接口名称	接口地址	备注
29	R-3	GE 0/0/2	10.0.0.6 /30	--
30	R-3	GE 0/0/3	10.0.5.1 /30	--
31	AC-1	GE 0/0/1	10.0.10.253 /30	

4. 服务器接口

服务器 IP 地址规划表见表 10-3-5。

表 10-3-5　服务器 IP 地址规划表

设备名称	IP 地址 /子网掩码	默认网关	接入位置	VLAN ID
DHCP 服务器	192.168.100.200 /24	192.168.100.254	RS-5 的 GE 0/0/2	10

5. AC 中 DHCP 服务地址池规划

AC 中 DHCP 服务地址池规划表见表 10-3-6。

表 10-3-6　AC 中 DHCP 服务地址池规划表

序号	地址池名称	IP 地址 /子网掩码	默认网关	AC 地址
1	pool-rs-1	10.0.10.0 /28	10.0.10.14	10.0.10.253
2	pool-rs-2	10.0.10.16 /28	10.0.10.30	10.0.10.253
3	pool-rs-3	10.0.10.32 /28	10.0.10.46	10.0.10.253
4	Pool-rs-4	10.0.10.48 /28	10.0.10.62	10.0.10.253

6. WLAN 规划

WLAN 规划表见表 10-3-7。

表 10-3-7　WLAN 规划表

序号	VAP 模板	AP	SSID 模板	射频	业务 VLAN	域管理模板	安全模板
1	vap-cfg-1-1	AP-1	ssid-cfg-1	0	11	domain-cfg-1	sec-cfg-1
2	vap-cfg-1-2	AP-1	ssid-cfg-2	1	12	domain-cfg-1	sec-cfg-1
3	vap-cfg-2-1	AP-2	ssid-cfg-1	0	13	domain-cfg-1	sec-cfg-1
4	vap-cfg-2-2	AP-2	ssid-cfg-2	1	14	domain-cfg-1	sec-cfg-1
5	vap-cfg-3-1	AP-3	ssid-cfg-1	0	15	domain-cfg-1	sec-cfg-1
6	vap-cfg-3-2	AP-3	ssid-cfg-2	1	16	domain-cfg-1	sec-cfg-1
7	vap-cfg-4-1	AP-4	ssid-cfg-1	0	17	domain-cfg-1	sec-cfg-1
8	vap-cfg-4-2	AP-4	ssid-cfg-2	1	18	domain-cfg-1	sec-cfg-1

（1）射频 0 为 2.4GHz 频段，射频 1 为 5GHz 频段。

（2）此处定义了 8 个 VAP 模板，其中 vap-cfg-1-1、vap-cfg-2-1、vap-cfg-3-1、vap-cfg-4-1 对应 2.4GHz 频段信号，vap-cfg-1-2、vap-cfg-2-2、vap-cfg-3-2、vap-cfg-4-2 对应 5GHz 频段信号。

（3）此处定义了 2 个 SSID 模板，其中 ssid-cfg-1 对应射频 0（即 2.4GHz 频段），ssid-cfg-2 对应射频 1（即 5GHz 频段）。

（4）此处定义一个安全模板，命名为 sec-cfg-1，所有 VAP 模板引用相同的安全模板。

（5）此处定义了 8 个业务 VLAN，其中 VLAN11、VLAN13、VLAN15、VLAN17 对应射频 0（即 2.4GHz 频段），VLAN12、VLAN14、VLAN16、VLAN18 对应射频 1（即 5GHz 频段）。

（6）由于本任务中 4 个 AP 的射频 0 和射频 1 对引用的 VAP 模板各不相同，不能以 AP 组的形式批量操作，此处没有使用 AP 组，而是直接配置 AP。

7. SSID 与密码规划

SSID 与密码规划见表 10-3-8。

表 10-3-8　SSID 与密码规划

序号	AP	SSID	连接密码
1	AP-1	wifi-1	abcd1111
2	AP-1	wifi-2	abcd1111
3	AP-2	wifi-1	abcd1111
4	AP-2	wifi-2	abcd1111
5	AP-3	wifi-1	abcd1111
6	AP-3	wifi-2	abcd1111
7	AP-4	wifi-1	abcd1111
8	AP-4	wifi-2	abcd1111

【操作步骤】

步骤 1：配置概览与预期效果。

本任务基于项目九中任务四的园区网进行，所有操作是在园区网和 DHCP 服务器完成配置的情况下进行的。

管理 VLAN：VLAN200，用来传输 AC-1 与 AP（AP-1～AP-4）之间的管理数据。

业务 VLAN：VLAN11、VLAN12、VLAN13、VLAN14、VLAN15、VLAN16、VLAN17、VLAN18，用来传送移动终端（STA-1～STA-4，Phone-1～Phone-4）上网时的数据。

VLAN200 地址：10.0.10.0 /26。

VLAN11 地址：192.168.64.0 /24。

VLAN12 地址：192.168.65.0 /24。

VLAN13 地址：192.168.66.0 /24。

VLAN14 地址：192.168.67.0 /24。

VLAN15 地址：192.168.68.0 /24。

VLAN16 地址：192.168.69.0 /24。

VLAN17 地址：192.168.70.0 /24。

VLAN18 地址：192.168.71.0 /24。

AP（包含 AP-1～AP-4）通过射频 0（2.4GHz 频段）发射 SSID 为 wifi-1 的信号，通过射频 1（5GHz 频段）发射 SSID 为 wifi-2 的信号，STA（包含 STA-1～STA-4）通过 wifi-1 接入无线局域网，并被划分到 VLAN11、VLAN13、VLAN15、VLAN17，Phone（包含 Phone-1～Phone-4）通过 wifi-2 接入无线局域网，并被划分到 VLAN12、VLAN14、VLAN16、VLAN18。

AC-1 为 AP 提供 DHCP 服务，DHCP 服务器为 STA 和 Phone 提供 DHCP 服务。RS 提供 DHCP 中继服务，将业务 VLAN（包含 VLAN11～VLAN18）的 DHCP 请求转发给 DHCP 服务器（地址为 192.168.100.200 /24），将 AP 的 DHCP 请求转发至 AC-1。

AP 通过 RS 的 DHCP 中继，从 AC-1 获取 10.0.10.0 /26 中的地址，STA 和 Phone 通过 RS 的 DHCP 中继，从 DHCP 服务器 192.168.64.0 /21 中的地址，Phone 通过 RS-1 Vlanif12 获取 192.168.65.0 /24 中的地址，STA 与 Phone 可以相互通信。

步骤 2：部署网络。

（1）启动 eNSP，打开项目九的网络拓扑。

（2）按照本任务【拓扑规划】、【网络规划】，在 eNSP 中选取相应的的设备，完成 AC 控制器、AP 接入点、笔记本和手机的部署，如图 10-3-2 所示。

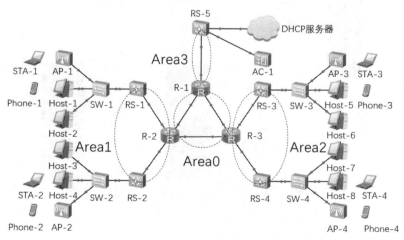

图 10-3-2　在 eNSP 中的网络拓扑

（4）点击【保存】按钮，保存刚刚建立好的网络拓扑。

注意：为了便于读者完成实验，图 10-3-3 在拓扑图上增加了标注信息。

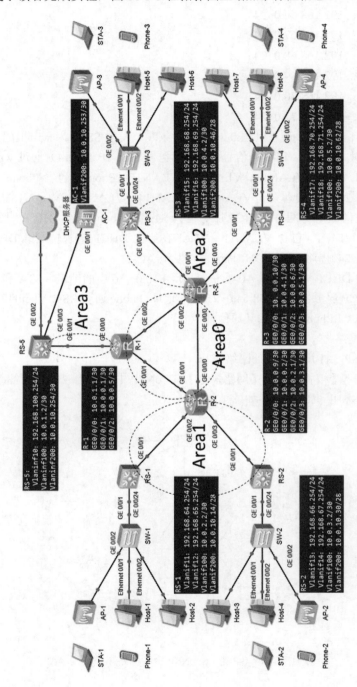

图 10-3-3　网络拓扑图（含接口地址说明）

步骤 3： 配置交换机 SW-1。

//创建 VLAN200，用于 AP 接入点的管理通信
[SW-1]vlan 200
[SW-1-vlan200]quit

//将下联 AP 接入点的接口 GE 0/0/2 设为 Trunk 类型，缺省 VLAN ID 设为 200，并允许业务 VLAN11、VLAN12 和管理 VLAN200 的数据帧通过
[SW-1]interface GigabitEthernet 0/0/2
[SW-1-GigabitEthernet 0/0/2]port link-type trunk
[SW-1-GigabitEthernet 0/0/2]port trunk pvid vlan 200
[SW-1-GigabitEthernet 0/0/2]port trunk allow-pass vlan 11 12 200
[SW-1-GigabitEthernet 0/0/2]quit

//配置上联路由交换机的接口 GE 0/0/1，允许管理 VLAN200 的数据帧通过
[SW-1]interface GigabitEthernet 0/0/1
[SW-1-GigabitEthernet 0/0/1]port trunk allow-pass vlan 200
[SW-1-GigabitEthernet 0/0/1]quit

步骤 4： 配置交换机 SW-2。

//创建 VLAN200，用于 AP 接入点的管理通信
[SW-2]vlan 200
[SW-2-vlan200]quit

//将下联 AP 接入点的接口 GE 0/0/2 设为 Trunk 类型，缺省 VLAN ID 设为 200，并允许业务 VLAN11、VLAN12 和管理 VLAN200 的数据帧通过
[SW-2]interface GigabitEthernet 0/0/2
[SW-2-GigabitEthernet 0/0/2]port link-type trunk
[SW-2-GigabitEthernet 0/0/2]port trunk pvid vlan 200
[SW-2-GigabitEthernet 0/0/2]port trunk allow-pass vlan 13 14 200
[SW-2-GigabitEthernet 0/0/2]quit

//配置上联路由交换机的接口 GE 0/0/1，允许管理 VLAN200 的数据帧通过
[SW-2]interface GigabitEthernet 0/0/1
[SW-2-GigabitEthernet 0/0/1]port trunk allow-pass vlan 200
[SW-2-GigabitEthernet 0/0/1]quit
[SW-2]

步骤 5： 配置交换机 SW-3。

//创建 VLAN200，用于 AP 接入点的管理通信
[SW-3]vlan 200
[SW-3-vlan200]quit

//将下联 AP 接入点的接口 GE 0/0/2 设为 Trunk 类型，缺省 VLAN ID 设为 200，并允许业务 VLAN11、VLAN12 和管理 VLAN200 的数据帧通过
[SW-3]interface GigabitEthernet 0/0/2
[SW-3-GigabitEthernet 0/0/2]port link-type trunk
[SW-3-GigabitEthernet 0/0/2]port trunk pvid vlan 200

[SW-3-GigabitEthernet 0/0/2]port trunk allow-pass vlan 15 16 200
[SW-3-GigabitEthernet 0/0/2]quit

//配置上联路由交换机的接口 GE 0/0/1，允许管理 VLAN200 的数据帧通过
[SW-3]interface GigabitEthernet 0/0/1
[SW-3-GigabitEthernet 0/0/1]port trunk allow-pass vlan 200
[SW-3-GigabitEthernet 0/0/1]quit
[SW-3]

步骤 6： 配置交换机 SW-4。

//创建 VLAN200，用于 AP 接入点的管理通信
[SW-4]vlan 200
[SW-4-vlan200]quit

//将下联 AP 接入点的接口 GE 0/0/2 设为 Trunk 类型，缺省 VLAN ID 设为 200，并允许业务 VLAN11、VLAN12 和管理 VLAN200 的数据帧通过
[SW-4]interface GigabitEthernet 0/0/2
[SW-4-GigabitEthernet 0/0/2]port link-type trunk
[SW-4-GigabitEthernet 0/0/2]port trunk pvid vlan 200
[SW-4-GigabitEthernet 0/0/2]port trunk allow-pass vlan 17 18 200
[SW-4-GigabitEthernet 0/0/2]quit

//配置上联路由交换机的接口 GE 0/0/1，允许管理 VLAN200 的数据帧通过
[SW-4]interface GigabitEthernet 0/0/1
[SW-4-GigabitEthernet 0/0/1]port trunk allow-pass vlan 200
[SW-4-GigabitEthernet 0/0/1]quit
[SW-4]

步骤 7： 配置路由交换机 RS-1。

//创建 VLAN200，用于对 AP 接入点的管理通信
[RS-1]vlan 200
[RS-1-vlan200]quit

//配置下联交换机的接口 GE 0/0/24 允许 VLAN200 的数据帧通过
[RS-1]interface GigabitEthernet 0/0/24
[RS-1-GigabitEthernet 0/0/24]port trunk allow-pass vlan 200
[RS-1-GigabitEthernet 0/0/24]quit

//为 VLAN200 创建 SVI，并配置地址
[RS-1]interface vlanif 200
[RS-1-Vlanif200]ip address 10.0.10.14 28
[RS-1-Vlanif200]quit

//配置 OSPF，在 area1 中宣告 VLAN200 的网络
[RS-1]ospf 1
[RS-1-ospf-1]area 0.0.0.1
[RS-1-ospf-1-area-0.0.0.1]network 10.0.10.0 0.0.0.15

[RS-1-ospf-1-area-0.0.0.1]quit
[RS-1-ospf-1]quit

//开启 Vlanif200 的 DHCP 中继功能，它代理的 DHCP 服务器地址为 AC-1 的 Vlanif200 接口地址，使
VLAN200 中的 AP 通过 AC-1 获取地址
[RS-1]interface vlanif 200
[RS-1-Vlanif200]dhcp select relay
[RS-1-Vlanif200]dhcp relay server-ip 10.0.10.253
[RS-1-Vlanif200]quit

步骤 8：配置路由交换机 RS-2。

//创建 VLAN200，用于对 AP 接入点的管理通信
[RS-2]vlan 200
[RS-2-vlan200]quit

//配置下联交换机的接口 GE 0/0/24 允许 VLAN200 的数据帧通过
[RS-2]interface GigabitEthernet 0/0/24
[RS-2-GigabitEthernet 0/0/24]port trunk allow-pass vlan 200
[RS-2-GigabitEthernet 0/0/24]quit

//为 VLAN200 创建 SVI，并配置地址
[RS-2]interface vlanif 200
[RS-2-Vlanif200]ip address 10.0.10.30 28
[RS-2-Vlanif200]quit

//配置 OSPF，在 area1 中宣告 VLAN200 的网络
[RS-2]ospf 1
[RS-2-ospf-1]area 0.0.0.1
[RS-2-ospf-1-area-0.0.0.1]network 10.0.10.16 0.0.0.15
[RS-2-ospf-1-area-0.0.0.1]quit
[RS-2-ospf-1]quit

//开启 Vlanif200 的 DHCP 中继功能，它代理的 DHCP 服务器地址为 AC-1 的 Vlanif200 接口地址，使
VLAN200 中的 AP 通过 AC-1 获取地址
[RS-2]interface vlanif 200
[RS-2-Vlanif200]dhcp select relay
[RS-2-Vlanif200]dhcp relay server-ip 10.0.10.253
[RS-2-Vlanif200]quit

步骤 9：配置路由交换机 RS-3。

//创建 VLAN200，用于对 AP 接入点的管理通信
[RS-3]vlan 200
[RS-3-vlan200]quit

//配置下联交换机的接口 GE 0/0/24 允许 VLAN200 的数据帧通过
[RS-3]interface GigabitEthernet 0/0/24
[RS-3-GigabitEthernet 0/0/24]port trunk allow-pass vlan 200

[RS-3-GigabitEthernet 0/0/24]quit

//为 VLAN200 创建 SVI，并配置地址
[RS-3]interface vlanif 200
[RS-3-Vlanif200]ip address 10.0.10.46 28
[RS-3-Vlanif200]quit

//配置 OSPF，在 area2 中宣告 VLAN200 的网络
[RS-3]ospf 1
[RS-3-ospf-1]area 0.0.0.2
[RS-3-ospf-1-area-0.0.0.2]network 10.0.10.32 0.0.0.15
[RS-3-ospf-1-area-0.0.0.2]quit
[RS-3-ospf-1]quit

//开启 Vlanif200 的 DHCP 中继功能，它代理的 DHCP 服务器地址为 AC-1 的 Vlanif200 接口地址，使 VLAN200 中的 AP 通过 AC-1 获取地址
[RS-3]interface vlanif 200
[RS-3-Vlanif200]dhcp select relay
[RS-3-Vlanif200]dhcp relay server-ip 10.0.10.253
[RS-3-Vlanif200]quit

步骤 10：配置路由交换机 RS-4。

//创建 VLAN200，用于对 AP 接入点的管理通信
[RS-4]vlan 200
[RS-4-vlan200]quit

//配置下联交换机的接口 GE 0/0/24 允许 VLAN200 的数据帧通过
[RS-4]interface GigabitEthernet 0/0/24
[RS-4-GigabitEthernet 0/0/24]port trunk allow-pass vlan 200
[RS-4-GigabitEthernet 0/0/24]quit

//为 VLAN200 创建 SVI，并配置地址
[RS-4]interface vlanif 200
[RS-4-Vlanif200]ip address 10.0.10.62 28
[RS-4-Vlanif200]quit

//配置 OSPF，在 area2 中宣告 VLAN200 的网络
[RS-4]ospf 1
[RS-4-ospf-1]area 0.0.0.2
[RS-4-ospf-1-area-0.0.0.2]network 10.0.10.48 0.0.0.15
[RS-4-ospf-1-area-0.0.0.2]quit
[RS-4-ospf-1]quit

//开启 Vlanif200 的 DHCP 中继功能，它代理的 DHCP 服务器地址为 AC-1 的 Vlanif200 接口地址，使 VLAN200 中的 AP 通过 AC-1 获取地址
[RS-4]interface vlanif 200

```
[RS-4-Vlanif200]dhcp select relay
[RS-4-Vlanif200]dhcp relay server-ip 10.0.10.253
[RS-4-Vlanif200]quit
```

步骤 11：配置路由交换机 RS-5。

```
//创建 VLAN200，用于对 AP 与 AC 的管理通信
[RS-5]vlan 200
[RS-5-vlan200]quit

//将下联 AC 控制器的接口 GE 0/0/3 设为 Access 模式，并将缺省 VLAN 设为 200，用于与 AC-1 通信
[RS-5]interface GigabitEthernet 0/0/3
[RS-5-GigabitEthernet 0/0/3]port link-type access
[RS-5-GigabitEthernet 0/0/3]port default vlan 200
[RS-5-GigabitEthernet 0/0/3]quit

//为 VLAN200 创建 SVI，并配置地址
[RS-5]interface vlanif 200
[RS-5-Vlanif200]ip address 10.0.10.254 30
[RS-5-Vlanif200]quit

//配置 OSPF，在 area3 中宣告 VLAN200 的网络
[RS-5]ospf 1
[RS-5-ospf-1]area 0.0.0.3
[RS-5-ospf-1-area-0.0.0.3]network 10.0.10.252 0.0.0.3
[RS-5-ospf-1-area-0.0.0.3]quit
[RS-5-ospf-1]quit
```

步骤 12：配置无线控制器 AC-1 的基础参数。

（1）VLAN 配置。

```
//进入系统视图，关闭信息中心，修改设备名称为 AC-1
<AC6605>system-view
Enter system view, return user view with Ctrl+Z.
[AC6605]undo info-center enable
Info: Information center is disabled.
[AC6605]sysname AC-1

//创建 VLAN200
[AC-1]vlan 200
Info: This operation may take a few seconds. Please wait for a moment...done.
[AC-1-vlan200]quit

//将上联路由交换机的接口 GE 0/0/1 设置为 Access 模式，并将缺省 VLAN 设为 200
[AC-1]interface GigabitEthernet 0/0/1
[AC-1-GigabitEthernet 0/0/1]port link-type access
[AC-1-GigabitEthernet 0/0/1]port default vlan 200
[AC-1-GigabitEthernet 0/0/1]quit
```

//为 VLAN200 创建 SVI，并配置地址

[AC-1]interface vlanif 200

[AC-1-Vlanif200]ip address 10.0.10.253 30

[AC-1-Vlanif200]quit

[AC-1]

（2）DHCP 服务配置。在 AC-1 上开启 DHCP 服务，并将 AC-1 的 Vlanif200 接口设置为全局地址池模式。当 AC-1 通过 Vlanif200 接口接收到 DHCP 中继转发的客户端（AP-1～AP-4）的 DHCP 请求报文时，从 AC-1 上全部地址池中选择与 DHCP 中继在同一网段的地址池中的 IP 地址分配给客户端。

[AC-1]dhcp enable

Info: The operation may take a few seconds. Please wait for a moment.done.

[AC-1]interface vlanif 200

[AC-1-Vlanif200]dhcp select global

[AC-1-Vlanif200]quit

（3）创建地址池。

//创建名称为 pool-rs-1 的地址池，用于为 RS-1 下 AP 分配地址，并设置地址块和网关地址

[AC-1]ip pool pool-rs-1

Info: It is successful to create an IP address pool.

[AC-1-ip-pool-pool-rs-1]**network 10.0.10.0 mask 28**

[AC-1-ip-pool-pool-rs-1]**gateway-list 10.0.10.14**

//通过华为自定义选项 option 43 为 AP 指定 AC 地址

[AC-1-ip-pool-rs-1]option 43 sub-option 3 ascii 10.0.10.253

[AC-1-ip-pool-rs-1]quit

根据【网络规划】，参照创建地址池 pool-rs-1 的操作，创建地址池 pool-rs-2、pool-rs-3、pool-rs-4，注意地址块和网关地址不同。

（4）配置静态路由。用于 AC-1 和分布在不同网段中 AP（AP-1～AP-4）通信。

[AC-1]ip route-static 10.0.10.0 26 10.0.10.254

 说明　　由于 pool-rs-1～pool-rs-4 的地址是连续的，可聚合为 10.0.10.0 /26，所以只需要配置一条目的地址为地址 10.0.10.0 /26 的静态路由，下一跳地址为 10.0.10.254。

（5）为 capwap 隧道绑定 VLAN。为 capwap 隧道绑定 VLAN，此处是 VLAN200（即配置 AC 的源接口为 Vlanif200）。

[AC-1]capwap source interface vlanif 200

步骤 13：通过无线控制器 AC-1 实现 AP 上线。

（1）创建域管理模板。

//进入 wlan 视图，创建名称为 domain-cfg-1 的域管理模板，配置国家码为 cn

[AC-1]wlan

[AC-1-wlan-view]regulatory-domain-profile name domain-cfg-1

[AC-1-wlan-regulate-domain-domain-cfg-1]country-code cn

项目十

Info: The current country code is same with the input country code.

[AC-1-wlan-regulate-domain-domain-cfg-1]quit

[AC-1-wlan-view]

（2）配置 AP 认证模式。

//在 wlan 视图下设置 AP 认证模式为 MAC 认证

[AC-1-wlan-view]ap auth-mode mac-auth

（3）在 AC-1 中离线导入 AP。

//在 AC-1 的 wlan 视图下，配置第 1 个 AP（ap-id 值是 1），通过 MAC 地址导入第 1 个 AP，并命名为 AP-1

[AC-1-wlan-view]ap-id 1 ap-mac **00E0-FC94-2E30**

[AC-1-wlan-ap-1]ap-name **AP-1**

//引用域管理模板 domain-cfg-1

[AC-1-wlan-ap-1]regulatory-domain-profile domain-cfg-1

Warning: Modifying the country code will clear channel, power and antenna gain c

onfigurations of the radio and reset the AP. Continue?[Y/N]:y

[AC-1-wlan-ap-1]quit

根据本任务【网络规划】，参照离线导入 AP-1 的操作，离线导入 AP-2～AP-4。

（4）查看 AP 上线情况。启动 AP-1～AP-4，然后在 AC-1 中查看 AP 上线情况，操作如下。其中 State 字段为 nor 时，表示 AP 正常上线。

[AC-1-wlan-view]display ap all

Info: This operation may take a few seconds. Please wait for a moment.done.

Total AP information:

nor　: normal　　　　　[4]

ID	MAC	Name	Group	IP	Type	State	STA	Uptime
1	00e0-fc94-2e30	AP-1	ap_group1	10.0.10.5	AP3030DN	nor	0	9M:5S
2	00e0-fc99-5030	AP-2	ap_group2	10.0.10.26	AP3030DN	nor	0	10S
3	00e0-fc18-34b0	AP-3	ap_group3	10.0.10.35	AP3030DN	nor	0	9S
4	00e0-fcdb-7df0	AP-4	ap_group4	10.0.10.57	AP3030DN	nor	0	7S

Total: 4

[AC-1-wlan-view]

步骤 14：通过 AC 控制器配置 WLAN 业务参数。

（1）创建安全模板。创建安全模板 wifi-sef-cfg-1，并配置安全策略。

[AC-1-wlan-view]security-profile name sec-cfg-1

[AC-1-wlan-sec-prof-sec-cfg-1]security wpa-wpa2 psk pass-phrase abcd1111 aes

[AC-1-wlan-sec-prof-sec-cfg-1]quit

 提醒　　此处配置 WPA/WPA2-PSK 的安全策略，密码为 "abcd1111"，读者可根据实际情况，配置符合实际要求的安全策略。

（2）创建 SSID 模板。根据本任务【网络规划】，分别创建对应 2.4GHz 频段和对应 5GHz 频段的 SSID 模板。

```
//在 wlan 视图下，创建名称为 ssid-cfg-1 的 SSID 模板，对应 2.4GHz 频段的射频信号（即射频 0）
[AC-1-wlan-view]ssid-profile name ssid-cfg-1
//在 ssid-cfg-1 模板中，设置 SSID 名称为 wifi-1
[AC-1-wlan-ssid-prof-ssid-cfg-1]ssid wifi-1
Info: This operation may take a few seconds, please wait.done.
[AC-1-wlan-ssid-prof-ssid-cfg-1]quit

//在 wlan 视图下，创建名称为 ssid-cfg-2 的 SSID 模板，对应 5GHz 频段的射频信号（即射频 1）
[AC-1-wlan-view]ssid-profile name ssid-cfg-2
//在 ssid-cfg-2 中，设置 SSID 名称为 wifi-2
[AC-1-wlan-ssid-prof-ssid-cfg-2]ssid wifi-2
Info: This operation may take a few seconds, please wait.done.
[AC-1-wlan-ssid-prof-ssid-cfg-2]quit
[AC-1-wlan-view]
```

（3）创建 VAP 模板。根据【网络规划】，分别创建对应 2.4GHz 频段的 VAP 模板和对应 5GHz 频段的 VAP 模板，并分别在两个 VAP 模板视图下，配置业务数据转发模式、引用安全模板（策略）、指定业务 VLAN、引用 SSID 模板。创建用于 AP-1 的 VAP 模板，操作如下。

```
//在 wlan 视图下，创建名称为 vap-cfg-1-1 的 VAP 模板，对应 AP-1 上 2.4GHz 频段的射频信号（即射频 0）
[AC-1-wlan-view]vap-profile name vap-cfg-1-1
//在 VAP 模板视图下，设置业务数据转发模式为 direct-forward（即直接转发）
[AC-1-wlan-vap-prof-vap-cfg-1-1]forward-mode direct-forward
//设置业务 VLAN 为 11，通过引用此模板的射频信道接入 WLAN 的设备将被划分到 VLAN11
[AC-1-wlan-vap-prof-vap-cfg-1-1]service-vlan vlan-id 11
Info: This operation may take a few seconds, please wait.done.
//引用安全模板 sec-cfg-1，安全模板指定了设备接入 WLAN 的认证方式以及密码
[AC-1-wlan-vap-prof-vap-cfg-1-1]security-profile sec-cfg-1
Info: This operation may take a few seconds, please wait.done.
//引用 SSID 模板 ssid-cfg-1，对应 SSID 名称 wifi-1
[AC-1-wlan-vap-prof-vap-cfg-1-1]ssid-profile ssid-cfg-1
Info: This operation may take a few seconds, please wait.done.
[AC-1-wlan-vap-prof-vap-cfg-1-1]quit
[AC-1-wlan-view]

//在 wlan 视图下，创建名称为 vap-cfg-1-2 的 VAP 模板，对应 AP-1 上 5GHz 频段的射频信号（即射频 0）
[AC-1-wlan-view]vap-profile name vap-cfg-1-2
//在 VAP 模板视图下，设置业务数据转发模式为 direct-forward（即直接转发）
[AC-1-wlan-vap-prof-vap-cfg-1-2]forward-mode direct-forward
//设置业务 VLAN 为 12，通过引用此模板的射频信道接入 WLAN 的设备将被划分到 VLAN12
[AC-1-wlan-vap-prof-vap-cfg-1-2]service-vlan vlan-id 12
Info: This operation may take a few seconds, please wait.done.
//引用安全模板 sec-cfg-1，安全模板指定了设备接入 WLAN 的认证方式以及密码
[AC-1-wlan-vap-prof-vap-cfg-1-2]security-profile sec-cfg-1
Info: This operation may take a few seconds, please wait.done.
//引用 SSID 模板 ssid-cfg-2，对应 SSID 名称 wifi-2
```

[AC-1-wlan-vap-prof-vap-cfg-1-2]ssid-profile **ssid-cfg-2**
Info: This operation may take a few seconds, please wait.done.
[AC-1-wlan-vap-prof-vap-cfg-1-2]quit
[AC-1-wlan-view]

参照创建 AP-1 上 VAP 模板操作,创建应用于 AP-2(vap-cfg-2-1、vap-cfg-2-2)、AP-3(vap-cfg-3-1、vap-cfg-3-2)、AP-4(vap-cfg-4-1、vap-cfg-4-2)的 VAP 模板,注意 VAP 模板名称、业务 VLAN、SSID 模板的不同。

(4)配置 AP 的射频参数。在无线控制器 AC-1 上,配置 AP(AP-1～AP-4)射频,引用 VAP模板。

//进入 AP-1 视图,配置射频 0(2.4GHz 频段)引用 vap-cfg-1-1 模板,射频 1(5GHz 频段)引用 vap-cfg-1-2模板
[AC-1-wlan-view]ap-name **AP-1**
[AC-1-wlan-ap-1]vap-profile **vap-cfg-1-1** wlan **1** radio **0**
Info: This operation may take a few seconds, please wait...done.
[AC-1-wlan-ap-1]vap-profile **vap-cfg-1-2** wlan **1** radio **1**
Info: This operation may take a few seconds, please wait...done.
[AC-1-wlan-view]

根据本任务【网络规划】,参照 AP-1 的射频参数配置操作,配置 AP-2、AP-3 和 AP-4 的射频参数,引用相应 VAP 模板。

此时 AP 上出现圆环状信号范围,如图 10-3-4 所示。

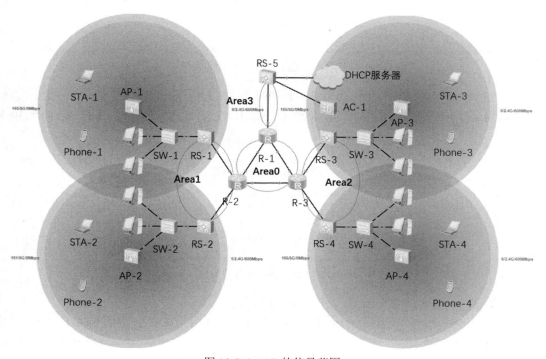

图 10-3-4　AP 的信号范围

步骤 15：将移动终端接入无线网络。

（1）将 STA-1 接入无线网络。启动 STA-1，然后双击 STA-1 打开设备管理窗口，在【Vap 列表】选项卡中可以看到此时 STA-1 已经发现了 AP-1 上名称为 wifi-1 和 wifi-2 的 SSID，如图 10-3-5 所示。

图 10-3-5　无线设备接入无线网络

单击选择名为 wifi-1 的 SSID，然后点击右侧的【连接】按钮，则弹出"账户"对话框，输入 AP-1 中名为 wifi-1 的 SSID 的接入密码，此处是"abcd1111"，然后点击【确定】按钮，如图 10-3-6 所示。

图 10-3-6　输入 AP-1 中名为 wifi-1 的 SSID 的接入密码

可以看到 STA-1 已经接入 AP-1，如图 10-3-7 所示。

（2）将其他移动终端设备接入无线网络。根据本任务【网络规划】，参照 STA-1 的接入操作，将 STA-2～STA-4 和 Phone-1～Phone-4 接入无线网。注意 STA 通过所属 AP 上的 wifi-1 接入无线网络，Phone 通过所属 AP 上 wifi-2 接入网络。

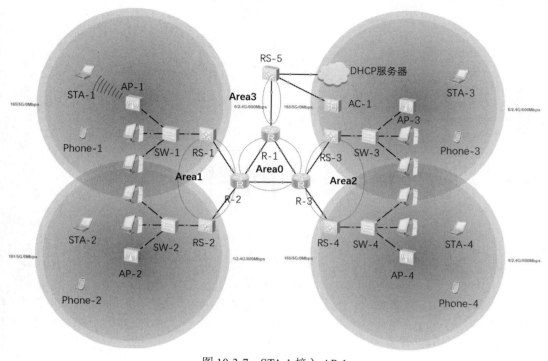

图 10-3-7　STA-1 接入 AP-1

步骤 16：连通性测试。

使用 Ping 命令测试 STA 与 Phone 的通信情况见表 10-3-9。

表 10-3-9　无线设备连通性测试

序号	源设备	目的设备	通信结果
1	STA-1	Phone-1	通
2	STA-1	STA-2	通
3	STA-1	Phone-2	通
4	STA-1	STA-3	通
5	STA-1	Phone-3	通
6	STA-1	STA-4	通
7	STA-1	Phone-4	通

项目十一

使用防火墙提升网络安全性

◉ 项目介绍

在园区网内，不同网络区域的访问策略通常也有所不同。为了加强网络安全，往往需要对网络访问行为进行监测、限制，并对外屏蔽网络内部的信息、结构和运行状况。本项目介绍通过防火墙设备提升网络安全性的具体方法。

◉ 项目目的

- 了解包过滤防火墙的工作原理；
- 掌握在 eNSP 中引入防火墙设备的方法；
- 掌握利用防火墙加强园区网安全管理的方法。

◉ 项目讲堂

1. 防火墙

防火墙（Firewall）是在两个网络之间执行访问控制策略的一个或一组系统，包括硬件和软件，其目的是保护网络不被侵扰。在逻辑上，防火墙是一个分离器、一个分析器，也是一个限制器，能够有效地监控流经防火墙的数据，保证内部网络的安全。本质上，防火墙遵循的是一种允许或阻止业务来往的网络通信安全机制，也就是提供可控的、能过滤的网络通信。

不管什么种类的防火墙，不论其采用何种技术手段，防火墙都必须具有以下三种基本性质：

（1）防火墙是不同网络之间信息的唯一出入口。

（2）防火墙能根据网络安全策略控制（允许、拒绝或监测）出入网络的信息流，且自身具有较强的抗攻击能力（采用不易被攻击的专用系统或采用纯硬件的处理器芯片）。

（3）防火墙本身不能影响正常网络信息的流通。

2. 防火墙的关键技术

（1）包过滤技术。包过滤技术是最早也是最基本的访问控制技术，又称报文过滤技术。包过滤技术的作用是执行边界访问控制功能，即对网络通信数据进行过滤（Filtering）。数据包中的信息如果与某一条过滤规则相匹配并且该规则允许数据包通过，则该数据包会被防火墙转发，如果与某一条过滤规则匹配但规则拒绝数据包通过，则该数据包会被丢弃。如果没有可匹配的规则，缺省规则会决定数据包被转发还是被丢弃，并且根据预先的定义完成记录日志信息、发送报警信息给管理人员等操作。

包过滤技术的工作对象就是数据包，具体来说，就是针对数据包首部的五元组信息，包括源IP地址、目的IP地址、源端口、目的端口、协议号，来制定相应的过滤规则。

（2）状态检测技术。为了解决静态包过滤技术安全检查措施简单、管理较困难等问题，提出了状态检测技术（Stateful Inspection）的概念。它能够提供比静态包过滤技术更高的安全性，而且使用和管理也更简单。这体现在状态检测技术可以根据实际情况，动态地自动生成或删除安全过滤规则，不需要管理人员手工配置。同时，还可以分析高层协议，能够更有效地对进出内部网络的通信进行监控，并且提出更好的日志和审计分析服务。早期的状态检测技术被称为动态包过滤（Dynamic Packet Filter）技术，是静态包过滤技术在传输层的扩展应用。后期经过进一步的改进，又可以实现传输层协议报文字段细节的过滤，并可实现部分应用层信息的过滤。状态检测不仅仅只是对状态进行检测，还进行包过滤检测，从而提高了防火墙的功能。

（3）网络地址转换技术（NAT）。网络地址转换（Network Address Translation，NAT），也称IP地址伪装技术（IP Masquerading）。最初设计NAT的目的是允许将私有IP地址映射到公网上（合法的因特网IP地址），以缓解IP地址短缺的问题。但是，通过NAT可以实现内部主机地址隐藏，防止内部网络结构被人掌握，因此从一定程度上降低了内部网络被攻击的可能性，提高了私有网络的安全性。正是内部主机地址隐藏的特性，使NAT技术成为了防火墙实现中经常采用的核心技术之一。

（4）代理技术。代理（Proxy）技术与前面所述的基于包过滤技术完全不同，是基于另一种思想的安全控制技术。采用代理技术的代理服务器运行在内部网络和外部网路之间，在应用层实现安全控制功能，起到内部网络与外部网络之间应用服务的转接作用。同时，代理防火墙不再围绕数据包，而着重于应用级别，分析经过它们的应用信息，从而决定是传输还是丢弃。

3. 防火墙的部署方式

防火墙常见的部署模式有桥模式、网关模式和NAT模式等。

（1）桥模式。桥模式也称为透明模式。工作在桥模式下的防火墙不需要配置IP地址，无需对网络地址进行重新规划，对于用户而言，防火墙仿佛不存在，因此被称为透明模式。

（2）网关模式。网关模式适用于网络不在同一网段的情况。防火墙设置网关地址实现路由器的功能，为不同网段进行路由转发。

网关模式相比桥模式具备更高的安全性，在进行访问控制的同时实现了安全隔离，具备一定的私密性。

（3）NAT 模式。NAT（Network Address Translation）模式是由防火墙对内部网络的 IP 地址进行地址翻译，使用防火墙的 IP 地址替换内部网络的源地址向外部网络发送数据；当外部网络的响应数据流量返回到防火墙后，防火墙再将目的地址替换为内部网络的源地址。

NAT 模式能够实现外部网络无法得到内部网络的 IP 地址，进一步增强了对内部网络的安全防护。同时，在 NAT 模式的网络中，内部网络可以使用私网地址，解决 IP 地址数量受限的问题。

任务一　通过防火墙实现访问控制

【任务介绍】

在园区网中实现防火墙，并通过配置防火墙策略，达到主机访问控制的目的。

【任务目标】

（1）完成防火墙的配置；
（2）实现主机访问控制。

【拓扑规划】

1. 网络拓扑
网络拓扑结构如图 11-1-1 所示。
2. 拓扑说明
网络拓扑说明见表 11-1-1。

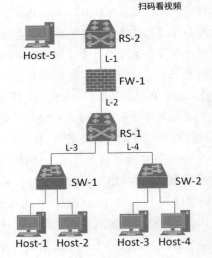

扫码看视频

图 11-1-1　网络拓扑结构

表 11-1-1　网络拓扑说明

序号	设备线路	设备类型	规格型号
1	Host-1～Host-5	用户客户端	PC
2	SW-1～SW-2	交换机	S3700
3	RS-1～RS-2	路由交换机	S5700
4	FW-1	防火墙	USG6000V
5	L-1～L-4	双绞线	1000Base-T

【网络规划】

1. 交换机接口与 VLAN

交换机接口及 VLAN 规划表见表 11-1-2。

表 11-1-2　交换机接口及 VLAN 规划表

序号	交换机	接口	VLAN ID	连接设备	接口类型
1	SW-1	GE 0/0/1	1	RS-1	默认
2	SW-1	Ethernet 0/0/1	1	Host-1	默认
3	SW-1	Ethernet 0/0/2	1	Host-2	默认
4	SW-2	GE 0/0/1	1	RS-1	默认
5	SW-2	Ethernet 0/0/1	1	Host-3	默认
6	SW-2	Ethernet 0/0/2	1	Host-4	默认
7	RS-1	GE 0/0/1	100	FW-1	Access
8	RS-1	GE 0/0/23	11	SW-1	Access
9	RS-1	GE 0/0/24	12	SW-2	Access
10	RS-2	GE 0/0/1	13	Host-5	Access
11	RS-2	GE 0/0/24	100	FW-1	Access

2. 主机 IP 地址

主机 IP 地址规划表见表 11-1-3。

表 11-1-3　主机 IP 地址规划表

序号	设备名称	IP 地址 /子网掩码	默认网关	接入位置
1	Host-1	192.168.64.1 /24	192.168.64.254	SW-1 Ethernet 0/0/1
2	Host-2	192.168.64.2 /24	192.168.64.254	SW-1 Ethernet 0/0/2
3	Host-3	192.168.65.1 /24	192.168.65.254	SW-2 Ethernet 0/0/1
4	Host-4	192.168.65.2 /24	192.168.65.254	SW-2 Ethernet 0/0/2
5	Host-5	192.168.66.1 /24	192.168.66.254	RS-2 GE 0/0/1

3. 路由接口

路由接口 IP 地址规划表见表 11-1-4。

表 11-1-4　路由接口 IP 地址规划表

序号	设备名称	接口名称	接口地址	备注
1	RS-1	Vlanif11	192.168.64.254 /24	VLAN11 的 SVI
2	RS-1	Vlanif12	192.168.65.254 /24	VLAN12 的 SVI

序号	设备名称	接口名称	接口地址	备注
3	RS-1	Vlanif100	10.0.1.2 /30	VLAN100 的 SVI
4	RS-2	Vlanif13	192.168.66.254 /24	VLAN13 的 SVI
5	RS-2	Vlanif100	10.0.2.2 /30	VLAN100 的 SVI
6	FW-1	GE 1/0/0	10.0.2.1/30	连接 RS-2
7	FW-1	GE 1/0/1	10.0.1.1/30	连接 RS-1

【安全设计】

1. 安全目的

在网络连通正常的前提下，通过防火墙访问限制，达到 Host-1、Host-2 能够访问 Host-5，Host-3、Host-4 无法访问 Host-5 的主机访问限制目的。

2. 策略规划

安全策略规划表见表 11-1-5。

表 11-1-5 安全策略规划表

序号	名称	来源地址 /子网掩码	目的地址 /子网掩码	端口	动作
1	visit-1	192.168.64.0 /24	192.168.66.0 /24	any	允许
2	novisit-1	192.168.65.0 /24	192.168.66.0 /24	any	拒绝

【操作步骤】

步骤 1：在 eNSP 中部署网络。

启动 eNSP，点击【新建拓扑】按钮，打开一个空白的拓扑界面。根据【拓扑规划】，在 eNSP 中选取相应设备，完成网络部署。

网络拓扑结构如图 11-1-2 所示，为方便读者学习，在图 11-1-2 中增加了网络配置说明信息。点击【保存】按钮，保存刚刚建立好的网络拓扑。

步骤 2：配置网络设备。

（1）配置主机 Host-1～Host-5。启动主机 Host-1～Host-5，根据前面【网络规划】中关于主机 IP 地址的规划，完成 Host-1～Host-5 的 IP 地址等参数的配置。

（2）配置交换机 SW-1～SW-2。在本任务中，交换机 SW-1、SW-2 均为默认配置，此处无需配置。

（3）配置路由交换机 RS-1。按照【网络规划】配置路由交换机 RS-1。

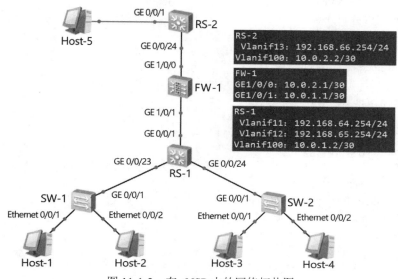

图 11-1-2   在 eNSP 中的网络拓扑图

//进入系统视图，修改名称
<Huawei>system-view
Enter system view, return user view with Ctrl+Z.
[Huawei]undo info-center enable
Info: Information center is disabled.
[Huawei]sysname RS-1

//批量创建 VLAN，创建 VLAN11、VLAN12、VLAN100
[RS-1]vlan batch 11 12 100
Info: This operation may take a few seconds. Please wait for a moment...done.
//配置 VLAN11 的 SVI 地址为 192.168.64.254 /24
[RS-1]interface vlanif 11
[RS-1-Vlanif11]ip address 192.168.64.254 24
[RS-1-Vlanif11]quit
//配置 VLAN12 的 SVI 地址为 192.168.65.254 /24
[RS-1]interface vlanif 12
[RS-1-Vlanif12]ip address 192.168.65.254 24
[RS-1-Vlanif12]quit
//配置 VLAN100 的 SVI 地址为 10.0.1.2 /30
[RS-1]interface vlanif 100
[RS-1-Vlanif100]ip address 10.0.1.2 30
[RS-1-Vlanif100]quit

//将 GE 0/0/1 接口（连接 FW-1）设置成 Access 类型，划入 VLAN100

[RS-1]interface GigabitEthernet 0/0/1

[RS-1-GigabitEthernet 0/0/1]port link-type access

[RS-1-GigabitEthernet 0/0/1]port default vlan 100

[RS-1-GigabitEthernet 0/0/1]quit

//将 GE 0/0/23 接口（连接 SW-1）设置成 Access 模式，划分到 VLAN11

[RS-1]interface GigabitEthernet 0/0/23

[RS-1-GigabitEthernet 0/0/23]port link-type access

[RS-1-GigabitEthernet 0/0/23]port default vlan 11

[RS-1-GigabitEthernet 0/0/23]quit

//将 GE 0/0/24 接口（连接 SW-2）设置成 Access 模式，划分到 VLAN12

[RS-1]interface GigabitEthernet 0/0/24

[RS-1-GigabitEthernet 0/0/24]port link-type access

[RS-1-GigabitEthernet 0/0/24]port default vlan 12

[RS-1-GigabitEthernet 0/0/24]quit

//配置静态路由，访问 192.168.66.0 /24 网络，下一跳地址为 10.0.1.1（FW-1 的 GE 1/0/1 接口）

[RS-1]ip route-static 192.168.66.0 24 10.0.1.1

[RS-1]quit

//保存配置

<RS-1>save

（4）配置路由交换机 RS-2。按照【网络规划】配置路由交换机 RS-2。

//进入系统视图，修改名称

<Huawei>system-view

Enter system view, return user view with Ctrl+Z.

[Huawei]undo info-center enable

Info: Information center is disabled.

[Huawei]sysname RS-2

//批量创建 VLAN，创建 VLAN13、VLAN100

[RS-2]vlan batch 13 100

Info: This operation may take a few seconds. Please wait for a moment...done.

//配置 VLAN13 的 SVI 地址为 192.168.66.254 /24

[RS-2]interface vlanif 13

[RS-2-Vlanif13]ip address 192.168.66.254 24

[RS-2-Vlanif13]quit

//配置 VLAN100 的 SVI 地址为 10.0.2.2 /30

[RS-2]interface vlanif 100

[RS-2-Vlanif100]ip address 10.0.2.2 30

[RS-2-Vlanif100]quit

//将 GE 0/0/1 接口（连接 Host-5）设置成 Access 类型，划入 VLAN13

[RS-2]interface GigabitEthernet 0/0/1

```
[RS-2-GigabitEthernet 0/0/1]port link-type access
[RS-2-GigabitEthernet 0/0/1]port default vlan 13
[RS-2-GigabitEthernet 0/0/1]quit
//将 GE 0/0/24 接口（连接 FW-1）设置成 Access 类型，划入 VLAN100
[RS-2]interface GigabitEthernet 0/0/24
[RS-2-GigabitEthernet 0/0/24]port link-type access
[RS-2-GigabitEthernet 0/0/24]port default vlan 100
[RS-2-GigabitEthernet 0/0/24]quit

//配置静态路由，访问 192.168.64.0 /23 网络，下一跳地址为 10.0.2.1（FW-1 的 GE 1/0/0 接口），192.168.64.0
/23 是 192.168.64.0 /24 与 192.168.65.0 /24 的聚合网络地址
[RS-2]ip route-static 192.168.64.0 23 10.0.2.1
[RS-2]quit
<RS-2>save
```

步骤 3：配置防火墙基础信息。

（1）导入防火墙的设备包。eNSP 的 USG6000V 防火墙在使用时，需要先导入其设备包文件。启动 FW-1，会看到"导入设备包"的提示对话框，如图 11-1-3 所示。设备包文件可通过华为官方网站（https://www.huawei.com）下载获取。

图 11-1-3　防火墙设备在使用时，需要导入其设备包文件

（2）启动防火墙，并修改防火墙密码。启动防火墙后，第一次登录防火墙时需要修改初始密码。eNSP 中，USG6000V 防火墙的默认用户名和密码分别为"admin"和"Admin@123"，现在将登录防火墙的密码改为 abcd@1234。

```
//使用用户名 admin 和密码 Admin@123 登录防火墙
Username:admin
Password:
//提示需要修改密码，是否立即修改，此处选择 y，继续执行
The password needs to be changed. Change now? [Y/N]: y
//输入原密码 Admin@123
Please enter old password:
//输入新密码，以 abcd@1234 为例
Please enter new password:
//重复输入新密码 abcd@1234
Please confirm new password:
```

//提示密码修改成功
Info: Your password has been changed. Save the change to survive a reboot.
****
*   Copyright (C) 2014-2018 Huawei Technologies Co., Ltd.   *
*   All rights reserved.   *
*   Without the owner's prior written consent,   *
*   no decompiling or reverse-engineering shall be allowed.   *
****
<USG6000V1>

 提醒   输入防火墙密码时，屏幕上并不显示。

（3）配置防火墙接口地址及静态路由。按照网络规划配置防火墙 FW-1。

//进入系统视图
<USG6000V1>system-view
Enter system view, return user view with Ctrl+Z.
[USG6000V1]undo info-center enable
Info: Saving log files...
Info: Information center is disabled.
[USG6000V1]sysname FW-1

//根据【网络规划】，配置防火墙接口地址
[FW-1]interface GigabitEthernet 1/0/0
[FW-1-GigabitEthernet1/0/0]ip address 10.0.2.1 30
[FW-1-GigabitEthernet1/0/0]quit
[FW-1]interface GigabitEthernet 1/0/1
[FW-1-GigabitEthernet1/0/1]ip address 10.0.1.1 30
[FW-1-GigabitEthernet1/0/1]quit

//配置安全区域，进入 untrust 区域
[FW-1]firewall zone untrust
//将接口 GigabitEthernet 1/0/0、GigabitEthernet 1/0/1 添加到 untrust 区域
[FW-1-zone-untrust]add interface GigabitEthernet 1/0/0
[FW-1-zone-untrust]add interface GigabitEthernet 1/0/1
[FW-1-zone-untrust]quit

//在防火墙中配置静态路由
//到达 192.168.66.0 /24 网络，下一跳地址是 10.0.2.2，即 RS-2 的 VLAN100 的接口地址
[FW-1]ip route-static 192.168.66.0 24 10.0.2.2
//到达 192.168.64.0 /23 网络，下一跳地址是 10.0.1.2，即 RS-1 的 VLAN100 的接口地址。此处 192.168.64.0
/23 是 192.168.64.0 /24 与 192.168.65.0 /24 的聚合网络地址
[FW-1]ip route-static 192.168.64.0 23 10.0.1.2
[FW-1]quit
<FW-1>save

（4）完成 Host-1～Host-4 访问 Host-5 的通信测试。在防火墙中加入策略前，Host-1～Host-4
分别访问 Host-5 通信结果见表 11-1-6。

表 11-1-6　Ping 测试主机通信结果

序号	源主机	目的主机	安全策略	通信结果
1	Host-1	Host-5	无	通
2	Host-2	Host-5	无	通
3	Host-3	Host-5	无	通
4	Host-4	Host-5	无	通

步骤 4：配置防火墙安全策略。

按照【策略规划】在防火墙中添加安全策略，实现 Host-1、Host-2 可以访问 Host-5，Host-3、Host-4 不能访问 Host-5。

```
<FW-1>system-view
//进入安全策略配置视图
[FW-1]security-policy
//配置一条名为 visit-1 的策略，使得源地址是 192.168.64.0 /24，目的地址是 192.168.66.0 /24 的所有（any）
服务都被允许通过（permit）
[FW-1-policy-security]rule name visit-1
[FW-1-policy-security-rule-visit-1]source-address 192.168.64.0 mask 255.255.255.0
[FW-1-policy-security-rule-visit-1]destination-address 192.168.66.0 mask 255.255.255.0
[FW-1-policy-security-rule-visit-1]service any
[FW-1-policy-security-rule-visit-1]action permit
[FW-1-policy-security-rule-visit-1]quit

//配置一条名为 novisit-1 的策略，使得源地址是 192.168.65.0 /24，目的地址是 192.168.66.0 /24 的所有（any）
服务都被拒绝通过（deny）
[FW-1-policy-security]rule name novisit-1
[FW-1-policy-security-rule-novisit-1]source-address 192.168.65.0 mask 255.255.255.0
[FW-1-policy-security-rule-novisit-1]destination-address 192.168.66.0 mask 255.255.255.0
[FW-1-policy-security-rule-novisit-1]service any
[FW-1-policy-security-rule-novisit-1]action deny
[FW-1-policy-security-rule-novisit-1]quit
[FW-1-policy-security]quit
[FW-1]quit
<FW-1>save
```

步骤 5：完成 Host-1～Host-4 访问 Host-5 的通信测试。

在防火墙中加入策略后，Host-1～Host-4 分别访问 Host-5 通信结果见表 11-1-7。

表 11-1-7　Ping 测试主机通信结果

序号	源主机	目的主机	安全策略	通信结果
1	Host-1	Host-5	允许	通
2	Host-2	Host-5	允许	通
3	Host-3	Host-5	拒绝	不通
4	Host-4	Host-5	拒绝	不通

任务二 通过防火墙提高内网服务器安全

【任务介绍】

在 eNSP 中分别模拟 DNS 服务、Web 服务、FTP 服务，并通过设置防火墙实现服务的访问控制，提高内网服务器安全。

【任务目标】

（1）完成园区网的创建；

（2）完成对 DNS 服务、Web 服务、FTP 服务的模拟；

（3）完成防火墙策略配置实现对服务器的访问控制。

【拓扑规划】

1. 网络拓扑

网络拓扑结构如图 11-2-1 所示。

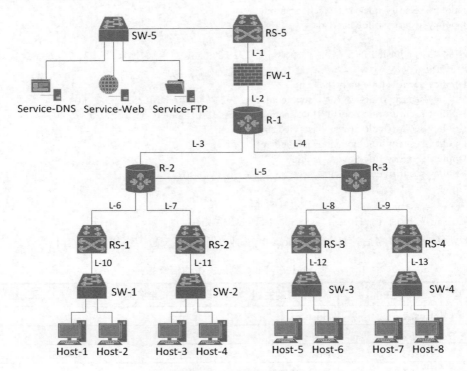

图 11-2-1　网络拓扑结构

2. 拓扑说明

网络拓扑说明见表11-2-1。

表 11-2-1　网络拓扑说明

序号	设备线路	设备类型	规格型号
1	Host-1～Host-8	用户客户端	Client
2	SW-1～SW-2	交换机	S3700
3	RS-1～RS-5	路由交换机	S5700
4	FW-1	防火墙	USG6000V
5	Serivce-DNS、Service-Web、Service-FTP	仿真服务	Server
6	L-1～L-13	双绞线	1000Base-T

【网络规划】

1. 交换机接口与 VLAN

交换机接口及 VLAN 规划表见表11-2-2。

表 11-2-2　交换机接口及 VLAN 规划表

序号	交换机	接口	VLAN ID	连接设备	接口类型
1	SW-1	GE 0/0/1	1、11、12	RS-1	Trunk
2	SW-1	Ethernet 0/0/1	11	Host-1	Access
3	SW-1	Ethernet 0/0/2	12	Host-2	Access
4	SW-2	GE 0/0/1	1、13、14	RS-2	Trunk
5	SW-2	Ethernet 0/0/1	13	Host-3	Access
6	SW-2	Ethernet 0/0/2	14	Host-4	Access
7	SW-3	GE 0/0/1	1、15、16	RS-3	Trunk
8	SW-3	Ethernet 0/0/1	15	Host-5	Access
9	SW-3	Ethernet 0/0/2	16	Host-6	Access
10	SW-4	GE 0/0/1	1、17、18	RS-4	Trunk
11	SW-4	Ethernet 0/0/1	17	Host-7	Access
12	SW-4	Ethernet 0/0/2	18	Host-8	Access
13	SW-5	GE 0/0/1	默认	RS-5	默认
14	RS-1	GE 0/0/1	100	R-2	Access
15	RS-1	GE 0/0/24	1、11、12	SW-1	Trunk
16	RS-2	GE 0/0/1	100	R-2	Access
17	RS-2	GE 0/0/24	1、13、14	SW-2	Trunk
18	RS-3	GE 0/0/1	100	R-3	Access
19	RS-3	GE 0/0/24	1、15、16	SW-3	Trunk

序号	交换机	接口	VLAN ID	连接设备	接口类型
20	RS-4	GE 0/0/1	100	R-3	Access
21	RS-4	GE 0/0/24	1、17、18	SW-4	Trunk
22	RS-5	GE 0/0/1	10	SW-5	Access
23	RS-5	GE 0/0/24	100	FW-1	Access

2. 主机 IP 地址

主机 IP 地址规划表见表 11-2-3。

表 11-2-3 主机 IP 地址规划表

序号	设备名称	IP 地址 /子网掩码	默认网关	接入位置	VLAN ID
1	Host-1	192.168.64.1 /24	192.168.64.254	SW-1 Ethernet 0/0/1	11
2	Host-2	192.168.65.1 /24	192.168.65.254	SW-1 Ethernet 0/0/2	12
3	Host-3	192.168.66.1 /24	192.168.66.254	SW-2 Ethernet 0/0/1	13
4	Host-4	192.168.67.1 /24	192.168.67.254	SW-2 Ethernet 0/0/2	14
5	Host-5	192.168.68.1 /24	192.168.68.254	SW-3 Ethernet 0/0/1	15
6	Host-6	192.168.69.1 /24	192.168.69.254	SW-3 Ethernet 0/0/2	16
7	Host-7	192.168.70.1 /24	192.168.70.254	SW-4 Ethernet 0/0/1	17
8	Host-8	192.168.71.1 /24	192.168.71.254	SW-4 Ethernet 0/0/2	18

3. 路由接口

路由接口 IP 地址规划表见表 11-2-4。

表 11-2-4 路由接口 IP 地址规划表

序号	设备名称	接口名称	接口地址	备注
1	RS-1	Vlanif11	192.168.64.254 /24	VLAN11 的 SVI
2	RS-1	Vlanif12	192.168.65.254 /24	VLAN12 的 SVI
3	RS-1	Vlanif100	10.0.2.2 /30	RS-1 的 VLAN100 的 SVI
4	RS-2	Vlanif13	192.168.66.254 /24	VLAN13 的 SVI
5	RS-2	Vlanif14	192.168.67.254 /24	VLAN14 的 SVI
6	RS-2	Vlanif100	10.0.3.2 /30	RS-2 的 VLAN100 的 SVI
7	RS-3	Vlanif15	192.168.68.254 /24	VLAN15 的 SVI
8	RS-3	Vlanif16	192.168.69.254 /24	VLAN16 的 SVI
9	RS-3	Vlanif100	10.0.4.2 /30	RS-3 的 VLAN100 的 SVI
10	RS-4	Vlanif17	192.168.70.254 /24	VLAN17 的 SVI
11	RS-4	Vlanif18	192.168.71.254 /24	VLAN18 的 SVI
12	RS-4	Vlanif100	10.0.5.2 /30	RS-4 的 VLAN100 的 SVI

序号	设备名称	接口名称	接口地址	备注
13	RS-5	Vlanif10	172.16.100.254 /24	VLAN10 的 SVI
14	RS-5	Vlanif100	10.0.6.2 /30	RS-5 的 VLAN100 的 SVI
15	R-1	GE 0/0/0	10.0.1.1 /30	连接 FW-1
16	R-1	GE 0/0/1	10.0.0.1 /30	连接 R-2
17	R-1	GE 0/0/2	10.0.0.5 /30	连接 R-3
18	R-2	GE 0/0/0	10.0.0.9 /30	连接 R-3
19	R-2	GE 0/0/1	10.0.0.2 /30	连接 R-1
20	R-2	GE 0/0/2	10.0.2.1 /30	连接 RS-1
21	R-2	GE 0/0/3	10.0.3.1 /30	连接 RS-2
22	R-3	GE 0/0/0	10.0.0.10 /30	连接 R-2
23	R-3	GE 0/0/1	10.0.4.1 /30	连接 RS-3
24	R-3	GE 0/0/2	10.0.0.6 /30	连接 R-1
25	R-3	GE 0/0/3	10.0.5.1 /30	连接 RS-4
26	FW-1	GE 1/0/1	10.0.6.1 /30	连接 RS-5
27	FW-2	GE 1/0/2	10.0.1.2 /30	连接 R-1

4. 仿真服务的 IP 地址

仿真服务 IP 地址规划表见表 11-2-5。

表 11-2-5　仿真服务 IP 地址规划表

序号	仿真服务名称	IP 地址 /子网掩码	默认网关	接入位置
1	Service-DNS	172.16.100.11 /24	172.16.100.254	SW-5 Ethernet 0/0/1
2	Service-Web	172.16.100.12 /24	172.16.100.254	SW-5 Ethernet 0/0/2
3	Service-FTP	172.16.100.13 /24	172.16.100.254	SW-5 Ethernet 0/0/3

【安全设计】

1. 安全目的

在网络连通正常的前提下，通过配置防火墙策略，实现以下安全目的：

（1）Host-1～Host-8 主机可以 Ping 通 Web 服务、FTP 服务、DNS 服务。

（2）Host-1～Host-8 主机可以使用 DNS 解析服务。

（3）仅允许 Host-1～Host-4 主机可以以 Web 方式访问 Web 服务。

（4）仅允许 Host-5～Host-8 主机可以访问 FTP 服务。

（5）任何地址到任何地址的其他服务均禁止访问。

2. 策略规划

安全策略规划表见表 11-2-6。

表 11-2-6　安全策略规划表

序号	策略名称	来源地址 /子网掩码	目的地址 /子网掩码	协议	动作
1	visit-ping-1	192.168.64.0 /21	172.16.100.0 /24	ICMP echo-TCP echo-UDP	允许
2	visit-dns-1	192.168.64.0 /21	172.16.100.11 /32	DNS	允许
3	visit-web-1	192.168.64.0 /22	172.16.100.12 /32	HTTP	允许
4	visit-ftp-1	192.168.68.0 /22	172.16.100.13 /32	FTP	允许
5	novisit-default	any	any	any	拒绝

【操作步骤】

步骤 1：在 eNSP 中部署网络。

启动 eNSP，点击【新建拓扑】，根据前面【拓扑规划】，在 eNSP 中选取相应的设备，完成网络部署，如图 11-2-2 所示，部署完成后注意保持。

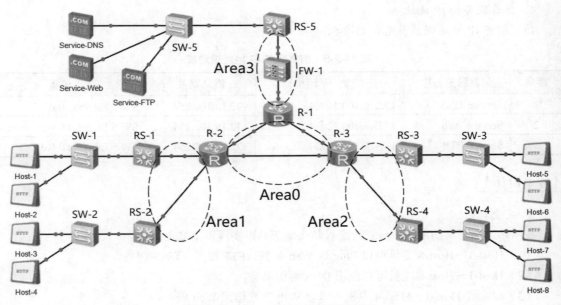

图 11-2-2　在 eNSP 中的网络拓扑图

为方便读者学习，在图 11-2-2 的基础上增加了网络配置说明信息，如图 11-2-3 所示。

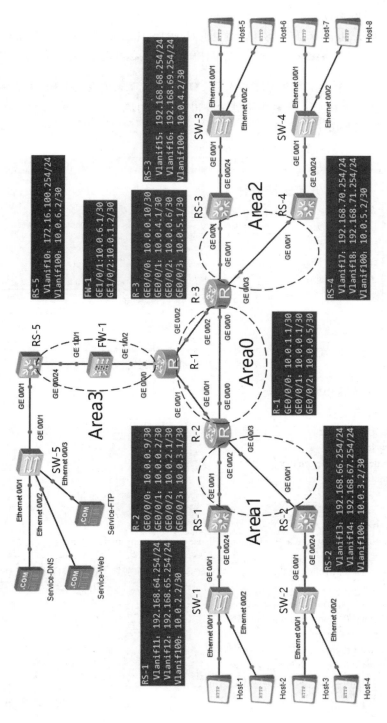

图 11-2-3 在 eNSP 中增加配置信息的网络拓扑图

步骤 2：配置网络设备。

（1）配置主机 Host-1～Host-8。启动主机 Host-1～Host-8，根据前面【网络规划】中关于主机 IP 地址的规划，配置各主机的 IP 地址、子网掩码、网关、域名服务器等信息。

> 由于本任务中要使用仿真的 DNS 服务，因此将仿真 DNS 服务器（即 Service-DNS）的 IP 地址 172.16.100.11 作为各用户主机的域名服务器地址（即本地 DNS 服务器地址），如图 11-2-4 所示。

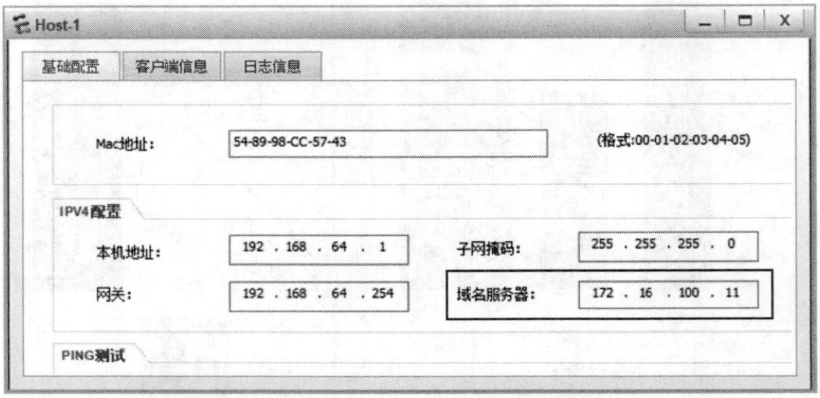

图 11-2-4　配置 Host-1 的域名服务器地址

（2）配置交换机 SW-1～SW-5。

1）启动并配置交换机 SW-1。

```
//进入系统模式，将交换机名改为 SW-1
<Huawei>system-view
[Huawei]undo info-center enable
[Huawei]sysname SW-1

//创建 VLAN11，VLAN12
[SW-1]vlan batch 11 12
Info: This operation may take a few seconds. Please wait for a moment...done.

//将 Ethernet 0/0/1 和 Ethernet 0/0/2 设置为 Access 类型，分别划入 VLAN11 和 VLAN12
[SW-1]interface Ethernet 0/0/1
[SW-1-Ethernet 0/0/1]port link-type access
[SW-1-Ethernet 0/0/1]port default vlan 11
[SW-1-Ethernet 0/0/1]quit
[SW-1]interface Ethernet 0/0/2
[SW-1-Ethernet 0/0/2]port link-type access
[SW-1-Ethernet 0/0/2]port default vlan 12
[SW-1-Ethernet 0/0/2]quit
```

//将上联 RS-1 的接口设为 Trunk 类型，并允许 VLAN11 和 VLAN12 的数据帧通过

```
[SW-1]interface GigabitEthernet 0/0/1
[SW-1-GigabitEthernet 0/0/1]port link-type trunk
[SW-1-GigabitEthernet 0/0/1]port trunk allow-pass vlan 11 12
[SW-1-GigabitEthernet 0/0/1]quit
[SW-1]quit
<SW-1>save
```

2）参照 SW-1 的配置方法，配置交换机 SW-2～SW-4，需要注意 VLAN 的变化。

3）交换机 SW-5 为默认配置，无需进行配置。

（3）配置路由交换机 RS-1～RS-5。

1）启动并配置路由交换机 RS-1。

//进入系统模式，将设备名改为 RS-1

```
<Huawei>system-view
[Huawei]undo info-center enable
[Huawei]sysname RS-1
```

//创建 VLAN11、VLAN12、VLAN100

```
[RS-1]vlan batch 11 12 100
Info: This operation may take a few seconds. Please wait for a moment...done.
```

//将下联交换机 SW-1 的接口配置成 Trunk 类型，并允许 VLAN11、VLAN12 通过

```
[RS-1]interface GigabitEthernet 0/0/24
[RS-1-GigabitEthernet 0/0/24]port link-type trunk
[RS-1-GigabitEthernet 0/0/24]port trunk allow-pass vlan 11 12
[RS-1-GigabitEthernet 0/0/24]quit
```

//将上联路由器 R-2 的接口配置为 Access 类型，并划入 VLAN100

```
[RS-1]interface GigabitEthernet 0/0/1
[RS-1-GigabitEthernet 0/0/1]port link-type access
[RS-1-GigabitEthernet 0/0/1]port default vlan 100
[RS-1-GigabitEthernet 0/0/1]quit
```

//创建虚拟接口 Vlanif11、Vlanif12、Vlanif100，并配置相应的 IP 地址

```
[RS-1]interface vlanif 11
[RS-1-Vlanif11]ip address 192.168.64.254 24
[RS-1-Vlanif11]quit
[RS-1]interface vlanif 12
[RS-1-Vlanif12]ip address 192.168.65.254 24
[RS-1-Vlanif12]quit
[RS-1]interface vlanif 100
[RS-1-Vlanif100]ip address 10.0.2.2 30
[RS-1-Vlanif100]quit
```

//配置 RS-1 的 OSPF，动态发现路由

```
[RS-1]ospf 1
[RS-1-ospf-1]area 1
//宣告当前区域中的直连网络，注意需要配置子网掩码
[RS-1-ospf-1-area-0.0.0.1]network 192.168.64.0 0.0.0.255
[RS-1-ospf-1-area-0.0.0.1]network 192.168.65.0 0.0.0.255
[RS-1-ospf-1-area-0.0.0.1]network 10.0.2.0 0.0.0.3
[RS-1-ospf-1-area-0.0.0.1]quit
[RS-1-ospf-1]quit
[RS-1]quit
<RS-1>save
```

2）参照 RS-1 的配置方法，按照【网络规划】配置路由交换机 RS-2～RS-4。需要注意 VLAN、IP 地址、OSPF 区域以及宣告网络的变化。

3）启动并配置路由交换机 RS-5。

```
//进入系统视图，将设备名改为 RS-5
<Huawei>system-view
[Huawei]undo info-center enable
[Huawei]sysname RS-5

//创建 VLAN10、VLAN100
[RS-5]vlan batch 10 100
Info: This operation may take a few seconds. Please wait for a moment...done.

//将下联交换机 SW-5 的接口配置为 Access 类型，并划入 VLAN10
[RS-5]interface GigabitEthernet 0/0/1
[RS-5-GigabitEthernet 0/0/1]port link-type access
[RS-5-GigabitEthernet 0/0/1]port default vlan 10
[RS-5-GigabitEthernet 0/0/1]quit

//将上联防火墙 FW-1 的接口配置为 Access 类型，并划入 VLAN100
[RS-5]interface GigabitEthernet 0/0/24
[RS-5-GigabitEthernet 0/0/24]port link-type access
[RS-5-GigabitEthernet 0/0/24]port default vlan 100
[RS-5-GigabitEthernet 0/0/24]quit

//创建虚拟接口 Vlanif10、Vlanif100，并配置相应的 IP 地址
[RS-5]interface vlanif 10
[RS-5-Vlanif10]ip address 172.16.100.254 24
[RS-5-Vlanif10]quit
[RS-5]interface vlanif 100
[RS-5-Vlanif100]ip address 10.0.6.2 30
[RS-5-Vlanif100]quit

//配置 RS-5 的 OSPF，动态发现路由
[RS-5]ospf 1
[RS-5-ospf-1]area 3
```

//宣告当前区域中的直连网络，注意需要配置子网掩码
```
[RS-5-ospf-1-area-0.0.0.3]network 10.0.6.0 0.0.0.3
[RS-5-ospf-1-area-0.0.0.3]network 172.16.100.0 0.0.0.255
[RS-5-ospf-1-area-0.0.0.1]quit
[RS-5-ospf-1]quit
[RS-5]quit
<RS-5>save
```

（4）配置路由器 R-1～R-3。

1）启动并配置路由器 R-1。

```
<Huawei>system-view
[Huawei]undo info-center enable
[Huawei]sysname R-1

//配置 R-1 各接口的 IP 地址
[R-1]interface GigabitEthernet 0/0/0
[R-1-GigabitEthernet 0/0/0]ip address 10.0.1.1 30
[R-1-GigabitEthernet 0/0/0]quit
[R-1]interface GigabitEthernet 0/0/1
[R-1-GigabitEthernet 0/0/1]ip address 10.0.0.1 30
[R-1-GigabitEthernet 0/0/1]quit
[R-1]interface GigabitEthernet 0/0/2
[R-1-GigabitEthernet 0/0/2]ip address 10.0.0.5 30
[R-1-GigabitEthernet 0/0/2]quit

//在 R-1 上配置 OSPF，包括骨干区域 0 和非骨干区域 3
[R-1]ospf 1
[R-1-ospf-1]area 0
[R-1-ospf-1-area-0.0.0.0]network 10.0.0.0 0.0.0.3
[R-1-ospf-1-area-0.0.0.0]network 10.0.0.4 0.0.0.3
[R-1-ospf-1-area-0.0.0.0]quit
[R-1-ospf-1]area 3
[R-1-ospf-1-area-0.0.0.3]network 10.0.1.0 0.0.0.3
[R-1-ospf-1-area-0.0.0.3]quit
[R-1-ospf-1]quit
[R-1]quit
<R-1>save
```

2）参照 R-1 的配置方法，按照【网络规划】配置路由器 R-2、R-3。需要注意接口 IP 地址、OSPF 区域以及宣告网络的变化。

步骤 3：创建测试 Web 服务所需要文件夹与文件。

由于本任务中，需要通过应用 Web 服务来测试防火墙的安全策略执行情况，因此需要创建一个网站，用于 Web 服务的访问测试。为了简化工作，此处通过 Windows 系统自带的记事本程序，创建一个简单的网页，用来代替网站。

（1）创建一个文件夹。此处在实体计算机的 D 盘上创建一个文件夹并命名为 Web，用来表示

网站的存放位置，其路径为 D:\Web。

（2）创建一个网页。在 D:\Web 文件夹中创建一个记事本文件，命名为 index，打开文件并输入内容为 "这是我的测试网站！"。

由于是使用记事本程序创建的文件，因此 index 文件的扩展名默认为.txt，现在需要将其扩展名改为.html（即网页文件的扩展名）。具体操作为，点击 Web 文件夹上端的【查看】选项，然后在【文件扩展名】选项前打上对钩，如图 11-2-5 所示，此时可以看到 index 文件显示出全名"index.txt"，将其改为 "index.html" 即可。改后可以看到文件的图标发生了变化。

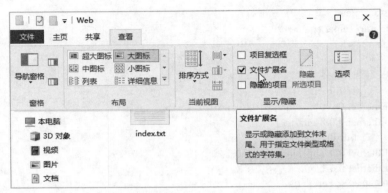

图 11-2-5 更改 index 文件的扩展名

步骤 4：创建测试 FTP 服务所需要文件夹与文件。

由于本任务中，需要通过应用 FTP 服务来测试防火墙的安全策略执行情况，因此需要创建 FTP 访问时对应的文件夹和文件。具体操作为：在 "D:\" 创建文件夹并命名为 FTP，在 FTP 文件夹中创建一个记事本文件，命名为 "这是我的 FTP 文件.txt"，打开文件并输入内容为 "这是我的测试文件！"。

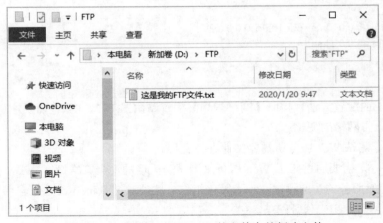

图 11-2-6 创建名为 "FTP" 的文件夹并创建文件

步骤 5：配置 DNS 仿真服务。

（1）配置 DNS 服务器的地址。

1）启动 Service-DNS。

2）双击 Service-DNS，打开配置界面。单击【基础配置】选项卡，按照【网络规划】输入 Service-DNS 的 IP 地址、域名服务器等信息，如图 11-2-7 所示。输入后点击【保存】按钮完成配置。

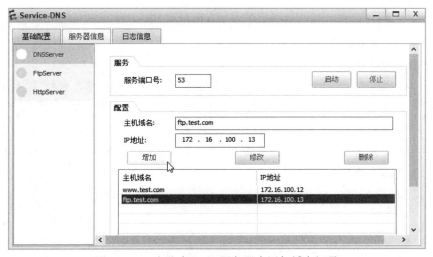

图 11-2-7　配置 Service-DNS 的网络地址

（2）在 DNS 服务器上添加域名记录。单击【服务器信息】选项卡，在左侧列表中选择【DNSServer】。添加 www.test.com（对应 172.16.100.12）和 ftp.test.com （对应 172.16.100.13）两条域名记录，点击【启动】启动服务，如图 11-2-8 所示。

图 11-2-8　在仿真 DNS 服务器中添加域名记录

步骤 6：配置 Web 仿真服务。

（1）配置 Web 服务器的地址。

1）启动 Service-Web。

2）双击 Service-Web，打开配置界面。单击【基础配置】选项卡，按照【网络规划】输入 Service-Web 的 IP 地址、域名服务器等信息。输入后点击【保存】按钮完成配置。

（2）配置 Web 服务的根目录。单击【服务器信息】选项卡，在左侧列表中选择【HttpServer】，选择"D:\Web"路径，点击【启动】启动服务，如图 11-2-9 所示。

图 11-2-9　配置 Service-Web 的服务器信息

步骤 7：配置 FTP 仿真服务。

（1）配置 FTP 服务器的地址。

1）启动 Service-FTP。

2）双击 Service-FTP，打开配置界面。单击【基础配置】选项卡，按照【网络规划】输入 Service-FTP 的 IP 地址、域名服务器等信息。输入后点击【保存】按钮完成配置。

（2）配置 Web 服务的根目录。单击【服务器信息】选项卡，在左侧列表中选择【FtpServer】，在配置选项中设置 FTP 的路径，即"D:\FTP"，点击【启动】启动服务，如图 11-2-10 所示。

步骤 8：配置防火墙基础信息。

（1）导入防火墙的设备包。eNSP 的 USG6000V 防火墙在使用时，需要先导入其设备包文件。启动 FW-1，会看到"导入设备包"的提示窗口。设备包文件可通过华为官方网站（https://www.huawei.com）下载获取。

若在前面任务的操作中，已经导入 USG6000V 防火墙的设备包文件，则此处操作可省略。

图 11-2-10　配置 Service-FTP 的服务器信息

（2）启动防火墙，并修改防火墙初始密码。启动防火墙后，第一次登录防火墙时需要修改初始密码。eNSP 中，USG6000V 防火墙的默认用户名和密码分别为"admin"和"Admin@123"，现在将登录防火墙的密码改为 abcd@1234。

```
//使用用户名 admin 和密码 Admin@123 登录防火墙
Username:admin
Password:
//提示需要修改密码，是否立即修改，此处选择 y，继续执行
The password needs to be changed. Change now? [Y/N]: y
//输入原密码 Admin@123
Please enter old password:
//输入新密码，以 abcd@1234 为例
Please enter new password:
//重复输入新密码 abcd@1234
Please confirm new password:
//提示密码修改成功
Info: Your password has been changed. Save the change to survive a reboot.
*****************************************************************
*        Copyright (C) 2014-2018 Huawei Technologies Co., Ltd.        *
*                      All rights reserved.                           *
*              Without the owner's prior written consent,             *
*           no decompiling or reverse-engineering shall be allowed.   *
*****************************************************************
<USG6000V1>
```

提醒　　　输入防火墙密码时，屏幕上并不显示。

（3）配置防火墙接口地址及路由。按照网络规划配置防火墙 FW-1。

```
//进入系统视图
<USG6000V1>system-view
Enter system view, return user view with Ctrl+Z.
[USG6000V1]undo info-center enable
Info: Saving log files...
Info: Information center is disabled.
[USG6000V1]sysname FW-1

//配置连接 RS-5 的接口地址
[FW-1]interface GigabitEthernet 1/0/1
[FW-1-GigabitEthernet1/0/1]ip address 10.0.6.1 30
[FW-1-GigabitEthernet1/0/1]quit
//配置连接 R-1 的接口地址
[FW-1]interface GigabitEthernet 1/0/2
[FW-1-GigabitEthernet1/0/2]ip address 10.0.1.2 30
[FW-1-GigabitEthernet1/0/2]quit

//配置安全区域，进入 untrust 区域
[FW-1]firewall zone untrust
//将接口 GigabitEthernet 1/0/1、GigabitEthernet 1/0/2 添加到 untrust 区域
[FW-1-zone-untrust]add interface GigabitEthernet 1/0/1
[FW-1-zone-untrust]add interface GigabitEthernet 1/0/2
[FW-1-zone-untrust]quit

//配置 OSPF
[FW-1]ospf 1
[FW-1-ospf-1]area 3
[FW-1-ospf-1- area-0.0.0.3]network 10.0.1.0 0.0.0.3
[FW-1-ospf-1- area-0.0.0.3]network 10.0.6.0 0.0.0.3
[FW-1]quit
<FW-1>save
```

步骤 9：添加防火墙安全策略前，完成 Host-1～Host-8 访问各服务的通信测试。

在配置防火墙安全策略前，分别测试 Host-1～Host-8 访问相关服务的结果。

（1）完成 Host-1～Host-8 访问 Service-Web 的通信测试。双击 Host-1，在【客户端信息】选项卡中对 Web 服务进行测试，选择【HttpClient】，在地址栏中输入 http://www.test.com/index.html，点击右侧的【获取】按钮，访问 Web 服务，访问结果如图 11-2-11 所示，可以正常访问 Web 服务。

图 11-2-11　访问 Web 服务正常

Host-1～Host-8 分别使用 HTTP 访问 Service-Web 通信结果见表 11-2-7。

表 11-2-7　用户主机访问 Web 服务的通信结果

序号	源主机	目的主机	安全策略	通信结果
1	Host-1	Service-Web	--	正常
2	Host-2	Service-Web	--	正常
3	Host-3	Service-Web	--	正常
4	Host-4	Service-Web	--	正常
5	Host-5	Service-Web	--	正常
6	Host-6	Service-Web	--	正常
7	Host-7	Service-Web	--	正常
8	Host-8	Service-Web	--	正常

 提醒　　由于测试 Web 服务时是通过域名进行访问的，证明此时 Host-1~Host-8 可以正常访问 DNS 服务。

（2）完成 Host-1～Host-8 访问 Service-FTP 的通信测试。以 Host-5 为例，访问 FTP 服务，双击 Host-5，在【客户端信息】选项卡中对 FTP 服务进行测试，选择【FtpClient】，在服务地址栏中输入 172.16.100.13，端口号为 21，点击中间的【登录】按钮即可访问，访问结果如图 11-2-12 所示，可以正常访问 FTP 服务。

图 11-2-12　可以正常访问 FTP 服务

Host-1～Host-8 分别使用 FTP 访问 Service-FTP，通信结果见表 11-2-8。

表 11-2-8　用户主机访问 FTP 服务的通信结果

序号	源主机	目的主机	安全策略	通信结果
1	Host-1	Service-FTP	--	正常
2	Host-2	Service-FTP	--	正常
3	Host-3	Service-FTP	--	正常
4	Host-4	Service-FTP	--	正常
5	Host-5	Service-FTP	--	正常
6	Host-6	Service-FTP	--	正常
7	Host-7	Service-FTP	--	正常
8	Host-8	Service-FTP	--	正常

步骤 10：配置防火墙安全策略。

按照"策略规划"在防火墙中添加安全策略，实现【安全设计】中的安全目的。

<FW-1>system-view
Enter system view, return user view with Ctrl+Z.
[FW-1]undo info-center enable
Info: Saving log files...

Info: Information center is disabled.
//进入安全策略配置视图
[FW-1]security-policy

//配置一条名为 visit-ping-1 的策略，使得源地址是 192.168.64.0 /21，目的地址是 172.16.100.0 /24 的
echo-tcp、echo-udp、icmp 服务都被允许通过（permit）
[FW-1-policy-security]rule name visit-ping-1
[FW-1-policy-security-rule-visit-ping -1]source-address 192.168.64.0 mask 255.255.248.0
[FW-1-policy-security-rule-visit-ping -1]destination-address 172.16.100.0 mask 255.255.255.0
[FW-1-policy-security-rule-visit-ping -1]service echo-tcp
[FW-1-policy-security-rule-visit-ping -1]service echo-udp
[FW-1-policy-security-rule-visit-ping -1]service icmp
[FW-1-policy-security-rule-visit-ping -1]action permit
[FW-1-policy-security-rule-visit-ping-1]quit

//配置一条名为 visit-dns-1 的策略，使得源地址是 192.168.64.0 /21，目的地址是 172.16.100.11 /32 的 dns
服务都被允许通过（permit）
[FW-1-policy-security]rule name visit-dns-1
[FW-1-policy-security-rule-visit-dns-1]source-address 192.168.64.0 mask 255.255.248.0
[FW-1-policy-security-rule-visit-dns-1]destination-address 172.16.100.11 mask 255.255.255.0
[FW-1-policy-security-rule-visit-dns-1]service dns
[FW-1-policy-security-rule-visit-dns-1]action permit
[FW-1-policy-security-rule-visit-dns-1]quit

//配置一条名为 visit-web-1 的策略，使得源地址是 192.168.64.0 /22，目的地址是 172.16.100.12 /32 的 http
服务都被允许通过（permit）
[FW-1-policy-security]rule name visit-web-1
[FW-1-policy-security-rule-visit-web-1]source-address 192.168.64.0 mask 255.255.252.0
[FW-1-policy-security-rule-visit-web-1]destination-address 172.16.100.12 mask 255.255.255.0
[FW-1-policy-security-rule-visit-web-1]service http
[FW-1-policy-security-rule-visit-web-1]action permit
[FW-1-policy-security-rule-visit-web-1]quit

//配置一条名为 visit-ftp-1 的策略，使得源地址是 192.168.68.0 /22，目的地址是 172.16.100.13 /32 的 ftp
服务都被允许通过（permit）
[FW-1-policy-security]rule name visit-ftp-1
[FW-1-policy-security-rule-visit-ftp-1]source-address 192.168.68.0 mask 255.255.252.0
[FW-1-policy-security-rule-visit-ftp-1]destination-address 172.16.100.13 mask 255.255.255.0
[FW-1-policy-security-rule-visit-ftp-1]service ftp
[FW-1-policy-security-rule-visit-ftp-1]action permit
[FW-1-policy-security-rule-visit-ftp-1]quit

//配置一条名为 novisit-default 的策略，使得源地址是所有（any），目的地址是所有（any）的所有（any）服务都被拒绝通过（deny）

[FW-1-policy-security]rule name novisit-default
[FW-1-policy-security-rule-novisit-default]source-address any
[FW-1-policy-security-rule-novisit-default]destination-address any
[FW-1-policy-security-rule-novisit-default]service any
[FW-1-policy-security-rule-novisit-default]action deny
[FW-1-policy-security-rule-novisit-default]quit
[FW-1-policy-security]quit
[FW-1]quit
//保存配置
[FW-1]save

步骤 11：添加防火墙策略后，完成 Host-1～Host-8 访问各服务的通信测试。

在配置防火墙安全策略后，分别测试 Host-1～Host-8 访问相关服务的结果。

（1）完成 Host-1～Host-8 访问 Service-DNS 的 Ping 通信测试。Host-1～Host-8 分别使用 Ping 访问 Service-DNS 通信结果见表 11-2-9。

表 11-2-9　用户主机 Ping DNS 服务器的通信结果

序号	源主机	目的主机	安全策略	通信结果
1	Host-1	Service-DNS	允许	通
2	Host-2	Service-DNS	允许	通
3	Host-3	Service-DNS	允许	通
4	Host-4	Service-DNS	允许	通
5	Host-5	Service-DNS	允许	通
6	Host-6	Service-DNS	允许	通
7	Host-7	Service-DNS	允许	通
8	Host-8	Service-DNS	允许	通

提醒　　　Host-1～Host-8 同样使用 Ping 对 Service-Web、Service-FTP 进行测试，通信结果也是全为通。

（2）完成 Host-1～Host-8 访问 Service-Web 的通信测试。Host-1～Host-8 分别使用 HTTP 访问 Service-Web 通信结果见表 11-2-10。

表 11-2-10　用户主机访问 Web 服务的通信结果

序号	源主机	目的主机	安全策略	通信结果
1	Host-1	Service-Web	允许	正常
2	Host-2	Service-Web	允许	正常
3	Host-3	Service-Web	允许	正常

续表

序号	源主机	目的主机	安全策略	通信结果
4	Host-4	Service-Web	允许	正常
5	Host-5	Service-Web	拒绝	失败
6	Host-6	Service-Web	拒绝	失败
7	Host-7	Service-Web	拒绝	失败
8	Host-8	Service-Web	拒绝	失败

（3）完成 Host-1～Host-8 访问 Service-FTP 的通信测试。Host-1～Host-8 分别使用 FTP 访问 Service-FTP 通信结果见表 11-2-11。

表 11-2-11　用户主机访问 FTP 服务的通信结果

序号	源主机	目的主机	安全策略	通信结果
1	Host-1	Service-FTP	拒绝	失败
2	Host-2	Service-FTP	拒绝	失败
3	Host-3	Service-FTP	拒绝	失败
4	Host-4	Service-FTP	拒绝	失败
5	Host-5	Service-FTP	允许	正常
6	Host-6	Service-FTP	允许	正常
7	Host-7	Service-FTP	允许	正常
8	Host-8	Service-FTP	允许	正常

（4）完成 Host-1～Host-8 访问 Service-DNS 的通信测试。以 Host-5 为例，通过使用 HTTP 方式访问 http://www.test.com/index.html 进行测试，在日志信息中查看访问结果，"HttpClient:Get host ip successful" 说明解析服务正常，如图 11-2-13 所示。

图 11-2-13　DNS 解析服务正常

Host-1～Host-8 分别通过使用 HTTP 方式访问 "http://www.test.com/index.html"，查看 DNS 解

析结果，见表 11-2-12。

表 11-2-12　DNS 解析结果

序号	源主机	目的主机	安全策略	通信结果
1	Host-1	Service-DNS	允许	正常
2	Host-2	Service-DNS	允许	正常
3	Host-3	Service-DNS	允许	正常
4	Host-4	Service-DNS	允许	正常
5	Host-5	Service-DNS	允许	正常
6	Host-6	Service-DNS	允许	正常
7	Host-7	Service-DNS	允许	正常
8	Host-8	Service-DNS	允许	正常